Docker 实战

(第 2 版)

[美] 杰夫·尼克罗夫(Jeff Nickoloff) 著
　　 斯蒂芬·库恩斯利(Stephen Kuenzli)

　　 耿苏宁 译

清华大学出版社

北　京

北京市版权局著作权合同登记号 图字：01-2020-2895

Jeff Nickoloff, Stephen Kuenzli
Docker in Action, Second Edition
EISBN: 978-1-61729-476-1
Original English language edition published by Manning Publications, USA © 2019 by Manning
Publications. Simplified Chinese-language edition copyright © 2021 by Tsinghua University Press
Limited. All rights reserved.

图书在版编目(CIP)数据

Docker实战：第2版 /（美)杰夫·尼克罗夫(Jeff Nickoloff)，(美)斯蒂芬·库恩斯利(Stephen
Kuenzli) 著；耿苏宁译. —北京：清华大学出版社，2021.3（2024.4重印）
书名原文：Docker in Action, Second Edition
ISBN 978-7-302-57467-5

Ⅰ. ①D… Ⅱ. ①杰… ②斯… ③耿… Ⅲ. ①Linux 操作系统—程序设计 Ⅳ. ①TP316.85

中国版本图书馆 CIP 数据核字(2021)第 020990 号

责任编辑：王　军
装帧设计：孔祥峰
责任校对：成凤进
责任印制：宋　林

出版发行：清华大学出版社
　　　　网　　址：https://www.tup.com.cn，https://www.wqxuetang.com
　　　　地　　址：北京清华大学学研大厦 A 座　　　　邮　　编：100084
　　　　社 总 机：010-83470000　　　　　　　　　　邮　　购：010-62786544
　　　　投稿与读者服务：010-62776969，c-service@tup.tsinghua.edu.cn
　　　　质 量 反 馈：010-62772015，zhiliang@tup.tsinghua.edu.cn
印 装 者：小森印刷霸州有限公司
经　　销：全国新华书店
开　　本：170mm×240mm　　　印　　张：21.75　　　字　　数：438 千字
版　　次：2021 年 3 月第 2 版　　　印　　次：2024 年 4 月第 2 次印刷
定　　价：79.80 元

产品编号：086290-01

推荐序一

在云计算、物联网和各种互联网应用的发展过程中，软硬件资源的虚拟化、软件开发的持续集成以及软件的安全性将是众多需求中的核心，也是技术选型中的衡量要素。Docker 很好地满足了这些核心需求，从而在短短几年内迅速崛起，被各大主流技术平台、厂商采用，也频频成为国内外各种技术论坛和峰会的主题。尤其在云计算和云应用快速发展的当下，不论是在企业内部的软件迭代发布流程中，还是在企业外部的应用推广过程中，Docker 凭借自身多云平台的可移植性、隔离性、安全性和环境标准化等优势，成为一种主流和首选的软件框架。在可预见的未来，Docker 将会得到更广泛的使用，其功能也必将会进一步扩展，从而支撑和满足更复杂的用户需求。

因为拥有十分广泛的爱好者群体，近几年国内外关于 Docker 的学习、研究资料日益丰富，不同技术爱好者的交流笔记和心得也越来越多。但这些内容同时也很庞杂，能够系统覆盖 Docker 知识体系，并且能做到由简入繁、层层递进介绍的资料相对稀少。《Docker 实战(第 2 版)》是一本非常优秀的可以满足上述需求的佳作。我接触到的 Docker 爱好者和从业人员，大都知悉或仔细阅读并参考过此书。

本书译者耿苏宁先生，既是我共事多年的同事，也是我生活中的挚友。对于业界的各种新技术，他凭借自己独特的理解力和透彻的领悟力，总会有新颖的观点和独特的视野，我时常惊叹于他对各种前沿技术保持的学习动力及高昂激情。Docker 自然也是他探索和研究的方向之一。非常高兴看到他在研究和应用这项技术的同时，利用业余时间翻译了《Docker 实战(第 2 版)》，造福于中国广大的技术爱好者，也助力于 Docker 在更多领域的应用。相信本书不仅可以作为 Docker 入门指南、日常工作的参考书、高阶研究的资料，也可以和市面上已有的其他 Docker 书籍相辅相成，提供不同的思维和角度。非常希望广大的 Docker 爱好者和从业人员有机会能阅读和参考此书，相信你们一定能从不同方面有所收获，让这本书在自己日常工作的完成和知识体系的拓展中助一臂之力。

张　俊

2020 年 5 月 20 日，南京秦淮

　　张俊，南京大学硕士，曾在华为中央研究院(现为 2012 实验室)从事各种通信平台的研发，2005 年参与组建 SS8 网络科技中国研发中心，并带领团队从事网络通信和安全侦听产品的研发，所研发产品占据北美侦听设备主要市场。2012 年参与组建全球领先的虚拟化桌面和应用厂商思杰的 Citrix 中国研发中心，历任高级经理、研发中心副总经理、研发总监等职务，带领团队从事思杰所有云产品的全球化研发和推广工作，对于云计算、虚拟化和安全有很深的积累和领悟。张俊也是国内多个项目的评审委员。

推荐序二

  Docker 是开源的应用容器引擎，英文原意为"搬运工"。开发者通过 Docker 可将自己开发的应用及依赖包变成一种标准化的、可移植的、自管理的组件，从而在任何主流系统中开发、调试和运行。Docker 目前在国内的发展如火如荼，短短数年时间就陆续被国内各种互联网 IT 公司广泛使用，成为一项软件基础架构技术。本书的作者和译者均拥有多年互联网软件从业经验，书中深入浅出地全面介绍了 Docker 技术的前世今生，不仅从技术代码角度，更是从架构设计角度描述了 Docker 的一些深层次思考。本书不仅适合一般的 Docker 初学者，也适合 Docker 生态圈中的开发者，能够帮助更多的读者更好、更快地掌握 Docker 关键技术，帮助读者快速提升能力。强烈建议读者仔细研读本书，并结合自身业务领域，举一反三，相信必能受益良多！

南京天溯自动化控制系统有限公司预研与架构部部长   侯逸文

译者序

本书自第 1 版问世以来，云计算和虚拟化计算领域又有了巨大发展，作为容器技术的代表，Docker 自身也有了长足的进步。时隔 4 年之后，Jeff Nickoloff 和 Stephen Kuenzli 两位大神级人物又给中国的读者带来了一份美妙的 Docker 大餐。本书第 2 版延续了第 1 版的高水准，除了继续深挖 Docker 的基本理论知识和实用操作功能之外，还重点介绍了集群环境下应用程序的构建、部署以及服务编排的功能细节，更加贴合目前蓬勃发展的企业级应用项目。从 2020 年 1 月份接到翻译任务，到 5 月初交稿，后又配合出版社多次审校，今天终于看到这份大餐可以被中国的读者朋友享用了，心情非常激动。

信息技术领域的核心问题之一是提供强大的计算能力。过去我们主要依靠硬件性能的提升来有效利用计算资源，比如增加处理器的主频或者增加每个处理器里面核心的数量。然而这些方法随着摩尔定律的失效而不得不终结。在如今的云计算时代，我们更需要通过全面高效地利用资源来发掘计算平台的运算能力。Linux 容器虚拟化技术作为其中的佼佼者，近些年得到广泛的关注。从早期的 LXC 项目，到今天如火如荼的 Docker 项目，这些不断涌现的创新项目给分布式计算模式本身带来巨大的变革。

对于初学者来说，目前市面上关于传统虚拟机技术的书籍有不少，但是探讨容器虚拟化技术的著作寥寥无几，而专门介绍 Docker 的书籍更是难寻。本书第 1 版是 Docker 学习资源中的经典作品。业界闻名的 Docker 领域的领军人物 Jeff 在那本书中已经对 Docker 的理论和应用技术做了深入精辟的阐述。Jeff 工作多年，具有丰富的实践经验，那本书帮助无数开发和运维人员步入 DevOps 的殿堂。

本书在前一版的基础上，最大的变化就是增加了关于 Docker 集群和应用程序编排功能的高级主题。在翻译本书的过程中，Docker 的版本已经演进到 V19.03，无论是稳定性还是功能扩展性都比刚问世的时候好了很多。本书在总结前一版的基础上对章节进行了更精确的调整，使内容在逻辑上更加合理，读起来更加流畅，更符合阅读习惯。开篇的第Ⅰ和第Ⅱ部分沿用了第 1 版的大致框架，在内容的深度和材料的准确性方面做了补充。第Ⅲ部分的第 10~13 章则重点阐述在 Docker 集群上构建、配置、测试、部署、运行应用程序的新功能。另外，结合近年来 Docker 本身的发展，作者还做了一些细微的调整与删除，使得本书更加紧凑与完美。

"纸上得来终觉浅，绝知此事要躬行"。建议读者在每读完一章的时候亲自动手做一遍书中的示例，而不是仅仅读过。有人问大师，如何能技近乎道？大师曰：读书，读好书，然后实践之。万事无他，唯手熟尔！

在这里要感谢清华大学出版社的编辑们，他们为本书的翻译投入了巨大的热情并付出了很多心血。没有他们的帮助和鼓励，本书不可能顺利付梓。

本书由耿苏宁翻译，对于这本经典之作，译者本着"诚惶诚恐"的态度，在翻译过程中力求"信、达、雅"，但是由于译者水平有限，失误在所难免，如有任何意见和建议，请不吝指正，我将感激不尽。

最后，希望读者通过阅读本书能早日掌握 Docker 这个灵活的工具，领略它的强大与简洁！

序　言

欢迎来到容器革命的时代。通过阅读本书，你会发现一个崭新的并将永远改变软件构建、部署和运行方式的工具世界。在2014年(Docker开源之后的第二年)发现Docker之后，我做了20多年来从未做过的事情：我决定只专注于这一技术。我对Docker为了使不断增长的IT世界变得更易于管理所做的事情充满了信心。

Docker能快速发展到今天，其创建和部署容器的独特之处还在于，它同时考虑了开发人员和操作人员。你可以在命令行工具的用户体验中看到这一点，虽然容器生态系统中有数百种工具，但我始终认为使用Docker是完成工作的最简单、最流畅方案。

Jeff和Stephen知道Docker极大简化了容器的管理，因此本书着重于讲解Docker作为容器核心工具的细节，这样也可以帮助读者迅速掌握Docker的核心功能。Docker Engine、Docker Compose和Docker Swarm是我们应该知道的关键工具，它们通常不需要复杂的解决方案即可解决问题。我经常与学生和客户沟通，Docker的很多核心工具可以解决大多数的生产问题，我们应该首先想到运用这些工具而不是自行构建复杂的方案。

现在，容器能够利用Linux内核(当然也包括Windows、ARM等)提供的功能并将它们自动化为可直接访问的单行命令，这说明容器的更好时代已经到来。当然，多年以来我们在Solaris、FreeBSD和Linux平台上也曾拥有类似容器的功能，但是通常只有最勇敢的系统管理员才敢在Docker出现之前使用这些功能。

如今，容器已不仅仅是它们的各个组成部分的总和。完整的、Docker化的软件生命周期为团队提供的工作流速度和敏捷性的作用是不可低估的。本书的第1版已经很出色，让我更高兴的是，Jeff和Stephen在第2版中完全融入了他们身经百战后的经验，加入了最新实践中的细节作为示例。我相信你可以通过将他们的建议付诸实践而受益。

—Bret Fisher，Docker领导者和容器顾问

前　言

自从我们于 2013 年开始参与以来，Docker 和容器社区已经走过很长一段路。自 2016 年 Jeff 写作本书的第 1 版以来，Docker 发生了一些意想不到的变化。值得庆幸的是，大多数面向用户的接口和核心概念都以向后兼容的方式向前演进着。本书的前三分之二部分针对新增功能或已解决的问题进行了更新。正如预期的那样，上一版的第 III 部分则需要完全重写。自从本书的第 1 版出版以来，Docker 已经在容器的编排、应用程序的连接、专有云容器产品、多容器应用打包和功能服务化平台等方面取得很大的进展。本书的第 2 版重点介绍 Docker 容器的基本概念和实践，并避开讲解对于 Docker 来说过于快速变化的技术。

Docker 最大的变化是开发和使用了几个容器协调器。容器协调器的主要目的是跨主机集群运行应用程序服务。这些容器协调器中最著名的 Kubernetes 已经在业界得到广泛采用，并得到几乎所有主要技术供应商的支持。Cloud Native Computing Foundation 是围绕 Kubernetes 项目成立的基金会，该基金会会做很多与 Kubernetes 相关的定制化项目，例如，可以将云原生的应用程序重新设计为适合在 Kubernetes 平台上部署。但重要的是，不要太关注市场营销或特定的容器编排技术。

本书不涵盖 Kubernetes 的介绍，原因有两个。

首先，尽管 Kubernetes 随 Docker for Desktop 一起提供，但它的体积十分庞大且在不断变化。在短短几章或一本少于 400 页的书中，都不太可能提供关于这个主题任何有深度的阐述。同时，关于 Kubernetes 有大量优秀的在线资源和专业书籍。我们希望本书专注于一个更大的主题——服务编排，而不是在琐碎的地方花费大量精力。

其次，Docker 附带了 Swarm 集群和编排工具。对于较小的或边缘计算环境中的集群，Docker 已绰绰有余。大量组织每天都在愉快地使用 Swarm，而 Swarm 非常适合同时开始服务编排和容器开发的初学者。大多数工具和方案都可以简单地从容器转移到服务模式，应用程序开发人员有可能从这种方法中受益，而系统管理员或集群操作人员则可能感到失望。

Docker 的下一个最大的变化是：Docker 如今无处不在。Docker for Desktop 已经很好地集成在了苹果和微软公司的操作系统中。它向用户隐藏了底层虚拟机的工作机制，在大多数情况下，这是一项成功的举措。在 macOS 操作系统中，用户体验非常流畅；而在 Windows 操作系统中，至少在某些时刻也运行良好。Windows 用户需要处理来自公司防火墙、激进的防病毒配置、shell 程序选项和通过好几层网络进行间接访问的大量配置的变化，而这些变化使得在 Windows 操作系统中交付书面的配置内容变得异常困难，导致这样做的任何尝试都会在实际进入生产系统之前被淘汰。因此，我们再次将本书的语法和系统相关材料限定为针对 Linux 和 macOS 操作系统。读者可能发现所有示例实际上能够在这些环境中运行，但我们不能保证它们肯定能够运行或者可以合理地指导故障排除工作。

后来，获得安装了 Docker 的可连接 Internet 的虚拟机变得微不足道了，每个主流的甚至小型的云服务提供商都提供这些服务。因此，我们删除了与 Docker 机器和安装 Docker 有关的材料。相信读者完全能够找到最适合自己平台的 Docker 安装说明。如今，读者可以直接选择一种容器优先的云平台，如 AWS ECS。本书不会介绍这些平台，因为它们都非常独特，难以在本书中详细讨论。不过这些平台都有完善的方案和文档，读者可以自行搜索相关资料。

最后，容器和网络都拥有复杂的历史。在过去几年里，随着服务网格平台和其他补充技术突然出现，容器和网络之间的交互变得更复杂了。服务网格是可感知应用程序的智能管道的平台，可提供微服务网络最佳实践，它们使用代理来提供点对点加密、身份验证、授权、断路器和高级请求路由技术。本书介绍的容器网络基础知识被证明对理解和评估服务网格技术很有用。

本书旨在深入介绍 Docker 的基础知识。读者可能无法在日常应用这项技术的过程中学到所有需要的知识，但是只要掌握本书介绍的基础知识和技能，就可以更快地学习高级主题并追求更高的目标。祝你在探索容器的征程中一路顺风！

作 者 简 介

Jeff Nickoloff 有能力构建大型服务，撰写技术文章，并帮助人们实现产品目标，他曾在亚马逊、Limelight Networks 和亚利桑那州立大学从事过这些工作。2014 年离开亚马逊后，Jeff 成立了一家咨询公司，致力于为财富 100 强公司和初创企业提供工具、培训和最佳实践方案。在 2019 年，Jeff 和 Portia Dean 共同创立了 Topple 公司，以提供服务的方式构建生产力软件。Topple 公司致力于帮助团队解决工作中的沟通和协调问题，因为这些问题会使整个团队放慢脚步，让业务处于风险中，并且通常还会使工作变得很糟糕。

Stephen Kuenzli 在高端制造、银行和电子商务系统中设计、构建、部署和运维高可用性、可扩展的软件系统已有近 20 年的经验。他拥有系统工程学士学位，并且已学习、使用和构建了许多软件和基础架构工具来交付更好的系统。Stephen 喜欢解决具有挑战性的设计问题，并为客户、用户和利益相关者提供安全且令人愉悦的解决方案。他创立并领导着一家名为 QualiMente 的公司，这家公司致力于帮助企业在 AWS 上实现安全的迁移和发展。

致 谢

我们要感谢 Manning 出版社给予我们编写本书的机会；感谢我们的编辑，尤其是 Jennifer Stout提供的慷慨帮助；我们还要感谢以下所有评审人员给予的反馈：Andy Wiesendanger、Borko Djurkovic、Carlos Curotto、Casey Burnett、Chris Phillips、Christian Kreutzer-Beck、Christopher Phillips、David Knepprath、Dennis Reil、Des Horsley、Ernesto Cárdenas Cangahuala、Ethan Rivett、Georgios Doumas、Gerd Klevesaat、Giuseppe Caruso、Kelly E. Hair、Paul Brown、Reka Horvath、Richard Lebel、Robert Koch、Tim Gallagher、Wendell Beckwith 和 Yan Guo。正是有了你们的帮助，本书的质量得以更上一层楼。

Jeff Nickoloff：编写本书第 2 版虽有压力，但也是机遇，这与任何 SaaS 产品的所有者承受的压力相同。我知道要完成本书的写作，如果没有合著者，我会很挣扎。这是继续与全世界分享自身知识的机会，更重要的是，我能够有机会介绍和分享 Stephen Kuenzli 的知识。Stephen 和我有过几次在 Phoenix 合作的机会，包括共同组织 DevOps 开放日活动、组织 Docker PHX 聚会以及相互交流源源不断的想法。

自 2013 年以来，我一直在关注和帮助不计其数的从业者及团队完善他们的容器和云方案。我从每个人那里都学到了新东西，可以肯定地说，如果不是因为他们愿意接纳我，就无法成就今天的我。

后来，在那些帮助我形成 Docker 见解的工程师中，有很大一部分已经转向不同的公司、项目和爱好。感谢他们持续不断地洞悉新的挑战和技术。

Portia Dean 一直是我宝贵的合作伙伴。没有她的指引，我不会选择走这条充满挑战和回报的路，也将无法拥有写书和创立公司的个人成就感。我们可以共同完成任何事情。

最后，我要感谢我的父母 Jeff 和 Kathy 一直以来对我的支持和鼓励。

Stephen Kuenzli：写书需要面临巨大的挑战和责任。拥有工程学位后，我从诸如此类的技术书籍中学到了很多实际的专业技能，这些技能对我的职业生涯至关重要。当 Jeff Nickoloff 邀请我一同撰写本书的第 2 版时，我感到非常激动，还有一点不安，通过分享自己过去几年在构建 Docker 系统时获得的知识，我得到了一次扩展和改进工作成果的好机会。我的主要动力是帮助人们沿着自己的发展道路前进，我知道这将很有挑战性，并且需要遵守严格的纪律。确实，撰写本书第 2 版所要付出的努力和难度超出了我的想象，但我为我们的成果感到自豪。

每一项重要的工作都离不开创作者周围所有人的帮助和支持。本书得以成功出版，我要感谢以下这些人：

- 我的合著者 Jeff Nickoloff，是他让我有机会在这项工作上与他进行协作并学习如何写作。
- 我的妻子 Jen，感谢她的耐心并给予我撰写本书所需的安静时间。感谢我的儿子 William，他不断使我想起生活中的快乐，并激励我奋发前进。
- 感谢每一位教我知识并给了我实践机会的人。

感谢本书的所有读者。希望你们觉得本书有用，相信本书对你们的职业发展大有裨益。

关于本书

《Docker 实战(第 2 版)》旨在向开发人员、系统管理员和具有混合技能的其他计算机用户介绍 Docker 项目和 Linux 容器概念。虽然 Docker 和 Linux 都是具有大量在线文档的开源项目，但是入门任何其中一个都不容易。

Docker 是有史以来发展最快的开源项目之一，围绕它的生态系统也正以相当快的速度不断发展。出于这些原因，本书专门针对 Docker 工具集进行讲解。对写作范围进行限制不仅可以让书中的内容保持鲜活，还可以帮助读者了解如何将 Docker 的功能应用到特定的用例中。读者一旦对本书涵盖的基础知识有了扎实的了解，就能够解决更大的问题并探索整个 Docker 生态系统。

路线图

本书分为如下三大部分。

第 I 部分介绍 Docker 和容器功能。这部分能帮助你了解如何安装和卸载经由 Docker 分发的软件，学习如何在不同的容器环境中运行、管理和链接各种软件。 另外，第 I 部分还将介绍每个 Docker 用户所需的基本技能集。

第 II 部分重点介绍通过 Docker 打包和分发软件的方法，简要叙述 Docker 镜像的底层机制、文件大小的细微差别以及不同的打包和分发方法。第 II 部分还将深入探讨 Docker Distribution 项目。

第III部分探讨多容器项目和多主机环境，其中包括 Docker Compose 和 Swarm 项目的内容。第III部分将引导你构建和部署多个真实的示例，这些示例与你在实际项目中发现的大型服务器软件非常相似。

代码约定和下载

本书是关于多用途工具的，因此书中几乎没有"代码"，取而代之的是数百个 shell 命令和配置文件。这些 shell 命令和配置文件通常以兼容 POSIX 的语法形式提供。在

Docker 暴露的一些针对 Windows 特定功能的地方，提供了 Windows 用户注意事项。注意，命令会分成多行，以提高可读性或澄清注释。供你参考的仓库和源代码可通过扫描封底的二维码获得，运行这些示例无须具备 Docker Hub 或 GitHub 方面的相关知识。

　　本书使用多个开源项目来演示 Docker 的各种功能，出于学习示例的需要，读者会在多个软件项目之间切换。在这些软件项目中，除 Docker 本身外，没有其他软件技术栈需要特别强调。在这些示例中，读者将用到 WordPress、Elasticsearch、Postgres、shell 脚本、Netcat、Flask、JavaScript、NGINX 和 Java 等工具，而唯一的共同点是这些示例都需要依赖 Linux 内核来运行。

目　　录

第 *1* 章

欢迎来到 Docker 的世界

本章内容如下：
- Docker 是什么
- "Hello, World" 示例
- 容器的相关知识
- Docker 如何解决大多数人不得不容忍的软件问题
- 何时、何地、为何应该使用 Docker

可以把采用最佳实践看作对产品或系统做出的附加投资，这种投资在将来应该会产生更好的回报。这些最佳实践可增强安全性，防止系统冲突，提高服务可用性或延长使用寿命。实施最佳实践通常需要倡导者，因为验证即时投资成本的合理性是相当困难的，当系统或产品的未来不确定时，尤其如此。Docker 是一种使采用软件打包、分发和利用最佳实践变得更加便宜的工具。通过对进程容器进行完整分析，并且提供构建和管理容器的简单工具，Docker 完全可以做到这些。

如果你所在的团队运行具有动态扩展要求的服务软件，那么采用 Docker 部署软件可以减少对客户的影响。与虚拟机相比，容器的启动速度更快，消耗的资源更少。

如果采用 Docker，使用持续集成和持续部署技术的团队就可以构建更具效能的软件开发流程，并创建更强健的功能测试环境。在测试环境中，容器运行的软件版本和生产环境保持一致，随着持续集成等技术的使用，我们对生产版本的变更更加有信心，对版本的变更和迭代控制也更加严格精细。

如果你所在的团队使用 Docker 对本地开发环境进行建模，将能够减少新成员的熟悉时间，并消除使团队变慢的不一致之处。对于相同的开发环境，可以进行版本控制，并随着软件需求的变化进行不断更新。

软件作者通常知道如何使用合理的默认值和必需的依赖项来安装和配置其软件。如果读者编写软件，那么通过 Docker 分发软件将使用户更容易安装和运行它们。软件用户能够充分利用系统提供的默认配置和帮助文档。如果使用 Docker，甚至可以将产品的"安装指南"简化为单个命令和单个可移植的依赖项。

软件作者了解依赖关系以及软件的安装和打包，而系统管理员了解软件运行的系统环境。Docker 提供了一种表达性语言，用于在容器中运行软件。这种语言使系统管理员可以注入特定于环境的配置，并严格控制对系统资源的访问。这种语言，加上内置的软件包管理机制、工具子系统和分发基础结构，使软件的部署变得可声明、可重复且可信赖。

Docker 提供了很多有价值的最佳实践范例，例如与环境解耦的系统部署模式、软件组件的持久性状态隔离等，通过遵循这些范例，系统管理员可以将精力专注于更有价值的工作事项。

Docker 于 2013 年 3 月启动，可与操作系统一起用于打包、分发和运行软件。你可以将 Docker 视为软件后勤提供商，这样可以节省时间并让你专注于核心业务。可以在网络应用程序(例如 Web 服务器、数据库和邮件服务器)中使用 Docker；Docker 也可以和终端应用程序一起使用，包括文本编辑器、编译器、网络分析工具和脚本等。在某些情况下，Docker 甚至用于运行 GUI 应用程序，如 Web 浏览器和生产力软件。

Docker 在大多数系统上运行的是 Linux 软件。适用于 macOS 和 Windows 的 Docker 与常见的虚拟机(Virtual Machine，VM)技术集成在一起，用于实现 Windows 和 macOS 软件的可移植性。但是，Docker 可以在 Windows 服务器上运行本机 Windows 应用程序。

Docker 不是一种编程语言，也不是用于构建软件的框架。Docker 是一种用来解决常见问题(例如安装、删除、升级、分发、委托和运行软件)的工具，是开源的 Linux 软件，这意味着任何人都可以为 Docker 做出贡献，并且 Docker 也因此从中受益。由公司赞助开源项目的开发是很常见的事情，对于 Docker，Docker 公司是主要赞助商。读者可以在 https://docker.com/company/ 上找到有关 Docker 公司的更多信息。

1.1　Docker 是什么

如果正在阅读本书，那么你可能已经听说过 Docker。Docker 是一个用于构建、发布和运行程序的开源项目，由一个命令行程序、一个后台进程和一组远程服务构成，这些组件采用软件后勤保障的方法来解决常见的软件问题并简化安装、运行、发布和删除软件的工作。Docker 通过使用称为容器的操作系统技术来实现此目的。

1.1.1　"hello，world" 示例

按照惯例，我们将使用"hello，world"示例演示第一个程序。在开始之前，请下载并安装 Docker。请访问 https://docs.docker.com/install/以获取可用的最新详细安装指南。一旦安装了 Docker 并建立了有效的 Internet 连接，就转到命令提示符并键入以下内容：

```
docker run dockerinaction/hello_world
```

执行以上命令后，Docker 将开始运行，它将开始下载各种组件，并最终打印出"hello world"。如果再次执行上述命令，Docker 将不再下载这些组件而只打印出"hello world"。上述命令本身包含几个不同的部分，并且在执行的过程中发生了几件事情。

首先，docker run 命令告诉 Docker 你想触发在容器内安装和运行程序的流程(如图 1.1 所示)。

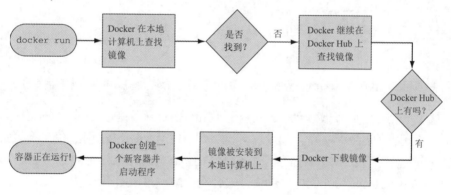

图 1.1　执行 docker run 命令之后发生的事情

其次，dockerinaction/hello_world 用于指定 Docker 要在容器中运行的程序，这部分又称为镜像(或仓库)名称。现在，可以将镜像名称视为要安装或运行的程序的名称。镜像本身是文件和元数据的集合。

元数据包括要执行的特定程序以及其他相关的配置细节。

首次执行本例中的命令时，Docker 必须确定 dockerinaction/hello_world 镜像是否已下载。如果 Docker 无法在本地计算机上找到这个镜像(因为这是你使用 Docker 做的第一件事)，就会询问 Docker Hub。Docker Hub 是 Docker 公司提供的公共注册表。在 Docker Hub 答复要在本地计算机上运行的 Docker 程序后，Docker 便可以找到这个镜像(dockerinaction/hello_world)，之后 Docker 开始下载这个镜像。

一旦镜像被安装，Docker 就将创建一个新的容器并执行一个命令。在本例中，这

个命令很简单:

```
echo "hello world"
```

在使用 echo 命令将 "hello world" 打印到终端后,程序将退出,并且容器被标记为已停止。你需要明白的是: 容器的运行状态与容器内单个程序的运行状态直接相关,如果程序正在运行,则表明容器正在运行;如果程序停止运行,则容器也停止运行。重启容器后,也将再次运行程序。

当第二次输入相同的命令时,Docker 将再次检查 dockerinaction/hello_world 镜像是否已安装。这一次,Docker 将在本地计算机上找到镜像,之后构建另一个容器并立即执行。这里我们想强调一个重要细节,第二次执行 docker run 命令时,将从同一仓库中创建第二个容器(图 1.2 对此进行了说明)。这意味着,如果重复执行 docker run 命令话,那么 Docker 会创建一堆相同的容器,你有可能需要获取这些容器并在某个时间销毁它们。处理容器就像创建它们一样简单且直接,第 2 章将介绍这两个主题。

图 1.2　第二次执行 docker run 命令时,由于镜像已安装,因此 Docker 可以立刻启动新的容器

恭喜! 你现在是 Docker 的正式用户了,使用 Docker 就是这么简单,却可以测试你对正在运行的应用程序的了解程度。考虑在容器中运行 Web 应用程序的情形,如果还不知道这是一种长时间运行的、正在侦听 TCP 80 端口的网络通信应用程序,那么可能不知道应具体使用哪个 Docker 命令来启动容器。人们在迁移到容器时,这种问题将会遇到不少。

尽管本书无法满足特定应用程序的需求,却可以识别出常见的应用场景并描述大多数相关的 Docker 使用模式。到本书第 Ⅰ 部分结束时,你应该能对 Docker 容器有很深入的理解。

1.1.2　容器

从历史上看,UNIX 风格的操作系统使用术语 "监狱"(jail)来描述一种修改过的运行时环境,这种环境限制了监狱程序可以访问的资源范围。监狱特性的产生可追溯到 1979 年,并一直在发展演进。2005 年,随着 Sun 公司发布 Solaris 10 和 Solaris 容器,"容器" 已经成为这样的运行时环境的首选术语。目标也已从限制文件系统的范围扩展到将进程与所有资源隔离，除非明确允许这些资源可获取。

长期以来，使用容器一直是最佳实践。但是，手动构建容器具有挑战性，并且容易产生错误。这一挑战使人们无法承受某些失败，而使用错误配置的容器的人会陷入一种错误的安全感。这个亟待解决的问题在 Docker 出现后得以解决。使用 Docker 运行的任何软件实际上都在容器内运行，Docker 使用现有的容器引擎，提供了根据最佳实践构建的一致性容器。这种做法使每个人都能获得更强的安全感。

有了 Docker，用户便能够以更低的成本获得容器。使用容器时，不需要掌握任何特殊知识。随着 Docker 及其容器引擎的不断改进，你将获得最新、最强大的容器隔离特性。你可以让 Docker 为你完成大部分工作，而不必紧跟快速发展且技术含量高的强大容器的构建步伐。

1.1.3　容器不是虚拟化

在云原生时代，人们倾向于认为虚拟机是软件部署单元，意思是部署单个进程意味着创建整个具有网络连接的虚拟机。虚拟机提供了虚拟硬件(或可以在其上安装操作系统和其他程序的硬件)，通常虚拟机的创建时间很长(一般是几分钟)，并且需要大量的资源开销，因为除了运行要使用的软件之外，还需要运行整个操作系统。一旦一切正常运行，虚拟机便可以发挥最佳性能，但是启动延迟使它们不适合即时或应对型的部署方案。

不同于虚拟机，Docker 容器不使用任何硬件虚拟化。Docker 容器内运行的程序直接与主机 Linux 内核交互。许多程序可以隔离运行，而无须运行冗余的操作系统，也不会由于系统完整引导序列的延迟而受影响。这是一项重要的区别，Docker 不是一种硬件虚拟化技术，但它可以帮助你使用内置在操作系统内核中的容器技术。

虚拟机提供硬件抽象，因此可以运行操作系统；而容器是一种操作系统功能，如果虚拟机正在运行现代 Linux 内核，则始终可以在虚拟机中运行 Docker。macOS 和 Windows 用户以及几乎所有云计算用户都可以在虚拟机环境中运行 Docker。虚拟机和 Docker 实际上是两种互补的技术。

1.1.4　在隔离容器中运行软件

容器和隔离功能已经存在了数十年。Docker 使用了 Linux 的命名空间和 cgroups 的概念，自 2007 年以来这些概念就已成为 Linux 的一部分。Docker 并不提供容器技术，但它使容器更容易使用。为了理解容器在系统中的作用，我们需要首先建立一条基线。图 1.3 展示了一个在简化的计算机系统架构上运行的基本示例。

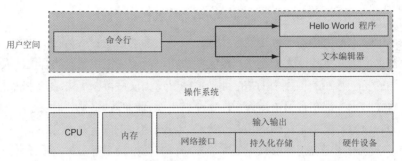

图 1.3　一种基本的计算机栈结构，上面运行着两个从命令行启动的程序

注意，命令行界面(Command-Line Interface，CLI)在称为用户空间的内存中运行，就像在操作系统的上层空间运行的其他程序一样。理想情况下，运行在用户空间的程序不可以修改内核存储空间。从广义上讲，操作系统是所有用户程序和计算机上运行的硬件之间的接口。

可从图 1.4 中看到，运行 Docker 意味着在用户空间中运行两个程序。第一个是 Docker 引擎，如果安装正确，那么 Docker 守护进程应该始终在运行。第二个是 Docker CLI——用来与用户交互的 Docker 程序。如果想要启动、停止或安装软件，则需要通过 Docker 程序发出相应的命令。

图 1.4 还显示了三个正在运行的容器，每个容器都作为 Docker 引擎的子进程运行，子进程用容器进行封装，并且每个容器都在自己的用户空间内运行。在容器内运行的程序只能访问它们自己的内存和资源(受容器范围限制)。

Docker 使用 10 种主要的系统特性构建容器。本书的第I部分将使用 Docker 命令来说明如何修改这些特性以适应在容器里运行的软件的需求，以及适应容器运行环境的要求，具体功能如下。

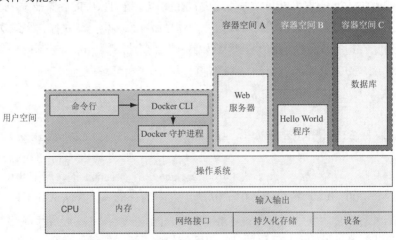

图 1.4　Docker 在一种基本的 Linux 计算机系统上运行着三个容器

- PID 命名空间：进程标识符和功能。
- UTS 命名空间：主机名和域名。
- MNT 命名空间：文件系统访问和结构。
- IPC 命名空间：通过共享内存进行进程间通信。
- NET 命名空间：网络访问和结构。
- USR 命名空间：用户名和标识符。
- chroot 系统调用：控制文件系统根目录的位置。
- cgroups：资源保护。
- CAP drop：操作系统功能限制。
- 安全性模块：强制访问控制。

Docker 使用这些功能组件在运行时构建容器，但却使用另一套技术来打包和分发容器。

1.1.5　分发容器

可将 Docker 容器看作物理上的运输容器，用于存储和运行应用程序及其运行时所有相关的依赖项(不包括运行时的操作系统内核)。正如起重机、卡车、火车和轮船可以轻松地使用运输集装箱一样，Docker 也可以轻松地运行、复制和分发容器。Docker 通过打包和分发软件的方式来完善传统的容器功能。充当运输容器角色的组件称为镜像。

前面1.1.1 节中的示例使用了一个名为 dockerinaction/hello_world 的镜像。这个镜像只包含一个文件：一个小的 Linux 可执行程序。一般而言，Docker 镜像是一张有关在容器内运行的程序可用的所有文件的捆绑快照。读者可以根据需要从一个镜像创建尽可能多的容器。但是，如果这样做，那么从相同的镜像启动的容器之间并不会共享对它们各自文件系统所做的更改。当使用 Docker 分发软件时，实际上是在分发这些镜像，接收方将根据这些镜像创建容器。镜像是 Docker 生态系统中的可运输单元。

Docker 提供了一套用于简化分发 Docker 镜像的基础架构组件。这些组件是注册表和索引。读者既可以使用公开可用的由 Docker 公司提供的基础设施组件，也可以使用其他托管公司的或自己的注册表和索引。

1.2　Docker 解决了什么问题

软件的使用很复杂。在安装软件之前，必须考虑正在使用的操作系统，软件需要的资源,已经安装的其他软件,以及有依赖关系的软件是否已安装——如果没有安装,那么是否可以安装。接下来,你还需要知道如何安装软件。令人惊讶的是,不同软件的安装过程差别非常大。需要仔细考虑的事项清单很长,并且必不可少。安装软件最多会带来不一致。仅当需要确保随着时间的推移,几台计算机使用一套完全一致的软件时,问题才会恶化。

诸如 APT、Homebrew、YUM 和 npm 的程序包管理器试图对此进行管理,但是很少有管理器能提供任何程度的隔离措施。大多数计算机已安装并运行多个应用程序,而且大多数应用程序都依赖于其他软件。如果读者要使用的应用程序不能很好地协同工作,会发生什么? 灾难!　而当应用程序之间共享依赖项时,事情会变得更复杂:

- 如果一个应用程序需要升级的依赖项而另一个应用程序不需要,会发生什么?
- 当删除一个应用程序时,会发生什么? 这个应用程序真的消失了吗?
- 可以删除旧的依赖项吗?
- 你还记得安装现在想要删除的软件时必须进行的所有更改吗?

事实是,使用的软件越多,管理起来就越困难。你虽然可以通过花费时间和精力解决安装和运行应用程序的问题,但是你对安全性又有多少信心? 开源项目和闭源项目都会不断发布安全更新,所以你通常不可能意识到所有问题。当运行更多软件时,也就意味着被攻击的风险越大。即使企业级服务软件也必须与依赖的软件程序一起部署。这些依赖项通常带有成百上千个文件和程序,需要一起传输和部署到机器上,而每一次部署都可能产生新的冲突、系统脆弱性或授权责任问题。

所有这些问题都可以通过仔细审计、资源管理和后勤保障来解决,但是这些都是琐碎且令人不愉快的事情。宝贵的时间应该用于那些正在尝试安装、升级和发布的软件。构建 Docker 的人意识到,由于他们所做的辛勤工作,你几乎可以毫不费力地轻松解决这些问题。

大多数问题,在今天看来也许是可以接受的。它们变得琐碎和不太重要只是因为你已经习惯了。在阅读了 Docker 如何解决这些问题之后,你可能会改变自己之前的观点。

1.2.1　变得有组织性

没有 Docker,计算机最终可能看起来像个垃圾箱。应用程序具有各种依赖项,某些应用程序依赖于特定的系统库来处理声音、网络、图形等常见问题,其他则依赖于编程语言的标准库,还有些依赖于其他应用程序,例如 Java 程序依赖于 Java 虚拟机、Web 应用程序可能依赖于数据库。对于正在运行的程序,通常需要独占访问像网络连接或文件之类的稀缺资源。

如今，在没有 Docker 的情况下，应用程序将会遍历整个文件系统，最终导致一种混乱的交互关系。图 1.5 演示了在没有 Docker 的情况下示例应用程序如何依赖各种库。

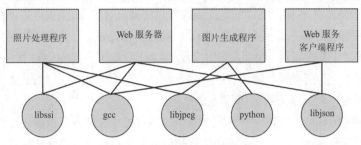

图 1.5　示例应用程序的依赖关系

相反，前面 1.1.1 节中的示例自动安装了所需的软件，并且可以使用单个命令可靠地删除同样的软件。通过使用容器和镜像隔离一切，Docker 让一切变得井井有条。

图 1.6 展示了这些相同的应用程序及其依赖项在容器中的运行情况。由于程序间的交互链接断开且每个应用程序都被整齐地打包，因此理解系统是一项容易完成的任务。起初，这种方式似乎会因为创建多份通用依赖项(例如 gcc)的冗余副本而带来存储开销。第 3 章将介绍 Docker 打包系统通常如何减少存储开销。

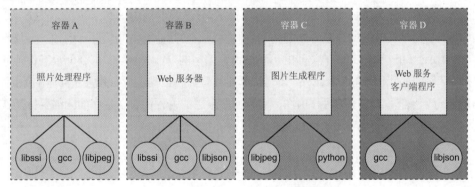

图 1.6　在容器中运行的示例应用程序及其相关依赖项

1.2.2　改善可移植性

软件的另一个问题是应用程序的依赖项通常包括特定的操作系统，因而操作系统之间的可移植性是软件用户将要面临的主要问题。虽然 Linux 软件和 macOS 软件之间是有可能兼容的，但同样的软件想在 Windows 上使用则会更加困难。这样做可能需要构建软件的完整可移植版本，但即便这样也要有适用于 Windows 的可替换依赖项才行。这对于应用程序的维护者来说是一项巨大的挑战，并且经常被忽略。对于用户来说，遗憾的是，一整套功能强大的软件很难或不可能在其系统中使用。

目前，Docker 在 Linux 上是本地运行的，并为 macOS 和 Windows 环境提供了虚拟机。Docker 在 Linux 上的这种融合意味着针对一致的一组依赖关系，仅仅需要编写一次想要在 Docker 容器中运行的软件。读者可能会自言自语："等等，你刚刚告诉我 Docker 比虚拟机更好。"那是正确的，但它们是互补的技术。只用虚拟机包含单个程序是很浪费的，尤其是在同一台计算机上运行多个虚拟机时。在 macOS 和 Windows 上，Docker 使用单个小型虚拟机来运行所有容器。通过采用这种方法，运行虚拟机的大量开销得以确定，而容器的数量却可以扩大。

这种新的可移植性能以多种方式帮助用户。首先，它解锁了以前无法访问的软件范围。其次，现在可以在任何系统中运行相同的软件——真正完全相同的软件，这意味着读者的计算机桌面、开发环境、公司的服务器以及公司的云都在运行相同的程序。运行一致的环境很重要，这样做有助于最大程度减缓采用新技术导致的学习曲线。这可以帮助软件开发人员更好地理解运行程序的系统，同时产生的错误更少。最后，当软件维护人员可以专注于为一个平台和一组依赖项编写程序时，他们就能够节省大量时间，并且最终为客户带来巨大成功。

在没有 Docker 或虚拟机的情况下，只能基于通用工具在单个程序级别实现可移植性。例如，Java 允许程序员编写单个程序，这个程序通常可以在多个操作系统上运行，因为它依赖于称为 Java 虚拟机(JVM)的程序。尽管这是编写 Java 软件时的适当方法，但别的公司以及其他的开发者还是会为我们编写很多其他类型的软件。例如，如果想要使用不是通过 Java 或其他类似的可移植语言编写的 Web 服务器，那么你很难保证作者会花时间为我们重写它。此外，语言解释器和软件库也是造成依赖关系问题的原因。Docker 改善了每个程序的可移植性，而与程序采用的编程语言、程序面向的目标操作系统或程序正在运行的环境状态无关。

1.2.3   保护你的计算机

到目前为止，从使用软件和应对方法的角度看，我们讨论的大部分问题都来自容器外部。但是，容器可以保护我们免受容器内运行的软件的侵害。程序可能有各种各样的错误行为或安全风险，如下所示：

- 程序可能是由攻击者专门编写的。
- 好心的开发人员可能会写出带有 bug 危害的程序。
- 程序可能由于输入处理中的错误意外地使攻击者得逞。

无论以任何方式预防，只要运行软件，就会使计算机的安全性受到威胁。我们拥有计算机的最终目的就是运行软件，因此应非常谨慎地运用实际的风险缓解措施。

　　就像现实中的牢房一样，容器内的任何东西与外部 0 都是隔离的，这条规则也存在例外，但需要用户在创建容器时明确指出。容器限制了程序可以访问的数据以及系统资源的影响范围。图 1.7 展示了在容器的内部和外部运行软件之间的区别。这意味着与特定应用程序相关的任何安全威胁的范围都仅限于应用程序本身。创建强大的应用程序容器非常复杂，并且是那些深入的防御策略的关键组成部分。尽管如此，这一步却被普遍忽略或者只是敷衍实施。

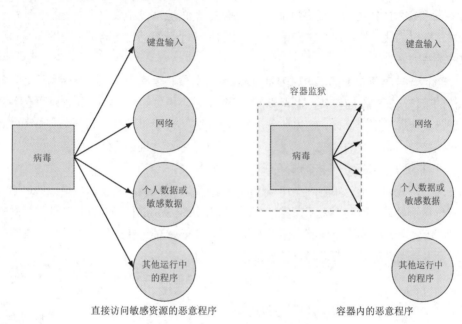

图 1.7　在容器的内部和外部运行程序的区别

1.3　Docker 为什么重要

　　Docker 提供了一种抽象。这种抽象使用简化术语来处理复杂的事物，因此，就 Docker 而言，我们只需要考虑想要安装的软件，而不必着眼于与安装应用程序相关的所有复杂性和细节。

　　就像起重机将运输用的集装箱装载到船上一样，使用 Docker 安装任何软件的过程都是相同的。集装箱内部容纳的物品的形状或大小可能会有所不同，但起重机装载集装箱的方式都是相同的，所有工具均可重复用于任何集装箱。

　　删除应用程序也是如此。当要删除软件时，读者只需要告诉 Docker 想要删除的软件即可，不会有任何遗留的工作需要手动处理，因为它们都已由 Docker 包含并解决。

读者的计算机将像安装软件之前一样干净。

Docker 提供的与容器一起使用的抽象概念和工具集改变了系统管理和软件开发的格局。Docker 非常重要,因为它使每个人都可以使用容器。使用 Docker 可以节省时间、金钱和精力。

Docker 如此重要的另一个原因是,软件社区正在大力推动采用容器和 Docker。这种推动力是如此之强,以至于包括亚马逊、微软和谷歌在内的公司已经共同努力为 Docker 和容器的发展做出很多贡献,并且都在自己的云产品中采用了 Docker。这些公司通常各自为战,然而现在它们正在一起支持同一个开源项目,而不是开发和发布自己的解决方案。

Docker 非常重要的第三个原因是,Docker 在计算机上实现了应用商店为移动设备所做的工作,使软件的安装、隔离和删除变得简单。更妙的是,Docker 以跨平台和开放的方式实现了这一目标。想象一下,所有主流的智能手机都共享同一个应用程序商店,这将是一项很大的成就。有了这项技术,操作系统之间的界线可能会开始变得模糊,并且第三方产品将不再是选择操作系统的因素之一。

最后,我们终于开始看到操作系统的一些更高级的隔离功能正在被更好地运用。这看似微不足道,但许多人正在尝试通过在操作系统级别进行隔离来提高计算机的安全性。容器以一种或另一种形式存在了数十年,Docker 能够帮助我们充分利用这些功能,而且不会带来任何复杂性,这非常棒!

1.4　何时、何地使用 Docker

Docker 可以在大多数办公型和家用型计算机上使用。但实际上,Docker 到底应该走多远?

Docker 几乎可以在任何地方运行,但这并不意味着人们想要那样做。例如,当前 Docker 只能运行可在 Linux 操作系统或 Windows 服务器上运行的应用程序。如果想要在计算机桌面上运行 macOS 或 Windows 原生的应用程序,则不能使用 Docker。

通过将范围缩小到能在 Linux 服务器或台式机上运行的软件,Docker 可以为容器内几乎所有的应用程序提供可靠的支持,其中包括服务器应用程序,例如 Web 服务器、邮件服务器、数据库、代理服务器等。桌面软件(例如 Web 浏览器、文字处理器、电子邮件客户端或其他工具)也非常适合。如果受信任的程序与用户提供数据或网络数据进行交互,则它们实际上与从 Internet 下载的程序一样危险,在容器中以权限较低的用户身份运行它们将有助于保护系统免受攻击。

除了拥有安全防御方面的额外收益之外,将 Docker 用于日常任务还可以帮助保持计算机的纯净。保持计算机纯净可以防止遇到共享资源问题并简化软件的安装和删除。安装、删除和分发的简易性可以简化计算机团队的管理，并可能从根本上改变公司对维护工作的看法。

你要记住的最重要的事情是：有时容器是不合适的，容器对于必须完全访问计算机资源才能运行的程序的安全性没有多大帮助。在撰写本书时，这样做是可能的，但很复杂，容器并不是安全问题的完整解决方案，但可以用来防止多种类型的攻击。请记住，不应使用来源不受信任的软件，如果软件需要管理员权限，那么绝对不要使用，这意味着在协作环境里草率地运行客户提供的容器不是什么好主意。

1.5　更大生态系统中的 Docker

如今，更大型的容器生态系统拥有丰富的工具集，可以解决新的或更高级的问题。这些问题包括容器编排、高可用集群、微服务生命周期管理和可见性。在不依赖关键字关联的情况下，在应用市场里搜索相关产品可能很棘手，而了解 Docker 和这些产品如何协同工作甚至更加棘手。

这些产品可以插件的形式与 Docker 配合使用，或在 Docker 的基础上提供某些更高级别的功能。一些工具需要使用 Docker 的子组件，这些子组件都是独立的项目，比如 runc、libcontainerd 和 notary。

除了 Docker 本身之外，Kubernetes 是容器生态系统中最著名的项目。Kubernetes 提供了一个可扩展的平台，用于将服务编排为集群环境中的容器。Kubernetes 正在成长为一种"数据中心操作系统"，像 Linux 内核一样，云提供商和平台公司也在打包 Kubernetes。Kubernetes 依赖于诸如 Docker 的容器引擎，因此读者在笔记本电脑上构建的容器和镜像将在 Kubernetes 中运行。

使用任何工具时都需要考虑折中和取舍。Kubernetes能从可扩展性中获取力量，但这是以陡峭的学习曲线和持续支持工作为代价的。如今，构建、定制或扩展 Kubernetes 集群是一项需要全职投入的工作。但是，使用现有的 Kubernetes 集群来部署应用则非常简单，几乎不需要做多少研究。关注 Kubernetes 的大多数读者应该在构建自己的 Kubernetes 之前考虑采用由主要的公共云提供商生产的托管产品。本书着重介绍仅使用 Docker 解决的高层级问题的解决方案。只有彻底明白问题是什么以及如何使用一个工具解决问题，才更有可能使用更多复杂的工具。

1.6　从 Docker 命令行获取帮助

在本书的其余部分,读者将使用 docker 命令行程序。为了帮助读者入门,我们想向读者展示如何从 docker 产品本身获取有关命令的信息。这样,你将了解如何在计算机上使用确切版本的 Docker。打开终端或命令提示符,然后执行以下命令:

```
docker help
```

执行后将显示有关使用 docker 命令行程序的基本语法信息,还将显示用于这一程序版本的完整命令列表。尝试一下,花点时间看看你可以做的所有事情。

docker help 仅向读者提供有关可用命令的高级摘要信息。为了获取有关特定命令的详细信息,需要将命令包含在<COMMAND>参数中。例如,可以输入以下命令来了解如何将文件从容器内的目录复制到主机上的目录:

```
docker help cp
```

上面这条命令将显示 docker cp 命令的使用模式、综合说明以及参数的详细分类。我们相信,既然你已经知道如何在需要时寻求帮助,那么你肯定也能从本书其余部分介绍的命令中获益良多。

1.7　本章小结

本章简要介绍了 Docker 及其能够帮助系统管理员、开发人员和其他软件用户解决的问题。在本章中,你已了解到:

- Docker 采用后勤保障方法来解决常见的软件问题,并简化了安装、运行、发布和删除软件的过程。Docker 由一个命令行程序、一个后台引擎进程和一组远程服务组成,并与 Docker Inc.公司提供的社区工具集成在一起。
- 容器抽象是 Docker 后勤保障方法的核心。
- 使用容器而非软件可以创建一套一致的接口,在此基础上能够开发更复杂的工具。
- 容器有助于保持计算机整洁,因为容器内的软件不可以与容器外的任何事物进行交互,所以不会形成共享的依赖项。
- 因为 Docker 受到 Linux、macOS 和 Windows 的支持,所以 Docker 镜像中打包的大多数软件都可以在任何计算机上使用。

- Docker 不提供容器技术，而是隐藏了直接使用容器软件的复杂性，并将最佳实践参数转换为合理的默认配置。
- Docker 能与更大的容器生态系统协同工作，这种容器生态系统拥有丰富的工具集，可以解决新的更高层次的问题。
- 如果需要关于 Docker 命令的更多帮助信息，可以随时执行 docker help 子命令。

第 I 部分

进程隔离与环境独立计算

隔离是众多计算模式、资源管理策略和通用会计实务的核心概念，因此很难从一开始就编制一份关于影响面的清单。谁能了解 Linux 容器如何为运行的程序提供隔离机制，以及如何使用 Docker 来控制隔离，谁就能实现系统重用、资源增效和系统简化的惊人成就。

学习如何应用容器的最困难部分就是了解软件的隔离需求。不同软件有不同的需求。Web 服务不同于文本编辑器、程序包管理器、编译器或数据库。每个程序的容器将需要不同的配置。

本书第 I 部分将介绍容器的配置和操作基础，并对容器的配置进行详细讲解，以展示容器的所有功能集。出于这个原因，我们强烈建议读者不要跳过第 I 部分的内容。虽然可能需要花一些时间才能看到你关心的具体问题，但我们相信你在此过程中会获得更多启示。

第**2**章

在容器中运行软件

本章内容如下：
- 在容器中运行交互式和守护式终端程序
- 基本的 Docker 操作和命令
- 隔离程序并注入配置
- 在容器中运行多个程序
- 持久的容器和容器生命周期
- 容器的清除

本章将介绍有关使用容器的所有基础知识以及如何使用 Docker 控制基本的进程隔离。本书中的大多数示例都使用真实的软件，这将有助于介绍 Docker 特性，并能说明如何在日常工作中使用它们。使用现成的镜像也可以减缓新用户学习曲线的陡峭程度。如果你急于要把某些软件容器化，那么本书第 II 部分可以为你回答更多相关的问题。

在本章中，你将安装一个名为 NGINX 的 Web 服务器。Web 服务器可以使网站上的文件和程序通过 Web 浏览器访问。

在此，我们不是要构建网站，而是要使用 Docker 安装并启动 Web 服务器。

2.1 控制容器：构建网站监视器

假设有一位新客户走进你的办公室，并提出如下有些离谱的要求：为他建立一个受到密切监视的全新网站。这位特殊的客户有很多内部业务流程，因此希望解决方案中包含这个特性：在服务器宕机时能向其团队发送电子邮件。他还听说这种流行的 Web 服务器软件是 NGINX，并因此特别要求使用 NGINX。在充分理解了使用 Docker 的优点后，你决定在项目中使用 Docker。图 2.1 显示了项目的规划架构。

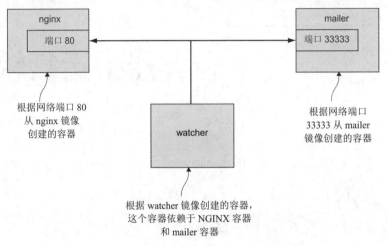

图 2.1　我们将要在本例中构建的三个容器

本例将使用三个容器。第一个容器运行 Web 服务器 NGINX，第二个容器运行名为 mailer 的邮件程序。这两个容器都将作为分离式容器(detached container)运行。分离式意味着容器在系统后台运行，而不连接到任何输入输出流。名为 watcher 的程序则在第三个容器中作为监视器代理程序运行。邮件程序和监视器代理程序都是我们专为本例创建的脚本。在本节中，你将学习如何做到以下几点：

- 创建分离式容器和交互式容器。
- 列出系统中的容器。
- 查看容器日志。
- 停止并重启容器。
- 将终端重新连接到容器。
- 分离已连接的容器。

事不宜迟，让我们开始填写客户的订单吧！

2.1.1　创建和启动新容器

Docker 将运行软件所需的文件和指令的集合称为镜像。当我们使用 Docker 安装软件时，实际上是在使用 Docker 下载或创建镜像。安装镜像和镜像源的方法有很多。第 3 章将更详细地介绍镜像，但是现在，你可以将它们想象为用于在世界各地运输货物的集装箱。Docker 镜像包含计算机运行软件所需的一切。

在这个例子中，我们将从 Docker Hub 下载并安装 NGINX 软件的镜像。请记住，Docker Hub 是 Docker 公司提供的公共注册表，而 NGINX 软件的镜像是 Docker 公司提供的可信仓库(trusted repository)。通常情况下，发布某个软件的人员或软件基金会组织控制着这个软件的可信仓库，这意味着只有这些人员或组织可以在 Docker Hub 里创建、修改、升级、删除这个软件的镜像。执行以下命令将下载、安装并启动一个运行 NGINX 软件的容器：

```
docker run --detach \
    --name web nginx:latest ←——— 注意--detach 选项
```

当执行以上命令时，Docker 将从 Docker Hub 托管的 NGINX 仓库(详见第 3 章)中安装 NGINX 的 nginx:latest 版本并运行。在 Docker 安装并开始运行 NGINX 之后，你将在终端输出一个看似随机的字符串，如下所示：

```
7cb5d2b9a7eab87f07182b5bf58936c9947890995b1b94f412912fa822a9ecb5
```

这个字符串就是刚刚创建的用于运行 NGINX 的容器的唯一标识符。每次执行 docker run 命令以创建一个新容器时，这个新容器都会获得唯一的标识符。用户通常使用一个变量来存放这个标识符以供其他命令使用。但在本例中，你不需要这样做。

显示完标识符后，似乎没有发生任何事情。这是因为使用了--detach 选项并且 NGINX 是在后台启动的。这表明 NGINX 已启动，但并未连接到终端。以这种方式启动 NGINX 是有道理的，因为我们将运行一些程序。服务器端软件通常运行在分离式容器中，这是因为几乎没有服务器端软件在运行的时候需要前端的输入信息。

分离式容器非常适合在系统后台运行的程序。这类程序称为守护进程或服务。守护进程通常通过网络或别的通信渠道与其他程序或人员进行交互。当你在容器中启动守护进程或其他需要在后台运行的程序时，请记住使用--detach 选项或其缩写形式-d。

本例中的客户端需要的另一个守护进程是邮件程序。邮件程序等待邮件发送方的连接，然后发送电子邮件。以下命令用于安装并运行一个适用于此例的邮件程序：

```
docker run -d \                    ←———
    --name mailer \                      启动分离式容器
    dockerinaction/ch2_mailer
```

以上命令将使用--detach 选项的缩写形式在后台启动一个名为 mailer 的新容器。现在，你已经执行了两个命令，并且交付了客户端所需系统的三分之二。最后一个组件称为监视器代理程序，非常适合于交互式容器中运行。

2.1.2 运行交互式容器

基于终端的文本编辑器是一个用于解释在连接式终端运行程序的极好例子。文本编辑器通过键盘(或鼠标)从用户那里获取输入，然后在终端显示输出。这样的编辑器在输入流和输出流方面都是交互式的。在 Docker 中运行交互式程序时，需要将终端的一部分绑定到正在运行的容器的输入或输出。

为了开始使用交互式容器，请执行以下命令：

```
docker run --interactive --tty \         创建虚拟终端并且
    --link web:web \                      绑定标准输入
    --name web_test \ busybox:1.29 /bin/sh
```

以上命令将在 run 命令行上使用两个选项：--interactive(或-i)和--tty(或-t)。首先，--interactive 选项告诉 Docker 即使没有连接终端，也要将容器的标准输入流(stdin)保持为打开状态；其次，--tty 选项告诉 Docker 为容器分配虚拟终端，从而允许你将信号传递给容器。一般来说，这是交互式命令行程序的典型启动选项，也是用户多数情况下希望使用的方式。当在交互式容器中运行诸如 shell 的交互式程序时，通常会同时使用这两个选项。

与--interactive 选项同样重要的是，当启动容器时，需要指定要在容器中运行的程序。在这个例子中，指定的是一个名为 sh 的 shell 程序，你也可以指定为容器内其他可用的程序。

使用交互式容器示例中的命令创建一个容器，启动一个 UNIX shell 进程，并链接到运行 NGINX 的容器。经由这个 shell 程序，可以通过执行下面这条命令来验证 Web 服务器是否正常运行：

```
wget -O - http://web:80/
```

上面这条命令使用 wget 程序向 Web 服务器(之前在容器中启动的 NGINX 服务器)发出 HTTP 请求，然后在终端显示 Web 页面的内容。此时，在输出到前端的所有信息中，应该有一条诸如"欢迎使用 NGINX！"的消息出现。如果看到这样的消息，就说明一切正常，可以继续键入 exit 命令以关闭交互式容器，这将终止 shell 程序并停止容器。

也可以创建一个交互式容器，并在这个交互式容器内手动启动一个程序，然后分离终端。可以通过按住 Ctrl 键(或 Control 键)，然后按 P 键再按 Q 键的方式执行此操作，注意仅在使用--tty 选项后，此操作才有效。

为了完成工作，还需要启动一个代理。这是一个监视器代理程序，它将像在前面的示例中所做的那样测试 Web 服务器，并在 Web 服务器停止工作时使用 mailer 邮件程序发送一条消息。下面的命令将使用缩略选项在交互式容器中启动监视器代理程序：

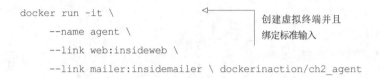

```
docker run -it \
    --name agent \
    --link web:insideweb \
    --link mailer:insidemailer \ dockerinaction/ch2_agent
```

创建虚拟终端并且
绑定标准输入

运行时，容器将每秒测试一次 Web 容器，并输出如下消息：

```
System up.
```

你现在应该了解了如何将终端程序从容器中分离出来。具体来说，当启动容器并且容器开始输出 System up 时，按住 Ctrl(或 Control)键，然后按 P 键再按 Q 键。如此一来，将返回到主机上的 shell 程序。注意不要停止容器里的监视程序，否则，监视程序将停止检查 Web 服务器。

虽然人们经常将分离式容器或者运行着守护进程的其他容器部署到 Web 服务器上，但是交互式容器对于在桌面计算机上运行软件或在服务器上进行手动操作是非常有用的。到目前为止，你已经在客户端所需的容器中启动了所有三个应用程序，但在可以自信地声明大功告成之前，还需要测试系统。

2.1.3　罗列、停止、重启和查看容器的输出

测试当前系统设置的第一件事便是使用 docker ps 命令检查哪些容器当前正在运行：

执行 docker ps 命令将显示每个正在运行的容器的以下信息：

- 容器编号。
- 使用的镜像。
- 容器中执行的命令。
- 容器自创建到当前存在的时间。
- 容器已持续运行的时间。
- 容器暴露的网络端口。

●　容器名称。

此时，你应该拥有三个正在运行的容器，它们的名称分别为 web、mailer 和 agent。如果其中任何一个容器不见了，而到目前为止你都是按照示例进行操作的，则很可能意味着该容器被错误地停止了。这不是什么大问题，因为 Docker 有重启容器的命令。接下来的三个命令将使用容器名称重启每个容器。请选择合适的命令来重启那些在已运行容器的列表中缺少的那些容器：

```
docker restart web
docker restart mailer
docker restart agent
```

现在所有三个容器都在正常运行，你需要测试系统是否正常运转。为此，最好的方法是检查每个容器的日志。下面先在 web 容器中输入如下命令：

```
docker logs web
```

执行以上命令会显示一个长日志，其中包含以下字符串：

```
"GET / HTTP/1.0" 200
```

这意味着 Web 服务器正在运行，并且监视器代理程序正在测试站点。监视器代理程序每次测试站点时，类似以上出现的行都会被写入日志。docker logs 命令对于解决这个问题通常可能会有所帮助，但仅仅依靠 docker logs 命令是危险的。程序写入 stdout 或 stderr 输出流的任何内容都将记录在此日志中。这种模式存在的问题在于，默认情况下日志永远不会覆盖更新或截断，因此只要容器存在，写入容器日志的数据将保留并一直增长。对于生命周期长的进程而言，日志的长期持久性保存可能会造成问题。处理日志数据的一种更好的方法是使用卷，相关内容将在第 4 章中进行讨论。

你可以通过仅检查 Web 日志来确认监视器代理程序是否正在监视 Web 服务器。为完整起见，还应该检查 mailer 邮件程序和监视器代理程序的日志输出：

```
docker logs mailer
docker logs agent
```

mailer 邮件程序的日志如下所示：

```
CH2 Example Mailer has started.
```

而监视器代理程序的日志应该包含下面的字符串，与启动容器时的日志相同：

```
System up.
```

小技巧

docker logs 命令的--follow 或-f 标识选项用于显示日志,同时继续监视日志的变化。当日志有新的变化时，就将新的日志显示出来。当操作结束时，只要按 Ctrl＋C(或 Command＋C)组合建就可以中断日志命令的输出。

现在，既然已经验证容器处于运行状态并且监视器代理程序可以访问 Web 服务器,那么接下来就应该测试当 Web 容器停止时,监视器代理程序是否会另发通知消息。当这种情况真实发生时，监视器代理程序应该触发对 mailer 邮件程序的调用，同时整个事件过程也应该记录在监视器代理程序和邮件程序的日志中。docker stop 命令用于将容器中进程编号(PID)为 1 的程序(Web 服务器)变更到停止状态，并使用 docker logs 命令测试系统，如下所示:

```
docker stop web          ◁——— 通过停止容器来停止 Web 服务器
docker logs mailer       ◁——┐
                            └── 等待几秒后查看 mailer 邮件程序的日志
```

查看 mailer 邮件程序的日志文件的最后部分，如下所示:

```
Sending email: To: admin@work Message: The service is down!
```

这一行日志表示监视器代理程序成功检测到容器中名为 web 的 NGINX 服务器已停止。恭喜! 你已经使用容器和 Docker 构建了第一个真实的系统。

学习 Docker 的基本功能是一回事,理解基本功能的用处以及如何使用它们定制化隔离策略完全是另一回事。

2.2　被解决的问题和 PID 命名空间

Linux 机器上运行的每个程序或进程都有唯一的编号，叫作进程标识符(PID)。PID 命名空间是一组用于识别不同进程的独特数字。Linux 提供了一些工具用于创建多个 PID 命名空间，每个 PID 命名空间都有一整套可以使用的 PID，这意味着每个 PID 命名空间将包含自己的 PID。

大多数程序不需要访问其他正在运行的进程，也不需要列出系统中其他正在运行的进程。因此，Docker 默认情况下会为每个容器创建一个新的 PID 命名空间。容器的 PID 命名空间可以将容器内部的进程和其他容器的进程隔离开来。

从容器内部进程的角度看，在容器的 PID 命名空间中，PID 1 可能指的是 init 系统进程，例如 runit 或 supervisord。但在其他不同的容器中，PID 1 可能指的是命令行外壳程序，例如 bash。执行以下命令可查看容器的运行情况：

```
docker run -d --name namespaceA \
    busybox:1.29 /bin/sh -c "sleep 30000"
docker run -d --name namespaceB \
    busybox:1.29 /bin/sh -c "nc -l 0.0.0.0 -p 80"
docker exec namespaceA ps          ←①
docker exec namespaceB ps          ←②
```

命令①应生成类似以下内容的进程列表：

```
PID         USER             TIME            COMMAND
1           root             0:00            sleep 30000
8           root             0:00            ps
```

命令②应生成以下略有不同的进程列表：

```
PID     USER     TIME     COMMAND
1       root     0:00     nc -l 0.0.0.0 -p 80
9       root     0:00     ps
```

此例使用 docker exec 命令在运行的容器中启动了额外的进程，这里使用的命令是 ps，从而显示所有正在运行的进程及其 PID。从输出中可以清楚地看到，每个容器都有一个 PID 为 1 的进程。

如果没有 PID 命名空间，容器内运行的进程将与其他容器内或主机上的进程共享相同的进程 ID 空间。如果是这样，容器中的进程将能确定主机上正在运行的其他进程。更糟的是，某个容器中的进程将能够控制其他容器中的进程。一个进程如果无法访问其命名空间以外的进程，它就无法向外发起攻击。

正像大多数的 Docker 隔离特性一样，可以有选择地创建没有 PID 命名空间的容器。如果程序正在执行需要计算容器内进程数量的系统管理任务，那么这一点至关重要。可尝试在 docker create 或 docker run 命令中增加--pid 标识选项并将值设置为 host，然后在运行 BusyBox Linux 的容器上执行 ps 命令，如下所示：

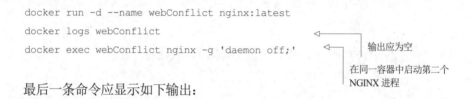

```
docker run --pid host busybox:1.29 ps ◁──── 列出计算机上正在运行的
                                              所有进程
```

因为不同容器都有自己的 PID 命名空间，所以以检查不同容器的命名空间并没有太大意义，在某些场景下可以更多地采用静态依赖性策略。假设容器中运行着两个进程：一个服务器进程和一个本地进程监视器。这个本地进程监视器可能会严格依赖服务器的预期进程编号(PID)来监视和控制服务器。这是环境独立性的典型示例。

考虑前面的 Web 监视示例。假设没有使用 Docker，而是直接在计算机上运行 NGINX。现在，如果忘记已经为另一个项目启动了 NGINX，那么当再次启动 NGINX 时，第二个进程将无法访问所需的资源，因为第一个进程已经占用了它们。可以尝试在同一容器中运行 NGINX 的两个副本来看看实际情况，如下所示：

```
docker run -d --name webConflict nginx:latest
docker logs webConflict
docker exec webConflict nginx -g 'daemon off;'  ◁──── 输出应为空

                                              在同一容器中启动第二个
                                              NGINX 进程
```

最后一条命令应显示如下输出：

```
2015/03/29 22:04:35 [emerg] 10#0: bind() to 0.0.0.0:80 failed (98:
Address already in use)
nginx: [emerg] bind() to 0.0.0.0:80 failed (98: Address already in use)
...
```

第二个进程无法正常启动并报告所需的地址已被占用，这被称为端口冲突。这是发生在现实世界中的常见问题，当多个进程在同一台计算机上运行时，或者当多个人在同一环境中工作时，这个问题尤其突出。下面这个例子很好地说明了 Docker 可以简化和解决类似的冲突问题。可在不同的容器中运行独立的 nginx 进程，如下所示：

```
docker run -d --name webA nginx:latest ◁──── 启动第一个 NGINX 进程

docker logs webA ◁──── 验证它是否在工作；
                       应该是空的

docker run -d --name webB nginx:latest ◁──── 启动第二个 NGINX 进程

docker logs webB ◁──── 验证它是否在工作；
                       应该是空的
```

当软件的运行非常依赖于稀缺的系统资源时，环境独立性为这些软件的配置提供了相当大的自由度，因为在配置一个软件时无须考虑其他有冲突需求的协作软件。以下是一些常见的冲突问题：

- 两个程序要绑定到同一网络端口。
- 两个程序使用相同的临时文件名，但是文件锁正在防止你这样做。
- 两个程序想要使用全局安装的链接库的不同版本。
- 两个进程想要使用相同的 PID 文件。
- 第二个程序修改了第一个程序使用的环境变量，造成第一个程序中断。
- 多个进程在争夺内存或 CPU 时间。

当一个或多个程序具有共同的依赖项，但是不同意共享依赖项或者程序有不同的需求时，就会产生所有这些冲突。就像前面的端口冲突示例一样，Docker 使用诸如 Linux 命名空间、资源限制、文件系统根目录和虚拟化网络组件的工具来解决软件冲突。所有这些工具都用于隔离 Docker 容器内的软件。

2.3　消除元数据冲突：建立网站农场

2.2 节描述了 Docker 如何通过进程隔离的方法来避免软件冲突，但是如果不小心，则可能最终会在 Docker 层面构建出造成元数据冲突或容器之间冲突的系统。

再举一个例子：一位客户要求构建一个系统，并且要求在该系统上托管数量可变的网站。他还希望采用本章前面构建的监视技术。显而易见，扩展之前构建的系统是完成这项工作的最简单方法，因为那样无须定制化 NGINX 服务器的配置。在下面的例子中，我们将构建一个系统，在这个系统中有多个用于运行 Web 服务器的容器和一个用于监视所有 Web 服务器的监视器。图 2.2 描述了这个系统的架构。

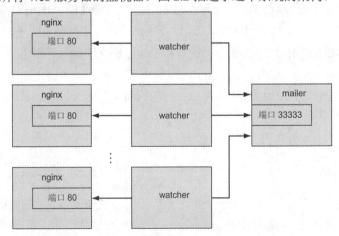

图 2.2　一组 Web 服务器容器和相关的监视器代理程序

你的本能反应可能就是简单地启动更多的 Web 服务器容器，但这并不像看起来那么简单。随着容器数量的增加，如何识别容器将变得复杂。

2.3.1　灵活的容器识别

在之前的示例中，为什么简单地为 NGINX 容器创建更多副本不被认为是好的主意，找出原因的最佳方法，就是自己尝试一下：

```
docker run -d --name webid nginx        ←  创建一个名为 webid 的容器

docker run -d --name webid nginx        ←  创建另一个名为 webid 的
                                           容器
```

上面的第二个命令将会执行失败，并显示有关冲突错误的消息：

```
FATA[0000] Error response from daemon: Conflict. The name "webid" is
already in use by container 2b5958ba6a00. You have to delete (or rename)
that container to be able to reuse that name.
```

使用固定的容器名称(例如 web)对于实验和撰写文档很有用，但是在具有多个容器的系统中，使用这样的固定名称可能会产生冲突。默认情况下，Docker 会为创建的每个容器分配一个唯一的(人类友好的)名称。如果命令中含有--name 选项，则使用给定的值命名容器，默认分配名称的流程将被忽略。如果出现需要更改容器名称的情况，则始终可以使用 docker rename 命令重命名容器，如下所示：

```
docker rename webid webid-old          ←  重命名当前的 web 容器为
                                          webid-old
docker run -d --name webid nginx       ←  创建另一个名为 webid 的
                                          容器
```

重命名容器可以帮助减轻命名冲突问题，但你无法从一开始就避免这个问题。在之前的示例中，除了名称之外，Docker 还给容器分配了唯一标识符，它们是十六进制编码的 1024 位数字，如下所示：

```
7cb5d2b9a7eab87f07182b5bf58936c9947890995b1b94f412912fa822a9ecb5
```

当容器以分离模式启动时，它们的标识符将被打印到终端并显示出来。当需要识别特定容器时，可在任何命令中用这些标识符代替容器名称。例如，docker stop 或 docker exec 命令就可以与之前的标识符(ID)一起使用，如下所示：

```
docker exec \
    7cb5d2b9a7eab87f07182b5bf58936c9947890995b1b94f412912fa822a9ecb5 \
echo hello

docker stop \
    7cb5d2b9a7eab87f07182b5bf58936c9947890995b1b94f412912fa822a9ecb5
```

生成的容器 ID 是唯一的可能性很高，这意味着不同容器的 ID 不太可能发生冲突。在较小程度上，同一台计算机上容器 ID 的前 12 个字符甚至也不可能发生冲突。因此，在大多数 Docker 界面中，容器 ID 都会被截断为前 12 个字符，这使得生成的 ID 更加用户友好，在需要容器标识符的任何地方都可以使用它们。前面的两个命令也可以写成下面这样：

```
docker exec 7cb5d2b9a7ea ps
docker stop 7cb5d2b9a7ea
```

然而，这些 ID 均不太符合人类的使用习惯，但是它们可以与脚本和自动化技术很好地配合使用。Docker 提供了好几种获取容器 ID 的方法，它们可用于实现自动化技术。在这些情况下，完整或截断的 ID 都可以使用。

获取容器 ID 的第一种方法是简单地启动或创建一个新的容器，然后将命令的返回结果分配给一个 shell 变量。如前所述，当一个新的容器以分离模式启动时，这个容器的 ID 将被写入终端(此例中也就是标准输出 stdout)。如果这是在创建容器时获得容器 ID 的唯一途径，那么这条途径无法适用于交互式容器。幸运的是，可以使用另一个命令来创建容器而不必启动。docker create 命令类似于 docker run 命令，但是区别在于，使用 docker create 命令创建的容器在创建后处于停止状态：

```
docker create nginx
```

结果应该如下所示：

```
b26a631e536d3caae348e9fd36e7661254a11511eb2274fb55f9f7c788721b0d
```

如果使用的是 Linux 命令(例如 sh 或 bash)，则可以将结果分配给变量，并在以后再次使用：

```
CID=$(docker create nginx:latest)    ◁────  在 POSIX 兼容的 shell 中，这是有效的
echo $CID
```

　　shell 变量本身有可能产生新的命名冲突，但是冲突的范围仅限于启动当前脚本的终端会话或处理环境。这些冲突应该很容易避免，因为通常只有一个人使用这些脚本，并且还有专门的程序用来管理环境。这种方法的问题在于，如果多个用户或自动化程序需要共享变量，使用这种方法将无济于事，此时需要使用容器 ID(CID)文件。

　　docker run 和 docker create 命令提供了另一个标识选项，用于将新容器的 ID 写入已知文件：

```
docker create --cidfile /tmp/web.cid nginx      ◄──── 创建一个新的处于
                                                       停止状态的容器

cat /tmp/web.cid      ◄──────── 监视这个文件
```

　　与使用 shell 变量一样，这种方法增大了发生冲突的概率。CID 文件的名称(在--cidfile 之后提供)必须是已知的或受确定的文件名命名规则的约束。就像手动命名容器一样，这种方法在全局(Docker 级别)命名空间中使用已知名称。好消息是，如果 CID 文件已经存在，Docker 将不再使用提供的 CID 文件名来创建新容器(也就是说，不会覆盖现存的文件)，命令会执行失败，就像之前手动创建两个具有相同名称的容器时一样。

　　使用 CID 文件而不是名称的原因之一是：CID 文件可以很容易地共享给容器并且 CID 文件也易于重命名。这里使用了称为卷的 Docker 功能，第 4 章将详细介绍。

小技巧
　　处理 CID 文件命名冲突的一种策略是根据已知或可预测的路径规范对命名空间进行分区。例如，在这种情况下，可以使用一条包含已知目录下所有 Web 容器的路径，接着通过客户 ID 对这条路径进行进一步分区。这将导致路径分区形如/containers/web/customer1/web.cid 或/containers/web/customer8/web.cid。

　　在其他情形下，可以使用别的命令，例如使用 docker ps 来获取容器的 ID。举个例子，如果要获取最后创建的容器的截断 ID，可使用以下方法：

```
CID=$(docker ps --latest --quiet)      ◄──── 在 POSIX 兼容的
echo $CID                                     shell 中有效

CID=$(docker ps -l -q)      ◄──── 使用简短形式的标志
echo $CID                          再次执行
```

小技巧

如果想要获取完整的容器 ID，可以在 docker ps 命令中使用 --no-trunc 选项。

到目前为止，我们提及的功能主要用于自动化案例。即使被截断成短字符的 ID 有些帮助，但这些容器 ID 仍然难以阅读或记忆。出于这个原因，Docker 还为每个容器生成了易于理解的名称。

易于理解的名称的命名规范具体是：描述个人特质的词+下画线+有影响力的科学家、工程师、发明家或其他思想领袖的姓氏。生成的名称示例有 companionate_swartz、hungry_goodall 和 distracted_turing。这些名称似乎在可读性和可记忆性方面都达到了最佳效果。当直接使用 Docker 工具时，始终可以通过 docker ps 命令查找这些人性化的名称。

容器标识可能很棘手，但你总是可以使用 Docker 的 ID 和名称生成功能来解决这个问题。

2.3.2   容器的状态和依存关系

有了这些新的知识，新系统看起来如下所示：

```
MAILER_CID=$(docker run -d dockerinaction/ch2_mailer)   ◁── 确保第一个示
WEB_CID=$(docker create nginx)                              例中的邮件程
                                                            序正在运行
AGENT_CID=$(docker create --link $WEB_CID:insideweb \
    --link $MAILER_CID:insidemailer \
    dockerinaction/ch2_agent)
```

以上代码段生成的脚本可直接用于启动新的 NGINX 服务，也可用于每个客户端用户的监视器代理程序。docker ps 命令用来查看它们是否已创建：

```
docker ps
```

如果 NGINX 服务和监视器代理程序都没有包含在命令的输出中，那么原因肯定与容器状态有关。Docker 容器总是处于图 2.3 所示的状态之一，Docker 容器管理命令可使容器在这些状态之间来回切换，图 2.3 中的注释对这些转换进行了说明。

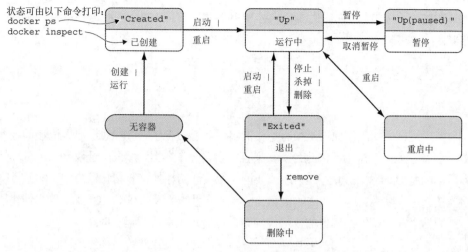

图 2.3　Docker 容器的状态转换图

刚刚创建的两个新容器都不会出现在返回的容器列表中，因为 docker ps 命令默认情况下仅显示正在运行的容器，而这些容器是使用 docker create 命令专门创建的，并且从未启动(处于"已创建"状态)。要查看所有容器(包括处于"已创建"状态的容器)，请使用-a 选项，如下所示：

```
docker ps -a
```

新容器的状态应为"已创建"。docker ps 命令将使用图 2.3 中以灰底显示的名称显示容器状态。"重启中""删除""死亡"(未显示)是 Docker 内部状态，用于跟踪 docker ps 命令中可见状态之间的转换。

现在既然已经验证两个容器均已创建，接下来需要启动它们，为此可以使用 docker start 命令：

```
docker start $AGENT_CID
docker start $WEB_CID
```

注意执行这些命令将导致错误，容器需要以其依赖关系链的相反顺序启动。由于在 Web 容器之前启动了监视器代理容器，因此 Docker 报告了如下消息：

```
Error response from daemon: Cannot start container
03e65e3c6ee34e714665a8dc4e33fb19257d11402b151380ed4c0a5e38779d0a: Cannot
link to a non running container: /clever_wright AS /modest_hopper/insideweb
FATA[0000] Error: failed to start one or more containers
```

在这个示例中，监视器代理容器对 Web 容器具有依赖性，因此需要首先启动 Web 容器：

```
docker start $WEB_CID
docker start $AGENT_CID
```

考虑这样做的工作原理是很有意义的事情。链接机制将 IP 地址注入依赖的容器中，而未运行的容器没有 IP 地址。如果尝试启动一个容器，那么由于依赖于未运行的容器，因此 Docker 不会注入 IP 地址。第 5 章将介绍如何将容器与用户定义的桥接网络连接起来，以避免这种特殊的依赖性问题。这里的关键点在于，Docker 将在创建或启动容器之前尝试解决容器的依赖性问题，以避免应用程序运行时失败。

> **容器网络链接的遗留问题**
>
> 你可能注意到 Docker 文档将网络链接描述为旧功能。网络链接确实是一种早期流行的容器连接方式，链接系统创建从一个容器到同一主机上其他容器的单向网络连接，然而容器生态系统中的重要组件要求在容器之间建立完全对等的双向连接，Docker 为此提供了我们将在第 5 章中描述的用户定义的网络，这些网络也可以扩展到我们将在第 13 章中描述的主机集群中。网络链接和用户定义的网络并不等效，但是 Docker 建议迁移到用户定义的网络。
>
> 现在还不确定网络链接功能将来是否会被移除。许多有用的工具和单向通信模式都基于网络链接，如用于检查和监视 Web 及邮件组件的容器。

无论使用的是 docker run 还是 docker create 命令，创建的容器都必须按照依赖关系链的相反顺序启动。这意味着 Docker 容器之间不可以存在循环依赖关系。

到目前为止，我们可以将讨论过的所有内容放到如下简洁的脚本中：

```
MAILER_CID=$(docker run -d dockerinaction/ch2_mailer)

WEB_CID=$(docker run -d nginx)

AGENT_CID=$(docker run -d \
    --link $WEB_CID:insideweb \
    --link $MAILER_CID:insidemailer \
    dockerinaction/ch2_agent)
```

现在，当每次需要配置新的站点时，都可以无例外地运行上述脚本。曾经为此烦恼的客户已经认可并感谢你已完成的网络和监视工作，但是情况已经有所变化。

客户决定专注于使用 WordPress(一种流行且开源的内容管理和博客程序)构建网站。幸运的是，WordPress 是通过 Docker Hub 在名为 wordpress 的仓库中发布的。所有需要做的就是提交一组命令即可配置一个新的 WordPress 网站，并且这个 WordPress 网站具有与已经提供的监视和报警功能相同的特性。

关于内容管理系统和其他有状态系统，有趣的是，正因为它们使用的数据才使每个正在运行的程序变得专用和定制化。Adam 的 WordPress 博客与 Betty 的 WordPress 博客不同，即使它们运行的是相同的软件，但是内容不同。即使内容相同，它们也是不同的，因为它们运行在不同的站点上。

如果将要构建的系统或软件需要了解太多的环境信息，例如依赖服务的地址或固定位置，则很难更改环境或重用这样的系统或软件。在正式的软件合同完成之前，需要将系统对环境的依赖性降至最低。

2.4　构建与环境无关的系统

与安装软件或维护计算机集群相关的大部分工作都在于处理计算机环境的特殊化问题。这些特殊性来自全局范围的依赖项(例如，主机文件系统的位置)、硬编码的部署架构(代码或配置中的环境检查)或数据局部性(数据存储在部署架构之外的特定计算机上)。知道这一点后，如果目标是构建不需要太多手动维护的系统，则应努力减少这些特殊性。

Docker 具有以下三个特定功能，可帮助构建与环境无关的系统：
- 只读文件系统
- 环境变量注入
- 卷

如何处理卷是一个大的主题，也是本书第 4 章将要讨论的内容。为了学习前两个功能，请思考本章剩余部分将要面临的需求变更场景：WordPress 使用 MySQL 数据库产品来存储大部分数据。因此，最好为运行 WordPress 的容器提供只读文件系统，以确保仅将数据写入数据库。

2.4.1　只读文件系统

使用只读文件系统能够完成两项积极的工作。首先，可以确保容器不会因更改包含的文件而变得只为某些程序专用。其次，确保攻击者无法破坏容器中的文件。

为了立即开始在客户系统中工作，下面使用--read-only 标识选项从 WordPress 镜像创建和启动容器：

```
docker run -d --name wp --read-only \
    wordpress:5.0.0-php7.2-apache
```

之后，检查容器是否正在运行。可以使用之前介绍的任何方法，也可以直接检查容器的元数据。如果名为 wp 的容器正在运行，则执行完以下命令将显示 true，否则显示 false：

```
docker inspect --format "{{.State.Running}}" wp
```

docker inspect 命令通常用于显示 Docker 为容器维护的所有元数据。--format 格式选项用来转换元数据的格式，在这个例子中，将会过滤掉除了用于指示容器运行状态的字段以外的所有内容，结果这条命令应该只输出 false。

在这个例子中，容器没有运行。要确定原因，请检查容器的日志，如下所示：

```
docker logs wp
```

以上命令将输出以下信息：

```
WordPress not found in /var/www/html - copying now...
Complete! WordPress has been successfully copied to /var/www/html
... skip output ...
Wed Dec 12 15:17:36 2018 (1): Fatal Error Unable to create lock file: ↵
Bad file descriptor (9)
```

当使用只读文件系统运行 WordPress 时，Apache Web 服务器进程将报告无法创建锁文件。遗憾的是，它没有报告试图创建的锁文件的具体位置。如果我们得到了位置信息，就可以为这个错误创建异常。现在，让我们运行一个具有可写文件系统的 WordPress 容器，以便 Apache Web 服务器可以自由地在所需位置写入文件：

```
docker run -d --name wp_writable wordpress:5.0.0-php7.2-apache
```

使用 docker diff 命令检查 Apache 到底在哪里更改了容器的文件系统：

```
docker container diff wp_writable
C /run
```

```
C /run/apache2
A /run/apache2/apache2.pid
```

在第 3 章中，我们将详细介绍 diff 命令以及 Docker 如何知道文件系统中发生的更改。到目前为止，仅仅知道 diff 命令的输出结果显示 Apache 创建了/run/apache2 目录并在该目录下添加了 apache2.pid 文件就足够了。

由于写入文件是应用程序的正常操作，因此我们将对只读文件系统进行异常处理：允许容器通过使用从主机挂载的可写卷来写入/run/apache2 目录。由于 Apache 也需要可写的临时目录，因此还需要在/tmp 目录下为容器提供临时的内存文件系统：

```
docker run -d --name wp2 \              使容器的根文件系统
    --read-only \                      只读
    -v /run/apache2/ \                         从主机挂载一个可写
    --tmpfs /tmp \ wordpress:5.0.0-php7.2-apache    目录
                                              给容器提供常驻内存
                                              的临时文件系统
```

上面这条命令记录了操作成功的消息，如下所示：

```
docker logs wp2
WordPress not found in /var/www/html - copying now...
Complete! WordPress has been successfully copied to /var/www/html
... skip output ...
[Wed Dec 12 16:25:40.776359 2018] [mpm_prefork:notice] [pid 1] ↵
AH00163: Apache/2.4.25 (Debian) PHP/7.2.13 configured -- ↵
resuming normal operations
[Wed Dec 12 16:25:40.776517 2018] [core:notice] [pid 1] ↵
AH00094: Command line: 'apache2 -D FOREGROUND'
```

WordPress 还依赖于 MySQL 数据库。数据库是一种程序，可以按照查询和搜索方式对数据进行存储。好消息是，可以像 WordPress 一样使用 Docker 来安装 MySQL：

```
docker run -d --name wpdb \
    -e MYSQL_ROOT_PASSWORD=ch2demo \
    mysql:5.7
```

一旦启动，就会创建一个不同的 WordPress 容器并链接到这个新的数据库容器。

```
docker run -d --name wp3 \          ⟵——— 使用唯一的名称
    --link wpdb:mysql \             ⟵————— 创建到数据库的连接
    -p 8000:80 \                    ⟵—┘
    --read-only \                       将流量从主机端口 8000 引导到
    -v /run/apache2/ \                  容器端口 80
    --tmpfs /tmp \ wordpress:5.0.0-php7.2-apache
```

再次检查 WordPress 是否正常运行：

```
docker inspect --format "{{.State.Running}}" wp3
```

现在的输出结果应该为 true。如果现在就使用新的 WordPress 应用程序，那么可以将 Web 浏览器指向 http://127.0.0.1:8000。

到目前为止，所使用脚本的更新版本应如下所示：

```
#!/bin/sh

DB_CID=$(docker create -e MYSQL_ROOT_PASSWORD=ch2demo mysql:5.7)

docker start $DB_CID

MAILER_CID=$(docker create dockerinaction/ch2_mailer)
docker start $MAILER_CID

WP_CID=$(docker create --link $DB_CID:mysql -p 80 \
    --read-only -v /run/apache2/ --tmpfs /tmp \
    wordpress:5.0.0-php7.2-apache)

docker start $WP_CID

AGENT_CID=$(docker create --link $WP_CID:insideweb \
    --link $MAILER_CID:insidemailer \
    dockerinaction/ch2_agent)

docker start $AGENT_CID
```

恭喜！此时你应该有一个正在运行的 WordPress 容器了！通过使用只读文件系统

并将 WordPress 链接到另一个运行着数据库的容器，可以确保运行 WordPress 镜像的容器永远不会改变。这意味着，如果运行 WordPress 博客的计算机出了点问题，那么完全可以在其他计算机上启动容器的另一个副本。

但是这种设计有两个问题。首先，数据库容器与 WordPress 容器运行在同一台计算机上。其次，WordPress 应用程序使用了几个重要配置项的默认值，例如数据库名称、管理用户名、管理密码、数据库盐值(salt)等。

为了解决这个问题，可以创建多个版本的 WordPress 软件，每个版本都有针对不同客户的特殊配置，但是这样做会把简单配置脚本变成创建图片和写入文件的繁杂过程。将环境变量注入不同配置项是一种更好的方法。

2.4.2　注入环境变量

环境变量是通过执行上下文提供给程序的键/值对。它们可以更改程序的配置，而无须修改任何文件，也不用更改启动程序的命令。

Docker 使用环境变量来传达如下信息：有依赖关系的容器、容器的主机名以及容器中运行的程序的其他简要信息。Docker 还为用户提供了一种将环境变量注入新容器的机制。那些需要通过环境变量传递重要配置信息的程序，在容器创建的时候就可以配置好。幸运的是，WordPress 就是这样的程序。

在深入研究 WordPress 的细节之前，请尝试自行注入和查看环境变量。UNIX 命令 env 能在当前终端的会话上下文中显示所有环境变量。要查看实际的环境变量注入操作，请使用以下命令：

```
docker run --env MY_ENVIRONMENT_VAR="this is a test" \        ← 注入环境变量
    busybox:1.29 \
    env                        ← 在容器内执行 env 命令
```

--env 或-e 缩写标志可用于注入任何环境变量。如果镜像或 Docker 已经设置了变量，则变量值将被覆盖。通过这种方式，对容器内运行的程序可以始终依赖环境变量进行配置。WordPress 关注以下环境变量：

- WORDPRESS_DB_HOST
- WORDPRESS_DB_USER
- WORDPRESS_DB_PASSWORD
- WORDPRESS_DB_NAME
- WORDPRESS_AUTH_KEY
- WORDPRESS_SECURE_AUTH_KEY

- WORDPRESS_LOGGED_IN_KEY
- WORDPRESS_NONCE_KEY
- WORDPRESS_AUTH_SALT
- WORDPRESS_SECURE_AUTH_SALT
- WORDPRESS_LOGGED_IN_SALT
- WORDPRESS_NONCE_SALT

提示

本书中的示例忽略了环境变量名中含有 KEY 和 SALT 的变量，但是任何实际的生产系统都绝对需要设置这些变量。

首先，我们来解决数据库容器与 WordPress 容器在同一台计算机上运行的问题。与其使用网络链接的方法满足 WordPress 的数据库依赖性，不如为 WORDPRESS_DB_HOST 环境变量注入值：

```
docker create --env WORDPRESS_DB_HOST=<my database hostname> \
    wordpress: 5.0.0-php7.2-apache
```

本例将为 WordPress 创建(而不是启动)一个容器，并尝试使用 my database hostname 指代的名称连接到 MySQL 数据库。由于远程数据库不太可能使用默认的用户名和密码，因此还必须为这两个配置项注入值。假设数据库管理员是一位爱猫的人并且讨厌强密码，命令行操作如下所示：

```
docker create \
    --env WORDPRESS_DB_HOST=<my database hostname> \
    --env WORDPRESS_DB_USER=site_admin \
    --env WORDPRESS_DB_PASSWORD=MeowMix42 \
    wordpress:5.0.0-php7.2-apache
```

以这种注入方式使用环境变量将能够分离 WordPress 容器和 MySQL 容器之间的物理联系。即使可以将数据库和 WordPress 站点都托管在同一台计算机上，也仍然需要解决前面提到的第二个问题。如果所有站点都使用相同的默认数据库名称，那么不同的客户将共享同一个数据库，你需要采用环境变量注入的方式为每个独立站点的 WORDPRESS_DB_NAME 变量设置数据库名称：

```
docker create --link wpdb:mysql \
    -e WORDPRESS_DB_NAME=client_a_wp \      ←——— 对于客户 A
```

```
    wordpress:5.0.0-php7.2-apache

docker create --link wpdb:mysql \
    -e WORDPRESS_DB_NAME=client_b_wp \     ◁─────── 对于客户 B
    wordpress:5.0.0-php7.2-apache
```

既然你已经理解了如何将配置注入 WordPress 应用程序并将其和多个协作进程相连，那么现在修改配置脚本。首先，启动所有客户端共享的数据库和邮件程序容器，并将容器 ID 存储在环境变量中：

```
export DB_CID=$(docker run -d -e MYSQL_ROOT_PASSWORD=ch2demo mysql:5.7)
export MAILER_CID=$(docker run -d dockerinaction/ch2_mailer)
```

更新客户端站点配置脚本，从环境变量读取数据库容器 ID、邮件容器 ID 和新的 CLIENT_ID：

```
#!/bin/sh

if [ ! -n "$CLIENT_ID" ]; then          ◁── 假设 $CLIENT_ID 变量经由脚
    echo "Client ID not set"                本的输入来设置
    exit 1
fi

WP_CID=$(docker create \                 使用 DB_CID 创建链接
    --link $DB_CID:mysql \     ◁──────
    --name wp_$CLIENT_ID \
    -p 80 \
    --read-only -v /run/apache2/ --tmpfs /tmp \
    -e WORDPRESS_DB_NAME=$CLIENT_ID \
    --read-only wordpress:5.0.0-php7.2-apache)

docker start $WP_CID

AGENT_CID=$(docker create \
        --name agent_$CLIENT_ID \
    --link $WP_CID:insideweb \
    --link $MAILER_CID:insidemailer \
    dockerinaction/ch2_agent)
```

```
docker start $AGENT_CID
```

如果将以上脚本保存到名为 start-wp-for-client.sh 的文件中，则可以使用以下命令为名为 dockerinaction 的客户端设置 WordPress：

```
CLIENT_ID=dockerinaction ./start-wp-multiple-clients.sh
```

这个新脚本将为每个客户启动 WordPress 应用程序和监视器代理程序，并在这些容器以及单独的邮件程序和 MySQL 数据库之间建立连接。WordPress 容器可以销毁、重启和升级，而无须担心数据丢失。图 2.4 显示了这种架构。

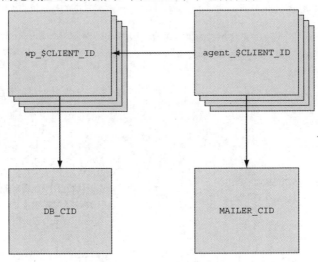

图 2.4   每个 WordPress 容器和监视器代理容器使用相同的数据库和邮件程序

到目前为止，客户应该对你交付的产品感到满意，但是有一件事可能会让他产生困扰。在较早的测试中，当站点不可用时，监视器代理程序正确通知了邮件程序，但是重启站点和代理则需要手动完成。系统在检测到故障时，如果能够尝试自动恢复的话，将会更好。Docker 提供了重启策略来解决这个问题，但是你有可能需要更健壮的方案。

2.5   建立持久的容器

在极少数情况下，软件可能会发生故障，通常这种情况是暂时的。当故障发生时，最重要的事情是尽快恢复服务，同时也要让相关人员及时知晓故障。你在本章中构建的监视系统是很好的开始，它可以使系统负责人了解系统问题，但是它对恢复服务没有任何帮助。

当容器中的所有进程退出后，容器将进入退出状态。请记住，Docker 容器可以处于以下六个状态之一：

- 已创建
- 运行中
- 重启中
- 暂停
- 删除中
- 退出(即使从未启动过容器，也可以使用)

从临时故障中恢复的基本策略是在程序退出或失败时自动重启进程。Docker 提供了一些用于监视和重启容器的选项。

2.5.1　自动重启容器

Docker 通过重启策略提供容器重启功能。在创建容器时使用--restart 标识选项，就可以告诉 Docker 执行以下任一操作：

- 永不重启(默认)。
- 检测到故障时尝试重启。
- 检测到故障时尝试在预定时间内重启。
- 无论情况如何，始终重启。

Docker 并不总是尝试立即重启容器，否则就会导致更多的问题而不是解决问题。想象这样一个容器：除了打印时间然后退出之外，什么也不做。如果把这个容器配置为始终重启，并且 Docker 始终立即将其重启的话，那么系统除了重启这个容器之外将无法执行任何操作。取而代之的是，Docker 采用指数退让策略来对重启尝试进行计时。

退让策略决定了两次连续的重启之间应该等待的时间。指数退让策略的作用类似于每一次重启等待的时间都是上一次等待时间的两倍。例如，第一次需要重启容器时，如果 Docker 等待了 1 秒，那么在第二次尝试时，Docker 将等待 2 秒，第三次尝试时将等待 4 秒，第四次尝试时将等待 8 秒，依此类推。将初始等待时间设定的比较短的指数退让策略是一种常见的服务恢复技术。为了能够直观地看到 Docker 如何采用这种策略，可以构建一个始终重启并仅打印时间的容器，然后运行这个容器：

```
docker run -d --name backoff-detector --restart always busybox:1.29 date
```

过几秒后，再使用日志跟踪功能观测容器采用退让策略尝试重启的过程：

```
docker logs -f backoff-detector
```

日志会显示容器已经重启过的所有次数，并在下一次重启时打印当前时间，然后
退出。通过将这个单独的标记添加到监视系统和 WordPress 容器中，可以解决自动恢
复服务的问题。

有人不希望直接采用此策略的唯一原因可能是，在退让期间，容器一直未运行。
等待重启的容器应该处于"重启中"状态而不是"暂停"状态。为了演示，下面尝试
在 backoff-detector 容器中运行另一个进程：

```
docker exec backoff-detector echo Just a Test
```

执行以上这条命令将打印以下错误信息：

```
Container <ID> is restarting, wait until the container is running
```

这意味着如果某些命令或操作需要在容器运行时执行，那么当容器处于重启过程
时，将无法执行它们。如果需要在损坏的容器中运行诊断程序，这可能是个问题。一
种更完整的策略是使用启动了轻量级 init 系统的容器。

2.5.2 使用 PID 1 和 init 系统

init 系统用于启动和维护其他程序的状态。带有 PID 1 的任何进程都将被 Linux 内
核视为初始化进程(即使从技术上讲不是 init 系统)。除其他关键功能外，init 系统还会
启动其他进程、在其他进程发生故障时重启它们、转换并转发操作系统发送的信号，
以及防止资源泄漏。当容器运行多个进程或正在运行的程序包含子进程时，通常的做
法是在容器内使用实际的 init 系统。

可以在容器内部使用多个这样的 init 系统，最流行的包括 runit、Yelp/dumb-init、
tini、supervisord 和 tianon/gosu。使用这些 init 系统发布软件产品的过程将在第 8 章中
介绍。

Docker 提供了在单个容器中包含完整的 LAMP(Linux、Apache、MySQL 和 PHP)
软件栈的镜像。以这种方式创建的容器将使用 supervisord 来确保所有相关进程保持正
常运行。启动如下示例容器：

```
docker run -d -p 80:80 --name lamp-test tutum/lamp
```

然后使用 docker top 命令查看这个容器中正在运行的进程：

```
docker top lamp-test
```

top 子命令用于显示容器中每个进程的主机 PID。在运行的程序列表中可以看到 supervisord、mysql 和 apache。既然容器正在运行，那么可以通过手动停止容器内部的某个进程来测试 supervisord 的重启功能。

为了从容器中杀死某个进程，需要知道容器的 PID 命名空间中的进程编号(PID)。为了获取进程列表，请执行以下 exec 子命令：

```
docker exec lamp-test ps
```

生成的进程列表将在 CMD 列中列出 apache2：

```
PID TTY TIME CMD
  1 ?    00:00:00 supervisord
433 ?    00:00:00 mysqld_safe
835 ?    00:00:00 apache2
842 ?    00:00:00 ps
```

执行 docker exec 命令时，PID 列中的值是不同的。找到 apache2 对应的 PID，然后在以下命令中为<PID>标签插入找到的 PID 值：

```
docker exec lamp-test kill <PID>
```

执行上面这条命令后，系统将在 lamp-test 容器中运行 Linux 的 kill 程序，以通知 apache2 进程停止。当 apache2 进程停止时，supervisord 进程会记录这一事件并重启进程。容器日志清楚地记录了这些事件，如下所示：

```
...
... exited: apache2 (exit status 0; expected)
... spawned: 'apache2' with pid 820
... success: apache2 entered RUNNING state, process has stayed up for >
    than 1 seconds (startsecs)
```

init 系统的常见替代方法是使用启动脚本，启动脚本至少会检查成功启动软件的前提条件，有时脚本也会用作容器的默认命令。例如，WordPress 容器首先运行脚本来验证并设置默认环境变量，然后才启动 WordPress 进程。可以通过以下命令来查看启动脚本的内容：

```
docker run wordpress:5.0.0-php7.2-apache \
  cat /usr/local/bin/docker-entrypoint.sh
```

Docker 容器在执行上面这条命令之前会运行称为入口点的程序，入口点十分适合用来放置一些代码，这些代码可用来验证容器的前提条件是否成立。尽管本书的第 II 部分将对此进行深入讨论，但是现在你需要了解如何在命令行上设置容器的入口点。下面尝试再次执行上一条命令，但是这一次使用--entrypoint 标识选项指定要运行的程序并传递参数，如下所示：

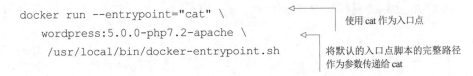

```
docker run --entrypoint="cat" \
    wordpress:5.0.0-php7.2-apache \
    /usr/local/bin/docker-entrypoint.sh
```

使用 cat 作为入口点

将默认的入口点脚本的完整路径
作为参数传递给 cat

如果运行以上命令中的脚本，你将看到如何根据软件的依赖关系来验证环境变量并设置默认值。一旦脚本确认前提条件具备并且 WordPress 容器可以执行，就将启动相关的请求或默认命令。

启动脚本是构建持久容器的重要组成部分，并且始终可以与 Docker 重启策略结合使用，以利用各自的优势。由于 MySQL 和 WordPress 容器都已经使用了启动脚本，因此只需要在示例脚本的更新版本中为每个容器设置重启策略即可。

当启动脚本无法满足 Linux 对 init 系统的期望时，将启动脚本当作 PID 为 1 的进程运行会出现问题。根据用例，你可能发现其他方法或混合方法会更有效。

经过最后的修改，你已经构建了完整的 WordPress 网站配置系统，并且学习了使用 Docker 进行容器管理的基础知识。到目前为止，你已进行大量的实验。你的计算机上可能到处都是不再需要的容器。为了回收那些容器正在使用的资源，你需要停止这些容器并将它们从系统中删除。

2.6　清除工作

易于清理是使用容器和 Docker 的最重要原因之一。容器提供的隔离模式可简化停止进程和删除文件的步骤。使用 Docker，整个清理过程被简化为执行一些简单的命令。在任何清理任务中，首先要做的是标识出想要停止和/或删除的容器。请记住，要列出计算机上的所有容器，可使用 docker ps 命令：

```
docker ps -a
```

由于后续不再使用本章创建的容器，因此可以安全地停止并删除这里所有列出的容器。如果有为其他活动创建的容器，那么在清理时需要特别注意。

所有容器都使用硬盘驱动器空间来存储日志、容器元数据和已写入容器文件系统的文件。所有容器还会消耗全局命名空间中的资源，例如容器名称和主机端口映射等。在大多数情况下，应删除不再使用的容器。

要从计算机中删除容器，请使用 docker rm 命令。例如，要删除名为 wp 的已停止运行的容器，请执行以下命令：

```
docker rm wp
```

浏览一下执行 docker ps -a 命令后生成的容器列表中的所有容器，并删除所有处于"退出"状态的容器。如果尝试删除处于"运行中""暂停"或"重启中"状态的容器，Docker 将显示以下消息：

```
Error response from daemon: Conflict, You cannot remove a running
container. Stop the container before attempting removal or use -f
FATA[0000] Error: failed to remove one or more containers
```

在删除容器中的文件之前，应首先停止容器中运行的进程。可以使用 docker stop 命令或通过在 docker rm 命令中使用-f 标识选项来执行此操作。关键区别在于，当使用-f 标识选项停止进程时，Docker 会发送 SIG_KILL 信号，立即终止接收进程。相反，使用 docker stop 命令会发送 SIG_HUP 信号，SIG_HUP 信号的接收者有时间执行终止和清理任务。SIG_KILL 信号不提供这样的宽让时间，结果就是可能导致文件损坏或糟糕的网络体验。通过使用 docker kill 命令可以直接将 SIG_KILL 信号发送到容器，但是，只有必须在少于标准 30 秒(最大停止时间)之内停止容器的情形下，才应该使用 docker kill 或 docker rm -f 命令。

如果将来尝试存活时间较短的容器，则可以通过在命令中指定--rm 标识选项来规避清理工作。这样做的结果是容器在进入"退出"状态后将被自动删除。举个例子，以下命令将在一个新的 BusyBox 容器中向屏幕写消息，并且容器在退出后将被立即删除：

```
docker run --rm --name auto-exit-test busybox:1.29 echo Hello World
docker ps -a
```

在这种情况下，可使用 docker stop 或 docker rm 命令进行适当的清理工作，用于单步操作的 docker rm -f 命令在这里也合适。此外，还可以使用-v 标识选项，具体原因将在第 4 章中介绍。Docker CLI(命令行接口)能使编写快速清除命令变得容易：

```
docker rm -vf $(docker ps -a -q)
```

本书第 I 部分的其他各章将重点关注容器的某个特定方面。下一章将重点介绍镜像的安装和卸载，你将理解镜像如何与容器产生关联以及如何使用容器文件系统。

2.7 本章小结

Docker 项目的核心作用是使用户能够在容器中运行软件。本章介绍了如何将 Docker 用于此目的，涵盖的重点理念和功能如下：

- 容器可以在连接到用户 shell 程序的虚拟终端运行，也可以分离模式运行。
- 默认情况下，每个 Docker 容器都有自己的 PID 命名空间，以隔离每个容器的进程信息。
- Docker 可通过生成的容器 ID、缩写的容器 ID 或人性化的名称来标识每个容器。
- 所有容器都处于以下六种状态之一："已创建""运行中""重启中""暂停""删除中"和"退出"。
- docker exec 命令可用于在正在运行的容器内运行其他进程。
- 用户可通过在创建容器时指定环境变量，将外界输入传递给容器中的进程或者为容器中的进程提供额外的配置。
- 在创建容器时，使用--read-only 标识选项可将挂载的容器文件系统标识为只读模式，以防止容器的特殊化或专用化。
- 在创建容器时，使用--restart 标识选项设置的容器重启策略将有助于系统在发生故障时自动恢复。
- Docker 使用 docker rm 命令清理容器时要做的工作就像创建它们时一样简单。

第*3*章

使用 Docker 安装软件

第 1 章和第 2 章介绍了 Docker 提供的新概念并做了抽象描述。从本章开始，我们将深入研究容器文件系统和 Docker 软件安装的相关知识，Docker 软件的安装分为三个步骤，如图 3.1 所示。

图 3.1　Docker 软件安装的三个步骤

安装任何软件的第一步是确定想要安装的软件。软件通常是使用镜像分发的，但是仅仅知道这还不够，你还需要知道如何准确告诉 Docker 要安装哪个镜像。之前我们已经提到仓库可用来保存镜像，但是本章将说明如何使用仓库和标签来识别镜像，以安装所需的软件。

本章将详细介绍安装 Docker 镜像的如下三种主要方法：

- 使用 Docker 注册表。
- 使用 docker save 和 docker load 命令操作镜像文件。
- 使用 Dockerfile 构建镜像。

在阅读本章的过程中，你将学习 Docker 如何隔离已安装的软件，并且会遇到一个新的术语——"层级"。层级是处理镜像时的重要概念之一，具有多个重要功能。本章将以讨论镜像如何工作结尾。这些知识有助于评估镜像的质量并为本书第Ⅱ部分建立基本的技能集。

3.1　识别软件

假设要安装名为 TotallyAwesomeBlog 2.0 的软件，该如何告知 Docker 你想要安装什么？你需要使用一种方法来命名这个软件，指定软件的版本，并且还要知道从哪里找到这个软件。如图 3.2 所示，学习如何识别特定软件是软件安装流程中的第一步。

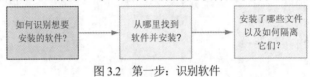

图 3.2　第一步：识别软件

Docker 通过镜像来创建容器。镜像是文件，其中包含两类数据：用于创建容器的文件以及镜像的元数据。元数据包含标签、环境变量、默认的执行上下文、镜像的命令历史记录等。

每个镜像都有全局唯一的标识符。通过镜像标识符可以识别镜像和容器命令，但实际上很少使用原始的镜像标识符。它们是由字母和数字组成的长而唯一的字符序列，每次更改镜像时，镜像标识符也都会跟着变更。由于镜像标识符难以预测和记忆，因此使用起来很困难，用户通常使用命名仓库取而代之。

3.1.1　命名仓库是什么

命名仓库(named repository)可以理解为已命名的容纳了镜像文件的收纳箱。命名仓库的名称在形式上类似于 URL，一般由镜像所在主机的名称、镜像拥有者的用户名或组织名以及简称组成，如图 3.3 所示。例如，稍后本章将从名为 docker.io/dockerinaction/ch3_hello_registry 的仓库中安装镜像。

图 3.3　Docker 镜像仓库的名称

就像软件可以有多个版本一样，仓库也能容纳多个镜像。仓库中的每个镜像都用标签唯一标识。如果想要发布新版本的 docker.io/dockerinaction/ch3_hello_registry 镜像，可以将其标记为 v2，同时使用 v1 标记旧版本。如果要下载旧版本，可以通过 v1 标签识别出相应的镜像。

之前在第 2 章的示例中，我们安装了一个来自 NGINX 仓库的标识为 latest 的镜像。镜像名称一般由仓库名称和标签名称组合在一起构成，也可以是由非唯一的组件名称组合而成的唯一名称。当时，镜像由 nginx:latest 标识，尽管以这种方式构建的镜像标识符有时可能比原始镜像标识符更长，但它们是有规律的，并且传达出了镜像的真正使用意图。

3.1.2　使用标签

标签既可用来唯一标识镜像，也可用来创建有用的别名。然而标签只能在仓库中作用于单个镜像，反过来单个镜像则可以拥有多个标签。这将允许仓库的所有者创建有用的版本控制标签或功能标签。

例如，Docker Hub 上的 Java 仓库中维护着以下标签：11-stretch、11-jdk-stretch、11.0-stretch、11.0-jdk-stretch、11.0.4-stretch 和 11.0.4-jdk-stretch。所有这些标签都被应用于同一个镜像。这个镜像来自如下两个组件的结合：一是 Java 11 开发包(JDK)，二是 Debian Stretch 基础镜像。随着补丁的增加，一旦维护者发布 Java 11.0.5，以上标签列表中的 11.0.4 标签将被替换为 11.0.5。如果正在运行的 Java 11 的小版本或补丁版本比较重要的话，就必须跟上这些标签的更迭步伐；如果只想确保始终运行的是最新的 Java 11 版本，请使用标签为 11-stretch 的镜像。通过这些形式，标签给了用户极大的灵活性。

对于具有不同软件配置的镜像，通常会使用不同的标签。例如，可以为名为 freegeoip 的开源程序—— 一个 Web 应用程序，用于获取与网络地址相关的大致地理位置——发布了两个镜像。一个镜像被配置为使用默认配置，适用于直连互联网的情形；另一个镜像则被配置为适用于在 Web 负载均衡之后运行的场景。每个镜像都有一个独特的标签，使用户可以很容易根据功能来区分它们。

小技巧

在寻找想要安装的软件时，务必注意仓库中提供的标签。许多仓库会发布软件的多个版本，有时基于不同的操作系统，有时则根据软件内容分为完整版和精简版，以支持不同的用例。有关仓库标签的规范和镜像发布实践的详细信息，请查阅仓库的文档。

以上方法都是用来识别可以与 Docker 一起使用的软件的。有了这些知识，就可以开始使用 Docker 查找和安装软件了。

3.2 寻找和安装软件

可以通过仓库名称来识别软件，但是如何找到要安装的仓库呢？发现可信赖的软件是件复杂的事，这是学习如何使用 Docker 安装软件的第二步，如图 3.4 所示。

图 3.4 第二步：定位仓库

查找镜像的最简单方法是使用索引。索引是对仓库进行分类的搜索引擎。虽然有多个公共的 Docker 索引，但是默认情况下，与 Docker 集成的是名为 Docker Hub 的索引。

Docker Hub 是由 Docker 公司运营的具有 Web 用户界面的注册表和索引，docker 命令默认使用的就是 Docker Hub，位于主机 docker.io 上。当在未指定替代注册表的情况下执行 docker pull 或 docker run 命令时，Docker 将默认从 Docker Hub 中查找仓库。由于这种默认设置的存在，Docker Hub 使 Docker 更加易于使用。

Docker 公司正在努力确保 Docker 成为一种开放的生态系统，并为此发布了一个公共镜像，这样用户就可以运行自己的注册表程序，并且 docker 命令行工具很容易配置成使用替代注册表。在本章的后面，我们将介绍 Docker 随附的替代镜像的安装和分发工具。但接下来我们将首先将介绍如何使用 Docker Hub，这样就可以从默认工具集中获得最大收益。

3.2.1 从命令行使用 Docker 注册表

可以通过以下两种方式将镜像发布到注册表(比如 Docker Hub)：
- 使用命令行将独立构建的镜像推送到自己的系统。
- 使 Dockerfile 公开可用，并使用持续构建系统发布镜像。

Dockerfile 是用于构建镜像的脚本。我们首选自动构建生成的镜像，因为可以在安装镜像之前检查 Dockerfile。

大多数注册表管理机构都要求镜像的作者在发布镜像前进行身份验证，或者当他们更新仓库时强制进行授权检查。在这些情况下，可以使用 docker login 命令登录到特定的注册表服务器，例如 Docker Hub。登录后，就可以从私有仓库中提取信息，在自己的仓库中标记镜像，然后推送镜像到受控的任何仓库中。第 7 章将介绍标记和推送镜像的相关内容。

　　docker login 命令用于提示你输入 Docker.com 网站的登录凭据。一旦提供，命令行客户端就可以通过身份验证，并能够访问私有仓库。使用完账户后，可执行 docker logout 命令以退出登录。如果使用的是其他注册表，也可以将服务器名称指定为 docker login 和 docker logout 子命令的参数。

3.2.2　使用备用的注册表

　　Docker 提供了任何人都可使用的注册表软件。私有注册表是另一种模式，包括亚马逊和谷歌在内的云服务公司提供了私有注册表，而很多使用 Docker EE 或流行的 Artifactory 项目的公司也都已经采用私有注册表方案。第 8 章将介绍如何从开源组件中运行注册表，但尽早学习如何使用它们也十分重要。

　　备用的注册表使用起来很简单，不需要额外的配置，所需的只是注册表的地址。以下命令将从备用的注册表中下载另一个 "Hello, World" 类型的例子：

```
docker pull quay.io/dockerinaction/ch3_hello_registry:latest
```

注册表的地址是 3.1 节中描述的完整仓库规范的一部分。完整模式如下所示：

```
[REGISTRYHOST:PORT/][USERNAME/]NAME[:TAG]
```

　　Docker 知道如何与 Docker 注册表通信，因此唯一的区别是必须指定注册表主机。在某些情况下，使用注册表需要进行身份认证。如果遇到这种情况，请查阅文档或咨询注册表配置小组以了解更多信息。当使用 ch3_hello_registry 镜像完成工作后，可使用以下命令将其删除：

```
docker rmi quay.io/dockerinaction/ch3_hello_registry
```

　　注册表功能强大，它们能使用户放弃对存储和传输镜像的控制，但是运行自己的私有注册表很复杂，并且可能造成整个部署基础设施中潜在的单点故障问题。如果运行自定义注册表对用例来说有点复杂，并且第三方分发工具也不可行，可考虑采用直接从文件中加载镜像的方式。

3.2.3 将镜像作为文件处理

Docker 提供的 docker load 命令可用于将镜像从文件加载到 Docker 中。另外，也可以使用 docker load 命令加载通过其他渠道获取的镜像。也许企业选择通过中心文件服务器或某种类型的版本控制系统来分发镜像。也许镜像很小，以至于可以通过电子邮件发送或通过闪存驱动器共享。不管以什么方式获得镜像文件，都可以使用 docker load 命令将其加载到 Docker 中。

在详细说明 docker load 命令之前，首先需要有用于加载的镜像文件。由于在阅读本书时，你的手边不太可能有镜像文件，因此我们将展示如何从已经加载的镜像中导出镜像文件。在这里，我们使用 busybox: latest 镜像，这个镜像很小，易于使用。要将该镜像保存到文件中，请使用 docker save 命令。图 3.5 演示了通过 BusyBox 镜像导出文件的 docker save 命令。

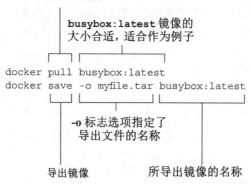

图 3.5　docker save 命令

在这里，我们使用.tar 文件名后缀，因为 docker save 命令创建的是 TAR 归档文件。可以使用任何文件名，如果省略-o 标识选项，生成的文件将以流的形式传输到终端。

小技巧

使用 TAR 归档文件进行打包的其他生态系统定义了定制化的文件扩展名，例如，Java 使用.jar、.war 和.ear 等文件名后缀。在这种情况下，使用定制化的文件扩展名可以提示使用者归档文件的目的和内容。尽管 Docker 没有设置文件扩展名的默认值，也没有官方指导说明，但是如果经常使用这些文件，你就会发现定制化的文件扩展名很有用。

执行 docker save 命令后，程序将异常终止，并通过列出当前工作目录下的内容来进行检查。如果指定的文件存在，则使用以下命令从 Docker 中删除镜像：

```
docker rmi busybox
```

删除镜像后，使用 docker load 命令从创建的文件中再次加载镜像。与 docker save 命令一样，如果执行 docker load 命令时不加 - i 标识选项，Docker 将使用标准输入流，而不是从文件中读取归档：

```
docker load - i myfile.tar
```

执行 docker load 命令后，镜像就被加载了，可以通过再次执行 docker images 命令来验证。如果一切正常，BusyBox 镜像就应该包含在镜像列表中了。

镜像作为文件使用时与使用注册表一样容易，但是这样会错过注册表提供的一些不错的分发工具。如果想构建自己的分发工具，或者已经有了一些分发工具，那么使用这些命令与 Docker 集成是很简单的。

另一种流行的项目分发模式是使用带有安装脚本的文件捆绑包，这种方式在使用公共版本的控制仓库进行分发的开源项目中很流行。在这种模式下，使用的是文件，但文件不是镜像，而是 Dockerfile。

3.2.4　从 Dockerfile 进行安装

Dockerfile 是脚本，用来描述 Docker 构建新镜像的步骤。Dockerfile 可与希望放入镜像的软件一起分发，从技术上讲，这不是在安装镜像，而是在遵循指南构建镜像。第 8 章将深入介绍如何使用 Dockerfile 自动构建镜像。

分发 Dockerfile 类似于分发镜像文件，用户完全可以遵循自己的分发机制。一种常见的模式是使用普通版本控制系统(如 Git 或 Mercurial)分发 Dockerfile 和软件。如果安装了 Git，可以尝试从公共仓库运行以下示例：

```
git clone https://github.com/dockerinaction/ch3_dockerfile.git
docker build -t dia_ch3/dockerfile:latest ch3_dockerfile
```

在这里，我们首先将项目从公共资源库复制到本地计算机上，然后使用项目随附的 Dockerfile 构建并安装 Docker 镜像。docker build 命令的-t 选项的值是要在其中安装镜像的仓库。从 Dockerfile 构建镜像是复制项目的轻量级方法，鉴于它的简便性，这种方法也非常适合嵌入现有的工作流中。

但这种方法存在两个缺点。首先，根据项目的具体情况，构建过程可能需要一些时间；其次，在从编写 Dockerfile 到在用户计算机上构建镜像的这段时间内，依赖关系可能会变化。这些问题使分发文件的用户体验不是太理想，尽管存在这些缺点，但这种方法仍然很受欢迎。

完成本例后，请确保清理工作区，如下所示：

```
docker rmi dia_ch3/dockerfile
rm -rf ch3_dockerfile
```

3.2.5　使用 Docker Hub

如果在浏览 Docker 网站时尚未发现 Docker Hub，那么应该花点时间查看https://hub.docker.com。Docker Hub 允许你搜索仓库、组织或特定用户。用户和组织的文件配置页面上列出了由登录账户维护的仓库、最近的操作以及已经加注星标的仓库。在仓库页面上，用户可以看到以下内容：

- 有关镜像发布者提供的镜像的概要信息。
- 仓库中的标签列表。
- 仓库的创建日期。
- 镜像被下载的次数。
- 已注册用户的评论。

Docker Hub 是免费注册的，登录后，用户可以为仓库加注星标并发表评论，还可以创建和管理自己的仓库。我们将在本书的第 II 部分讲述这些内容，现在，仅对 Docker Hub 及其提供的功能大概有所了解就可以了。

活动：Docker Hub 寻宝游戏

下面使用你在第 2 章中学到的技能，练习在 Docker Hub 上查找软件。这项活动旨在鼓励用户使用 Docker Hub 并实践容器的创建操作。除此之外，你还将了解到 docker run 命令的三个新选项。

在这项活动中，你将使用 Docker Hub 提供的两个镜像创建容器。第一个镜像可从dockerinaction/ch3_ex2_hunt 仓库中获得，在这个镜像中，有一个小的程序用于提示输入密码，而密码只能在 Docker Hub 的另一个神秘仓库中找到并通过运行容器来获得。为了使用镜像中的程序，需要将终端连接到容器，以便终端的输入输出直接对接运行中的容器。以下命令演示了如何执行这些操作以及运行一个在停止时会被自动删除的容器：

```
docker run -it --rm dockerinaction/ch3_ex2_hunt
```

当执行这条命令时，Docker Hub 寻宝游戏将提示输入密码。如果已经知道答案，立即输入即可；否则，输入任意字符，游戏会给出提示。此时，为完成这项活动所需的所有工具都已具备。图 3.6 展示了之后需要做些什么。

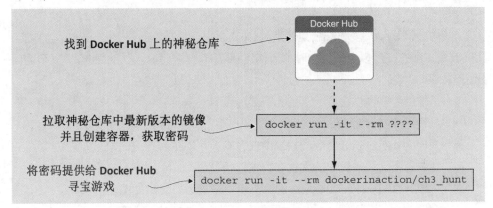

图 3.6　接下来要做的事情

还是进行不下去吗？我们可以再给出一些提示：神秘仓库是专为本书创建的，也许尝试搜索本书的 Docker Hub 仓库是个好主意。请记住，仓库是以用户名/仓库模式的形式命名的。

当你找到答案时，请表扬一下自己并使用 docker rmi 命令删除镜像，如下所示：

```
docker rmi dockerinaction/ch3_ex2_hunt
docker rmi <mystery repository>
```

如果读者遵循示例并在 docker run 命令中使用 --rm 选项，则没有需要清理的容器。在这个例子中，有不少新东西值得学习，比如在 Docker Hub 上找到了新的镜像，还以新的方式执行了 docker run 命令。有关运行交互式容器的内容将在 3.3 节中详细介绍。

Docker Hub 绝不是软件的唯一来源。根据软件发布者的目标和观点，Docker Hub 可能并不是合适的软件分发点。闭源或专有项目可能不想冒险通过第三方发布他们自己的软件。这样的话，可以通过如下另外三种方式安装软件：

- 使用备用的仓库注册表或者运行自己的注册表。
- 从文件中手动加载镜像。
- 从某些其他来源下载项目并使用提供的 Dockerfile 构建镜像。

这三种方式对于私人项目或公司基础设施都是可行的。接下来将介绍如何从以上备用来源安装软件。第 9 章将详细介绍 Docker 镜像的分发。阅读完本节后，你应该已完整了解使用 Docker 安装软件的所有方法。当具体安装软件时，你应该能对软件包中的内容以及安装过程对计算机所做的更改心中有数。

3.3　安装文件和隔离

理解如何识别、发现和安装镜像是对 Docker 用户最基本的要求。如果知道 Docker 实际安装了哪些文件以及在运行时如何构建和隔离这些文件，就能够回答更复杂的问题，例如：

- 镜像的哪些属性会影响下载和安装速度？
- 当使用 docker images 命令时，会列出哪些未命名的镜像？
- 为什么 docker pull 命令的输出中包含有关拉取依赖层级的消息？
- 写入容器文件系统中的文件在哪里？

本节介绍使用 Docker 安装软件的第三步也是最后一步，如图 3.7 所示。

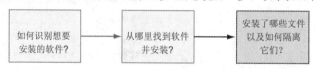

图 3.7　第三步：理解软件是如何安装的

到目前为止，在撰写有关安装软件的内容时，我们使用了术语"镜像"。这里做了如下推断：要使用的软件位于单个镜像中，并且这个镜像也包含在单个文件中。尽管这种推断有时可能是准确的，但在大多数情况下，我们一直使用的"镜像"实际上是多个镜像层级的集合。

层级是一组文件和文件元数据的集合，这些文件和文件元数据以原子单位的形式打包和分发。在内部，Docker 将每一层级视为一个镜像，并且这些层级通常称为中间镜像，甚至可以通过标记层级的方式将某一层级提升为真正的镜像。大多数层级会将文件系统更改应用于父层级，并在父层级构建变更后的新镜像。例如，一个层级可能使用包管理器(比如 Debian 系统的 apt-get update)来更新镜像中的软件，而生成的镜像包含来自父级和已添加层级的组合文件集。这样描述可能比较抽象，但是当你实际看到层级时，就容易理解了。

3.3.1　实际的镜像层级

本小节将安装两个镜像，它们都依赖于 Java 11。我们希望你在安装这两个镜像时注意 Docker 具体做了些什么，比如应该注意到安装第二个镜像与安装第一个镜像相比要花多长时间，或者阅读 docker pull 命令输出到终端的内容。在安装镜像时，可以观察 Docker 需要下载哪些依赖项，然后查看各个镜像层级的下载进度。此处使用 Java 非常合适，因为 Java 包的容量非常大，从而留出时间让人真正看到 Docker 的实际动作。

将要安装的两个镜像是 dockerinaction/ch3_myapp 和 dockerinaction/ch3_myotherapp。只需要使用 docker pull 命令，因为我们这里只查看镜像的安装过程，而不用从镜像启动容器。以下是需要执行的命令：

```
docker pull dockerinaction/ch3_myapp
docker pull dockerinaction/ch3_myotherapp
```

看见了吗？除非你的网络连接速度远胜于我的，或者你已经安装了一些镜像的依赖项，比如 OpenJDK 11.0.4 (slim) 软件，否则 dockerinaction/ch3_myapp 镜像的下载速度应该比 dockerinaction/ch3_myotherapp 镜像慢得多。

当安装 dockerinaction/ch3_myapp 镜像时，Docker 发现需要安装 openjdk:11.0.4-jdk-slim 镜像，因为后者是所请求镜像的直接依赖项(父层级)。Docker 在安装 openjdk:11.0.4-jdk-slim 镜像时，又发现 openjdk:11.0.4-jdk-slim 镜像的依赖项并首先下载那些依赖项。

当发出安装 dockerinaction/ch3_myotherapp 镜像的指令时，Docker 确认 openjdk:11.0.4-jdk-slim 镜像已安装，所以会立即安装 dockerinaction/ch3_myotherapp 镜像。传输的数据甚至不到 1MB，dockerinaction/ch3_myotherapp 镜像的安装速度非常快。尽管安装这两个镜像的速度差别巨大，但对用户而言，安装过程是完全相同的。

从用户的角度看，这个功能非常不错，不必尝试对其进行优化，只要在合适的地方使用并且获得好处即可。从软件或镜像作者的角度看，这个功能应在镜像设计中扮演主要角色。第 7 章将对此进行更详细的介绍。

如果现在执行 docker images 命令，你会发现以下镜像将被列出：

- dockerinaction/ch3_myapp
- dockerinaction/ch3_myotherapp

默认情况下，docker images 命令仅显示镜像。与其他命令一样，如果指定-a 标识选项，输出列表中将包括所有已安装的中间镜像或中间层级。执行 docker images -a 命令后将显示一个列表，其中包含多个镜像，也可能包含一些标记为<none>的镜像。未命名的镜像可能出于多种原因而存在，例如构建了镜像而没有标记。引用这些未命名镜像的唯一方法是使用 IMAGE ID 列中的值。

本小节安装了两个镜像，我们现在清理它们。如果使用精简的 docker rmi 语法，则可以更轻松地完成此操作，如下所示：

```
docker rmi \
    dockerinaction/ch3_myapp \
    dockerinaction/ch3_myotherapp
```

docker rmi 命令接收多个镜像作为参数，只要用空格分隔镜像名称即可。当需要删除一小组镜像时，采用这种做法非常方便。在本书其余示例中，我们在适当的时候也会采用这种做法。

3.3.2 层级的关系

镜像维护着它们之间的父/子关系。在这些关系中，镜像从父层级那里开始构建并最终形成新的层级。容器可用的文件是创建容器的镜像族系中所有层级的文件的并集。镜像可以与任何其他镜像(包括拥有不同所有者的不同仓库中的镜像)相关联。3.3.1 节中使用的两个镜像使用 OpenJDK 11.0.4 镜像作为父镜像，OpenJDK 11.0.4 镜像的父级是 Debian Linux Buster 操作系统发行版的最小版本。图 3.8 展示了这两个镜像及其父镜像的完整族系以及每个镜像中包含的层级。

图 3.8 表明 3.3.1 节中使用的两个镜像将继承 openjdk:11.0.4-jdk-slim 镜像中的三个层级，并继承 debian:buster-slim 镜像的另一层级。OpenJDK 11.0.4 镜像的三个层级包含 Java 11 的公共库和依赖项，Debian 镜像则贡献了一条很小的操作系统工具链。

镜像通常在被作者标记并发布时才被命名。如第 2 章所示，用户可以使用 docker tag 命令来创建镜像的别名。在标记镜像之前，唯一引用镜像的方法是使用构建镜像时生成的唯一标识符(ID)。在图 3.8 中，OpenJDK 11.0.4 镜像的父镜像是 Debian Buster OS，后者的 ID 为 83ed3c583403，Debian 镜像被作者标记为 debian:buster-slim。图 3.8 按照惯例，用镜像 ID 的前 12 位数字标记这些镜像。出于对用户友好的考虑，Docker 将普通命令执行后输出中的 ID 从 65(基数为 16)位截断为 12 位，而在内部或者通过 API 访问时，Docker 使用的是 65 位。

在撰写本书时，openjdk:11.0.4-jdk-slim 镜像的大小是 401 MB，如果使用仅在运行时有效的镜像，那么可以节省一些空间。但是，即使像 openjdk:11.0.4-jre-slim-buster 这样的运行时镜像，也有 204 MB。Docker 由于唯一地标识镜像和层级，因此能够识别应用程序之间共享的镜像依赖项并避免多次下载那些依赖项，这在构建镜像时就已经确定，不需要等到运行时才进行协调。第 10 章将深入讨论镜像构建管道，现在让我们继续研究容器文件系统。

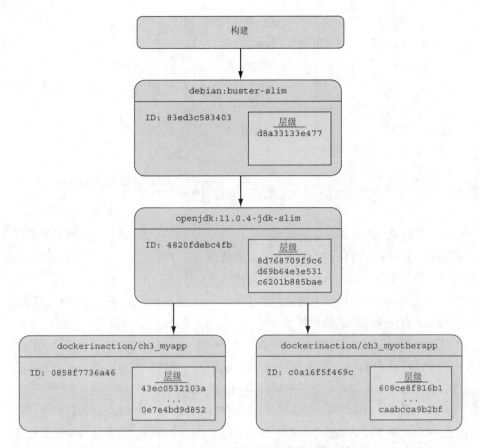

图 3.8　3.3.1 节中使用的两个镜像的完整族系

3.3.3　容器文件系统的抽象和隔离

　　容器内运行的程序对镜像的层级一无所知。在容器内部，文件系统运行起来就仿佛从来没有在容器中或镜像上运行过一样。从容器的角度看，它具有镜像提供的文件的专有副本，这可以通过称为联合文件系统(*Union File System*，UFS)的工具来实现。

　　Docker 使用了各种联合文件系统，并且会根据实际情况为系统选择最合适的文件系统。有关联合文件系统如何工作的详细内容已经超出有效使用 Docker 所需的知识，这里我们只需要知道，联合文件系统是一组重要工具，通过它们可以对文件系统进行有效的隔离。其他有用的工具包括 MNT 命名空间和 chroot 系统调用。

　　文件系统用于在主机文件系统上创建挂载点，从而对镜像层级的使用进行抽象。跟挂载点相关的层级被捆绑到 Docker 镜像的层级中。同样，在安装 Docker 镜像时，镜像的层级会被解压缩并被合理配置，以供特定的文件系统使用。

Linux 内核为 MNT 系统提供了命名空间。当 Docker 创建容器时，新容器会拥有自己的 MNT 命名空间，与此同时，也会为新容器新建到镜像的挂载点。

最后，chroot 用于使镜像文件系统的根成为容器环境中的根，这样可以防止容器中运行的程序引用主机文件系统的其他部分。

chroot 和 MNT 命名空间都是常用的容器技术。通过引入联合文件系统，可以给 Docker 容器带来了许多好处。

3.3.4　这一工具集和联合文件系统结构的优点

首先并且可能也是最重要的优点在于，公共层级只需要安装一次。如果想安装大量的镜像，并且它们都依赖于同一个公共层级，那么这个公共层级及其所有父层级都只需要下载或安装一次，这意味着我们可以安装程序的多个专业化版本，而无须在计算机上存储冗余的文件或者下载冗余的层级。相比之下，对于大多数虚拟机技术来说，计算机上具有冗余虚拟机的数量是多少，相同的文件就需要保存几份。

其次，层级为管理依赖关系和分离关注点提供了一个大致的工具，这对于软件作者特别方便，第 7 章将对这个工具进行更多的讨论。从用户的角度看，这个工具能够通过检查正在使用的镜像和层级来快速识别正在运行的软件。

最后，当可以在基本镜像上对小的更改进行分层处理时，用户就能轻松创建软件的不同专业化版本，这是第 7 章将要详细讨论的另一个主题。提供专门的镜像可以帮助用户以最小的定制化代价从软件中获得他们确切所需的东西，这也是使用 Docker 的最佳理由之一。

3.3.5　联合文件系统的缺点

Docker 在启动时会选择合理的默认值，但是还没有一种完美的解决方案能适合于所有的场景。实际上，在某些特定情况下，你应该停下来并考虑使用其他的 Docker 特性。

不同的文件系统对文件的属性、大小、名称和字符集有不同的规则。联合文件系统通常需要在不同文件系统的规则之间进行转换。在最佳情况下，它们能够提供可接受的转换，然而在最坏情况下，转换功能将被忽略。例如，无论是 Btrfs 还是 OverlayFS 系统，它们都不支持 SELinux 的扩展特性。

联合文件系统使用的是一种称为写时复制(copy-on-write)的模式，这使内存映射文件(mmap 系统调用)的实现变得困难。虽然某些联合文件系统提供了在适当条件下能够工作的实现版本，但最好还是避免从镜像中映射内存文件。

后台文件系统是 Docker 提供的另一个即插即用的功能，可以通过 info 子命令来确认安装过程中具体使用的文件系统信息。如果想要明确地告诉 Docker 使用哪个文件系统，可在启动 Docker 守护进程时使用--storage-driver 或-s 选项。在不更改存储提供程序的情况下，写入联合文件系统时出现的大多数问题都能解决，方法是使用第 4 章将要介绍的技术——卷。

3.4　本章小结

在计算机上安装和管理软件时将面临一系列独特的挑战，本章介绍了如何使用 Docker 来解决它们。本章涵盖的核心思想和功能如下：

- 当安装软件时，Docker 用户使用仓库名称来进行软件的确认。
- Docker Hub 是默认的 Docker 注册表。可以通过网站或 Docker 命令行程序在 Docker Hub 上找到需要安装的软件。
- Docker 命令行程序使安装软件变得简单，特别是在这些软件通过备用注册表或其他形式分发的情况下。
- 镜像仓库的规范中包含了注册表主机字段。
- docker load 和 docker save 命令可用于从 TAR 归档文件中加载和保存镜像。
- 将 Dockerfile 随项目一起分发可以简化用户计算机上的镜像构建过程。
- 镜像通常与其他镜像形成父/子关系。这些关系形成了层级的概念。当我们提到已经安装一个镜像时，背后实际上已经安装目标镜像及其相关的每个镜像层级。
- 使用层级构造镜像可实现层级的重用，在分发时节省带宽，以及为计算机和镜像分发服务器节省存储空间。

第4章

使用存储和卷

本章内容如下：

- 文件树和挂载点
- 如何在主机和容器之间共享数据
- 如何在容器之间共享数据
- 使用临时的内存文件系统
- 用卷管理数据
- 用卷插件进行高级存储管理

至此，你应该已经安装并运行了一些程序，并且学习了几个很简单的示例，但还没有运行任何现实中的示例。前3章中的示例与现实示例间的区别就在于：在现实示例中，程序使用的是真实的数据。本章将介绍用于管理容器数据的Docker卷和相关策略。

思考一下在容器内运行数据库程序将是什么样。你用镜像打包数据库软件，启动容器，此时容器可能会初始化一个空的数据库。当应用程序连接到数据库并输入数据时，这些数据存储在哪里？存储在容器内的文件中吗？当停止或删除容器时，这些数据又会发生什么变化？如果要升级数据库程序，应如何移动数据？如果采用云存储，当云存储服务被终止时，云存储中的数据又会发生什么情况？

再考虑另一种情景：你正在不同的容器中运行几个不同的Web应用程序。应该在哪里写入日志文件，以便日志不会因为容器失效而跟着失效？要定位解决问题时，如何访问这些日志？日志摘要工具等其他程序如何访问这些日志文件？

以上场景让我们意识到，联合文件系统可能并不适合处理长期保存的数据或在容器之间、容器与主机之间共享数据。所有这些问题的答案都涉及如何管理容器文件系统和挂载点。

4.1　文件树和挂载点

与其他操作系统不同，Linux 将所有存储系统统一放到文件树中。诸如磁盘分区或 USB 磁盘分区的存储设备被连接到整个文件树中的特定位置，这些位置就称为挂载点。挂载点定义了文件树中的具体位置、数据的访问属性(例如，可写性)以及挂载的数据源(例如，特定的硬盘、USB 设备或内存映射的虚拟磁盘)。在图 4.1 描绘的由多个存储设备构成的文件系统中，每台设备都被安装到特定的位置并拥有各自的访问级别。

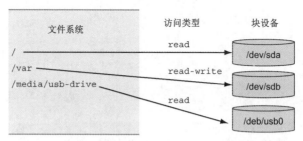

图 4.1　使用各自的挂载点连接到文件树的存储设备

挂载点允许软件和用户在 Linux 环境中使用文件树，而无须确切知道文件树是如何映射到特定存储设备的。这个特性在容器环境中特别有用。

每个容器都有名为 MNT 的命名空间和唯一的文件树根对象，第 6 章将对此进行详细讨论。目前，你只需要了解创建容器的镜像挂载在容器的文件树根节点或/上，并且每个容器都有一组不同的挂载点。

这里的逻辑是，如果可以在文件树的各个位置挂载不同的存储设备，则可以在容器文件树的其他位置挂载与镜像无关的存储设备。容器正是通过这种方式来访问主机文件系统中的存储设备并在容器之间共享存储。

本章的其余部分将详细介绍如何管理存储以及容器中的挂载点。学习本章的最佳起点就是掌握挂载在容器中的如下三种最常见的存储类型：

- 绑定挂载
- 常驻内存存储
- Docker 卷

可以通过多种方式使用这些存储类型。图 4.2 展示的容器文件系统从镜像中的文件开始，首先将内存中的 tmpfs 挂载到/tmp，然后从主机上以绑定挂载的方式关联一个配置文件，并最终将日志写入主机上的 Docker 卷中。

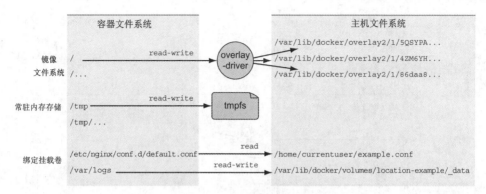

图 4.2　常见的容器存储挂载示例

可以使用 docker run 和 docker create 子命令的--mount 标识选项创建所有三种类型的挂载点。

4.2　绑定挂载

绑定挂载是用于将文件树的一部分重新挂载到其他位置的一些挂载点。使用容器时，绑定挂载方式会将主机文件系统中用户指定的位置附加到容器文件树中的特定挂载点上。当主机提供容器中运行的程序所需的文件或目录时，或者当容器内运行的程序生成了需要由用户或容器外程序处理的文件和日志时，绑定挂载方式很有用。

考虑图 4.3 中的示例，假设 Web 服务器的运行依赖于主机上的敏感配置项，Web 服务器产生的访问日志需要由日志传送系统转发。在此场景下，可以使用 Docker 在容器中启动 Web 服务器，同时绑定挂载 Web 服务所需的配置项位置以及 Web 服务器写入日志的位置。

你可以自行尝试创建一个占位符日志文件和一个名为 example.conf 的 NGINX 配置文件。执行以下命令，创建和填充这两个文件：

```
touch ~/example.log
cat >~/example.conf <<EOF
server {
  listen 80;
  server_name localhost;
  access_log /var/log/nginx/custom.host.access.log main;
  location / {
    root /usr/share/nginx/html;
    index index.html index.htm;
```

```
      }
    }
  EOF
```

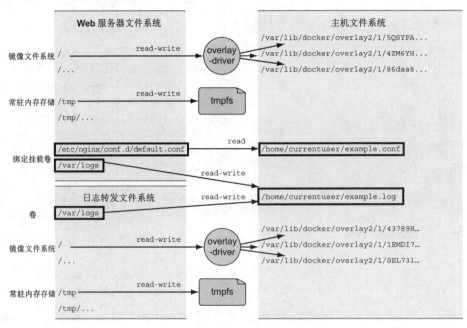

图 4.3　将主机文件共享为绑定挂载卷

　　使用 example.conf 配置文件启动 Web 服务器后,将提供 http://localhost/ 作为 NGINX 默认站点,并且将默认站点的访问日志写入容器内的/var/log/nginx/custom.host.access.log 文件中。以下命令将在一个容器中启动 NGINX HTTP 服务器,在这个容器中,新的配置文件将被绑定挂载到 NGINX HTTP 服务器的配置项根目录:

```
CONF_SRC=~/example.conf; \
CONF_DST=/etc/nginx/conf.d/default.conf; \

LOG_SRC=~/example.log; \
LOG_DST=/var/log/nginx/custom.host.access.log; \
docker run -d --name diaweb \
  --mount type=bind,src=${CONF_SRC},dst=${CONF_DST} \
  --mount type=bind,src=${LOG_SRC},dst=${LOG_DST} \
  -p 80:80 \
  nginx:latest
```

运行这个容器，将 Web 浏览器指向 http://localhost/，Web 浏览器中将显示 NGINX hello-world 页面，使用 docker logs diaweb 命令进行查看，你会发现容器的日志流中没有任何访问日志。但是，如果检查 home 目录中的 example.log 文件，就可以看到这些日志，命令如下：

```
cat~/ example.log
```

这里将--mount 选项与 type=bind 选项一起使用，其他两个挂载参数 src 和 dst 分别定义了主机文件树上的源位置和容器文件树上的目标位置。注意，必须使用绝对路径指定位置，这里使用了 shell 扩展和 shell 变量，以便命令更易于阅读。

这个例子也涉及卷的一项重要功能：当在容器文件系统中挂载卷时，卷将替换镜像在这一位置提供的内容。默认情况下，nginx:latest 镜像在/etc/nginx/conf.d/default.conf 中提供了一些默认配置，但是当在这个位置创建绑定挂载时，镜像提供的内容将被主机上的内容覆盖。这种行为是本章稍后讨论的多态容器模式的基础。

下面对此例进行一些扩展，假设我们要确保 NGINX Web 服务器不能更改配置卷的内容。即使是最受信任的软件，也可能包含漏洞，因此必须最大程度减少因黑客攻击网站造成的影响。幸运的是，Linux 提供了一种使挂载点只读的机制，只需要在挂载规范中添加 readonly=true 即可实现。在这个例子中，应该将 run 命令更改为以下内容：

```
docker rm -f diaweb

CONF_SRC=~/example.conf; \
CONF_DST=/etc/nginx/conf.d/default.conf; \
LOG_SRC=~/example.log; \
LOG_DST=/var/log/nginx/custom.host.access.log; \              注意 readonly 标识选项
docker run -d --name diaweb \
    --mount type=bind,src=${CONF_SRC},dst=${CONF_DST},readonly=true \  ←
    --mount type=bind,src=${LOG_SRC},dst=${LOG_DST} \
    -p 80:80 \
    nginx:latest
```

通过创建只读挂载，可以防止容器内的任何进程修改卷的内容。可通过运行快速测试来查看实际情况，如下所示：

```
docker exec diaweb \
  sed -i "s/listen 80/listen 8080/" /etc/nginx/conf.d/default.conf
```

以上命令将在 diaweb 容器内执行 sed 命令，并尝试修改配置文件，但最终会运行失败，因为文件挂载为只读模式。

绑定挂载模式的第一个问题是：这种模式将可移植的容器描述与特定主机的文件系统绑定在一起，如果容器描述依赖于主机文件系统中特定位置的内容，那么容器描述不能移植到那些无法访问特定位置的主机。

绑定挂载模式的第二个问题是：这种模式很可能造成容器之间的冲突。举例来说，启动多个 Cassandra 数据库实例，而这些实例都把相同的主机路径作为数据存储的绑定挂载点，在这种情况下，每个实例都将操作同一组文件，从而可能产生竞争。如果没有文件锁等工具的话，就可能导致数据库损坏。

绑定挂载模式非常适合工作站、有专业用途的机器或与更传统的配置管理工具一起使用的系统，但这种模式最好避免用在通用平台或硬件池中。

4.3　常驻内存存储

大多数服务软件和 Web 应用程序使用私钥文件、数据库密码、API 密钥文件或其他敏感数据配置文件，有时还需要用于上传数据的缓冲空间。在这些应用场景下，特别重要的一点是：切勿在镜像中包括这些类型的文件或将文件写入磁盘。相反，应该使用常驻内存存储。可以通过特殊挂载类型将常驻内存存储添加到容器中。

可将 docker run 命令的 mount 标识选项的 type 子选项设置为 tmpfs，这是将基于内存的文件系统挂载到容器文件树中的最简单方法，如下所示：

```
docker run --rm \
    --mount type=tmpfs,dst=/tmp \
    --entrypoint mount \
    alpine:latest -v
```

上面这条命令将创建空的 tmpfs 设备，并附加到容器文件树中的/tmp 位置。在 tmp 节点下创建的所有文件都将写入内存而不是磁盘。不仅如此，在创建时，这个挂载点就默认为一般的工作负载设置了合理的配置值。执行以上命令后，还会显示容器的所有挂载点的列表，其中包括以下代码行：

```
tmpfs on /tmp type tmpfs (rw,nosuid,nodev,noexec,relatime)
```

上述代码行描述了挂载点的配置，从左至右，各个字段分别表示以下内容：

- tmpfs 设备被挂载到文件树的/tmp 位置。
- 设备具有 tmpfs 文件系统。
- 文件树是可读/写的。
- 文件树中所有文件的 suid 位都被忽略。
- 文件树中没有文件被视为特殊设备。
- 文件树中没有文件是可执行的。
- 如果文件树中的文件访问时间早于当前修改时间，就会更新文件树。

此外，tmpfs 设备默认情况下没有任何大小限制，并且是可写的(八进制的文件权限为 1777)。可以添加设备的大小限制并更改文件的权限，只需要使用以下两个附加选项即可：tmpfs-size 和 tmpfs-mode。

```
docker run --rm \
    --mount type=tmpfs,dst=/tmp,tmpfs-size=16k,tmpfs-mode=1770 \
    --entrypoint mount \
    alpine:latest -v
```

以上命令能将你在/tmp 位置安装的 tmpfs 设备的大小限定为 16 KB，并且容器中的其他用户无法读取。

4.4　Docker 卷

Docker 卷被命名为由 Docker 管理的文件系统树，它们可以通过主机文件系统中的磁盘存储或其他外部的后端系统(例如云存储)来实现，而 Docker 卷的所有操作都可以经由 docker volume 子命令集来完成。需要注意的是，Docker 卷是一种对容器存储与主机文件系统中通过绑定挂载指定的专用位置进行解耦的方法。

如果将 4.2 节所示示例中的 Web 服务器和日志转发容器转换为使用卷来达到共享日志访问的目的，那么这两个软件可以在任何计算机上运行，而且无须考虑与系统其他软件争抢磁盘中静态数据位置的冲突问题。如图 4.4 所示，容器可通过 location-example 卷读取和写入日志。

可以使用 docker volume create 和 docker volume inspect 两个子命令来创建和检查卷。默认情况下，Docker 使用名为 local 的插件引擎创建卷，在 docker volume 命令中指定这个参数后的默认行为是创建一个目录，后续在 Docker 引擎的控制下，把主机文件系统中的一部分映射为 Docker 卷，而卷的内容就保存在这个目录下。例如，以下两个命令将创建一个名为 location-example 的卷，并且显示这个卷在主机文件系统树中的位置：

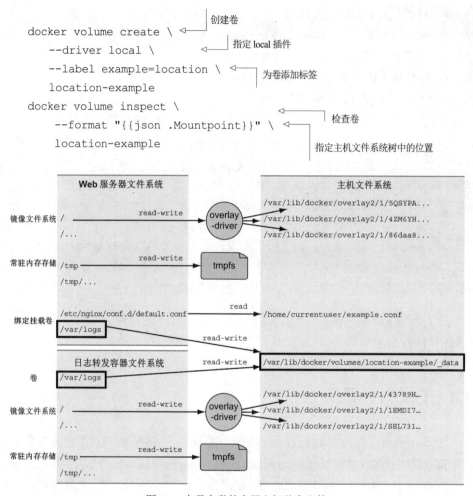

图 4.4　在具有卷的容器之间共享文件

　　如果要在本地计算机上手动构建工具或将多个工具部署在一起，采用 Docker 卷可能并不是好的方案，但是对于较大的系统而言，数据存储的特定位置并不重要，这时卷就是组织数据的最有效方法了。使用卷的模式可以将用于存放数据的卷与系统的其他潜在问题解耦合。通过使用 Docker 卷，用户相当于只需要声明："本人只是需要一个地方来放置一些数据，而不关心具体的存放位置。"这是一个任何安装了 Docker 的系统都可以满足的基本需求。

　　此外，当不再使用卷并请求 Docker 帮助清理相关内容时，Docker 可以完整地删除容器不再使用的目录或文件而不会发生任何遗漏。以这种方式使用卷有助于管理混乱的扫尾工作。另外，随着 Docker 中间件或插件的发展，用户将能够使用更多高级功能。

共享数据的访问权限是卷的关键功能,如果已将卷与主机文件系统中的位置解耦,那么只需要知道如何在多个容器之间共享卷而不必暴露托管容器的确切位置。接下来介绍使用卷在容器之间共享数据的两种方法。

4.4.1　卷提供容器无关的数据管理

从语义上讲,卷是一种用于划分和共享一定范围或生命周期内数据的工具,这些数据的范围和生命周期与单个容器无关。这样的设计理念使卷成为任何需要共享或写入文件的容器化系统设计的重要组成部分。容器中的数据在范围和访问权限上是不同的,以下示例说明了其中的一些场景:

- 数据库软件与数据库中的数据。
- Web 应用程序与日志数据。
- 数据处理应用程序与输入输出数据。
- 服务器与静态内容。
- 产品与支持工具。

卷的引入使我们对于系统的不同关注点有了不同的设计思路,同时可以创建模块化的架构组件。这种模块化使得理解、构建、支持和重用大型系统的各个部分更加容易。

可以这样考虑:镜像适合打包和分发相对静态的文件,例如程序;而卷适合容纳动态数据或专门用于某些应用的数据。这种区别使镜像可重复使用,卷作为数据的容器则易于共享。相对静态和动态的文件在空间上的这种分离允许应用程序或镜像的作者实现系统的高级模式,比如多态和组合工具。

多态工具能够维护一致的对外接口,但在接口内部具有实现不同功能的多个版本。考虑一下通用的应用程序服务器,比如 Apache Tomcat,它能够在网络上提供统一的 HTTP 服务接口,将收到的网络请求分派给后端的不同应用程序进行处理,Apache Tomcat 的这种行为就是多态的。使用卷,也可以将应用行为注入容器中,而无须修改镜像。再考虑一下类似 MongoDB 或 MySQL 的数据库程序。通常,数据库中的数据由数据模型定义,数据库程序始终对应用程序呈现相同的接口,但根据可以注入卷的数据模型,数据库会接纳完全不同的数据。4.5 节将详细讨论多态容器模式。

从根本上说,卷对应用程序和主机的特性做了解耦合。在某个时候,镜像被加载到主机,并由此创建一个容器,但是作为工具的 Docker 对主机几乎一无所知,而只知道容器应该使用哪些文件。Docker 自身无法充分利用特定主机的功能,比如挂载好的网络存储器或混合旋转模式的固态硬盘驱动器。了解主机的用户可以使用卷将容器中的目录映射到主机上的适当存储位置,从而充分利用主机的一些独特功能。

现在你已经了解了卷的基本知识以及为什么它们很重要，接下来你将在一个真实的示例中使用它们。

4.4.2   在 NoSQL 数据库中使用卷

Apache Cassandra 项目提供了带有内置集群、最终一致性和线性写入可伸缩性的列数据库，在现代系统设计中，这非常受欢迎，并且官方发布的镜像已经可以在 Docker Hub 上找到。与其他数据库一样，Cassandra 将数据存储在磁盘上的文件中。在本小节中，我们将使用官方的 Cassandra 镜像创建单节点 Cassandra 集群系统，然后创建键空间，删除容器，并且在另一个容器的新节点上恢复同样的键空间。

下面首先创建存储 Cassandra 数据库文件的卷。该卷使用本地计算机上的磁盘空间，并且是 Docker 引擎管理的文件系统的一部分。命令如下所示：

```
docker volume create \
   --driver local \
   --label example=cassandra \
   cass-shared
```

该卷不与任何容器关联，它只是容器可以访问的磁盘的一个命名位。刚刚创建的卷被命名为 cass-shared，在上面的命令中，我们为卷添加了带有键值对 example:cassandra 的标签。将标签元数据添加到卷中有助于后续组织和清理卷的数据。当创建运行 Cassandra 的新容器时，将使用这个卷，如下所示：

```
docker run -d \
   --volume cass-shared:/var/lib/cassandra/data \   ← 将卷挂载到容器上
   --name cass1 \
   cassandra:2.2
```

Docker 在从 Docker Hub 中拉取 cassandra:2.2 镜像后，就会创建一个新的容器，并在/var/lib/cassandra/data 中挂载 cass-shared 卷。接下来从 cassandra:2.2 镜像启动容器，运行 Cassandra 客户端工具(CQLSH)并连接到正在运行的服务器，如下所示：

```
docker run -it --rm \
   --link cass1:cass \
   cassandra:2.2 cqlsh cass
```

现在，可以从 CQLSH 命令行检查或修改 Cassandra 数据库。首先，查找名为

docker_hello_world 的键空间，如下所示：

```
select *
from system.schema_keyspaces
where keyspace_name = 'docker_hello_world';
```

Cassandra 应该返回一个空的列表，这意味着在本例中数据库还没有被修改。接下来，使用以下命令创建 docker_hello_world 键空间：

```
create keyspace docker_hello_world
with replication = {
    'class' : 'SimpleStrategy',
    'replication_factor': 1
};
```

现在已经修改了数据库，可以再次执行相同的查询，查看结果并验证更改是否已被接受。再次执行先前的命令：

```
select *
from system.schema_keyspaces
where keyspace_name = 'docker_hello_world';
```

这一次，Cassandra 将返回一条记录，其中显示的正是你在创建 docker_hello_world 键空间时指定的属性，这说明客户端程序已经连接到服务器并成功修改了 Cassandra 节点，接下来请退出 CQLSH 命令行以停止客户端容器：

```
# Leave and stop the current container
quit
```

客户端容器是使用--rm 标识选项创建的，在停止后会被自动删除。通过停止并删除 Cassandra 节点可继续清理本例中的容器，如下所示：

```
docker stop cass1
docker rm -vf cass1
```

执行上面这两条命令后，之前创建的 Cassandra 客户端和服务器都将被删除。在删除前，你对容器所做的修改将会保存在 cass-shared 卷中。以上这些步骤是可以重复执行并进行测试的：创建新的 Cassandra 服务节点，用客户端连接这个服务节点并查询键空间。图 4.5 显示了整个系统的结构。

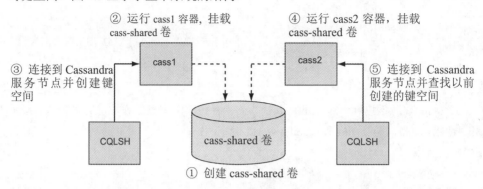

图 4.5　使用 Cassandra 创建和恢复数据到卷中的关键步骤

可执行以下三条命令，测试数据的恢复情况：

```
docker run -d \
    --volume cass-shared:/var/lib/cassandra/data \
    --name cass2 \ cassandra:2.2

docker run -it --rm \
    --link cass2:cass \
    cassandra:2.2 \
    cqlsh cass

select *
from system.schema_keyspaces
where keyspace_name = 'docker_hello_world';
```

上面命令中的最后一条命令将返回单条记录，与你在上一个容器中创建的键空间相同，这也证实了先前的要求，并演示了如何使用卷创建持久性系统。在继续介绍之前，请退出 CQLSH 命令行并清理工作区，同样要确保删除了卷容器，如下所示：

```
quit

docker rm -vf cass2 cass-shared
```

本例演示了在无须深入理解卷的工作方式、多种模式以及如何管理卷的生命周期的情况下，如何使用卷。本章其余部分将从卷的可用类型开始，深入探讨卷的各个方面。

4.5　共享挂载点和共享文件

在多个容器之间共享对同一组文件的访问权是卷最明显的价值所在。通过比较绑定挂载和基于卷的方法之间的不同，可以看出绑定挂载是在多个容器之间共享磁盘空间的最显而易见的方法，下面的示例说明了这一点：

```
LOG_SRC=~/web-logs-example          设置一个已知位置
mkdir ${LOG_SRC}


docker run --name plath -d \         将刚才设置的位置绑定
    --mount type=bind,src=${LOG_SRC},dst=/data \   挂载到日志写入容器
    dockerinaction/ch4_writer_a


docker run --rm \                    将相同的位置绑定挂载
    --mount type=bind,src=${LOG_SRC},dst=/data \   到用于读取的容器
    alpine:latest \
    head /data/logA
查看来自主机的日志
cat ${LOG_SRC}/logA


docker rm -f plath          停止将日志写入容器
```

在这个绑定挂载示例中，我们创建了两个容器：名为 plath 的容器用于将日志写入文件，另一个容器用于查看日志文件的顶部信息。这两个容器共享同一个公共的绑定挂载点。在容器之外，我们可以通过列出目录内容或浏览日志文件来查看容器所做的变更。这种方法的主要缺点是，涉及的所有容器必须在主机文件路径的确切位置达成一致，并且多个容器在读取或操作处于这个位置的文件时可能会发生冲突。

现在对使用卷的例子与上面绑定挂载的例子进行比较，以下命令与前面的示例等效，但是命令中没有特定于主机的依赖项：

```
docker volume create \      设置命名卷
    --driver local \
    logging-example
```

```
docker run --name plath -d \
  --mount type=volume,src=logging-example,dst=/data \          将卷挂载到日志写入
  dockerinaction/ch4_writer_a                                  容器

docker run --rm \
  --mount type=volume,src=logging-example,dst=/data \
  alpine:latest \                                              将同样的卷挂载到
  head /data/logA                                              用于读取的容器


cat "$(docker volume inspect \
  --format "{{json .Mountpoint}}" logging-example)"/logA  ◁── 查看来自主机
                                                               的日志

docker stop plath  ◁──┐停止日志写入容器
```

　　与基于绑定挂载的共享不同，命名卷共享的方式使多个容器可以共享文件而不必掌握底层的主机文件系统知识。除非卷需要使用特定的配置或插件，否则在第一个容器挂载它之前这个卷甚至都不必存在，Docker 在 docker run 或 docker create 命令中会使用默认值自动创建卷。然而很重要的一点是，主机上的命名卷将被具有相同卷依赖性的其他容器重用和共享。

　　如果你不想这么做，那么可以通过使用匿名卷和容器之间的挂载点定义继承的方法来解决名称冲突的问题。

匿名卷和--volumes-from 标识选项

　　在使用 docker volume create 命令之前，一个匿名卷会被创建；另外，当以默认参数调用 docker run 和 docker create 命令时，系统也会自动创建匿名卷。匿名卷被创建后，将被分配唯一的标识符，比如 1b3364a8debb5f653d1ecb9b190000622549ee2f812a4fb4ec8a83c43d87531b，这并不是一个人类友好的名称。如果需要手动组合依赖关系，那么使用标识符会更加困难，但是当需要消除潜在的卷命名冲突时，它们就非常有用了。除了通过名称引用卷之外，Docker 命令行还提供了另一种指定挂载依赖项的方法。

　　docker run 命令提供了--volumes-from 标识选项，用于将挂载定义从一个或多个容器复制到新的容器。当指定多个源容器时，这个标识选项可以被设置多次。通过组合使用这个标识选项和匿名卷，可以按照主机无关的方式构建丰富的卷共享状态关系。参考以下示例：

```
docker run --name fowler \
    --mount type=volume,dst=/library/PoEAA \
    --mount type=bind,src=/tmp,dst=/library/DSL \
    alpine:latest \
    echo "Fowler collection created."
docker run --name knuth \
    --mount type=volume,dst=/library/TAoCP.vol1 \
    --mount type=volume,dst=/library/TAoCP.vol2 \
    --mount type=volume,dst=/library/TAoCP.vol3 \
    --mount type=volume,dst=/library/TAoCP.vol4.a \
    alpine:latest \
    echo "Knuth collection created"

docker run --name reader \
    --volumes-from fowler \
    --volumes-from knuth \
    alpine:latest ls -l /library/
```

列出被复制到新容器中的所有卷

```
docker inspect --format "{{json .Mounts}}" reader
```

检查 reader 容器的卷列表

在以上示例中，我们创建了两个容器，分别定义了匿名卷和绑定挂载卷。为了与不带--volumes-from 标识选项的第三个容器共享这些卷，需要检查以前创建的容器，然后将卷绑定挂载到 Docker 管理的主机目录。当使用--volumes-from 标识选项时，Docker 会代表用户执行所有这些操作，包括将被引用的源容器上的所有挂载点定义复制到新的容器中。上面的命令为名为 reader 的容器复制了 fowler 和 knuth 容器中定义的所有挂载点。

你完全可以直接或间接地复制卷，这意味着在从另一个容器复制卷时，还将复制该容器从其他容器复制的卷。使用以上示例中创建的容器，可产生以下结果：

```
docker run --name aggregator \
  --volumes-from fowler \
  --volumes-from knuth \
  alpine:latest \
  echo "Collection Created."
```

创建一个聚合了多个卷的容器

```
docker run --rm \
  --volumes-from aggregator \
  alpine:latest \
```

从单一源容器使用卷并列出它们

```
ls -l /library/
```

复制的卷始终具有相同的挂载点，这意味着在以下三种情况下不能使用--volumes-from 标识选项。

第一种情况是，如果要构建的容器需要将共享卷安装到其他位置，就不能使用--volumes-from 标识选项。Docker 没有提供重新映射挂载点的工具，而只能复制和合并容器指示的挂载点。例如，在上一个示例中，如果用户想要将 library 卷挂载到/school/library 这样的位置，那么无论如何也无法办到。

第二种情况是，当卷的文件系统源和其他已存在的卷或新建的卷出现冲突时，也不能使用--volumes-from 标识选项。如果一个或多个文件系统源使用相同的挂载点创建托管卷，那么卷的使用者只能收到一个卷的定义，如下所示：

```
docker run --name chomsky --volume /library/ss \
    alpine:latest echo "Chomsky collection created."
docker run --name lamport --volume /library/ss \
    alpine:latest echo "Lamport collection created."

docker run --name student \
    --volumes-from chomsky --volumes-from lamport \
    alpine:latest ls -l /library/

docker inspect -f "{{json .Mounts}}" student
```

在以上示例中，docker inspect 命令的输出显示最后一个容器 student 在挂载点/library/ss 中仅有一个卷，并且这个卷的值与先前创建的两个卷中的其中一个卷的值相同。这里为两个源容器定义了相同的挂载点，然后将这两个源容器中的卷复制到新的容器中，这实际上相当于创建了挂载点的竞争条件(这种竞争条件会造成冲突)，因而最终这两个复制操作中只有一个可以执行成功。

如果将多个 Web 服务器的卷复制到单个容器中进行检查，就会出现上述情形，因为这些 Web 服务器运行着相同的软件或共享通用配置(这在容器化系统中更有可能发生)，它们可能使用相同的挂载点。在这种情况下，挂载点肯定会发生冲突，导致的结果就是用户只能访问部分所需的数据。

第三种不能使用--volumes-from 标识选项的情况发生在用户需要更改卷的写入权限时，这是因为--volumes-from 标识选项从源卷复制了完整的卷定义。例如，如果源容器挂载了具有读/写访问权限的卷，而用户只想把卷共享给具有只读权限的容器，那么使用--volumes-from 标识选项无效。

　　使用--volumes-from 标识选项共享卷是构建可移植应用程序架构的一种重要方法，但这种方法确实引入了一些限制,而这些限制中最具挑战性的部分在于管理文件权限。

　　通过使用卷可以将容器与主机的数据和文件系统解耦合，这对于大多数生产环境而言至关重要。尽管如此，请不要忘了 Docker 为托管卷创建的文件和目录并且需要在适当的时候进行维护。4.6 节将介绍如何保持 Docker 环境的整洁。

4.6　清理卷

　　至此，我们有很多容器和卷需要清理。通过执行 docker volume list 子命令，可以查看系统中存在的所有卷。这个子命令的输出结果会列出每个卷的类型和名称，使用名称创建的卷将按照名称列出，而匿名卷则按照标识符列出。

　　匿名卷可以通过两种方式清除。第一种方式是，当卷挂载的容器被自动清理时，匿名卷也将被自动删除，这种方式可通过执行 docker run --rm 或 docker rm –v 命令来实现。第二种方式是，可以通过执行 docker volume remove 命令来手动删除匿名卷，如下所示：

```
docker volume create --driver=local
# Outputs:
# 462d0bb7970e47512cd5ebbbb283ed53d5f674b9069b013019ff18ccee37d75d

docker volume remove \
    462d0bb7970e47512cd5ebbbb283ed53d5f674b9069b013019ff18ccee37d75d
# Outputs:
# 462d0bb7970e47512cd5ebbbb283ed53d5f674b9069b013019ff18ccee37d75d
```

　　与匿名卷不同，命名卷必须手动删除。当容器正在运行类似收集分区数据或周期数据这样的系统任务时，这种设置会非常有帮助。参考以下代码：

```
for i in amazon google microsoft; \ do \
docker run --rm \
    --mount type=volume,src=$i,dst=/tmp \
    --entrypoint /bin/sh \
    alpine:latest -c "nslookup $i.com > /tmp/results.txt"; \
done
```

　　上述代码会在三个单独的容器中执行 DNS 查找命令，分别向 amazon.com、

google.com 和 microsoft.com 发出请求，并将返回的结果记录在三个不同的卷中，这三个卷分别被命名为 amazon、google 和 microsoft。即便容器在任务完成后被自动清除，命名卷也会保留下来。如果执行命令 docker volume list 进行查看，你将看到新增的三个卷。

删除这些命名卷的唯一方法是在 docker volume remove 命令中指定它们的名称，如下所示：

```
docker volume remove \
    amazon google microsoft
```

docker volume remove 子命令支持指定卷名和卷标识符的列表参数，所以上面的命令可以一次性删除所有三个命名卷。

删除卷时只有如下限制：无法删除当前正在使用的卷。更具体地说，只要有一个卷挂载到仍旧存在的容器，那么不管容器处于什么状态，这个卷都不能被删除。如果尝试这样做，Docker 命令会发出一条消息，指出"卷正在使用"并显示相关容器的标识符。

如果只想删除所有的卷或者删除所有具备删除条件的卷，那么确定哪些卷可以删除是件麻烦的事。作为定期维护任务的一部分，这种删除所有卷的需求是一直存在的。docker volume prune 命令就是专门用来针对这种情况。

不带选项运行 docker volume prune 命令，Docker 将提示是否确认删除所有可以删除的卷，当得到确认消息后就会实际进行删除。也可以增加选项，比如提供卷的标签，从而过滤掉指定的卷，如下所示：

```
docker volume prune --filter example=cassandra
```

上面这条命令会提示用户进行确认，并且在得到确认消息后删除用户先前在 Cassandra 示例中创建的卷。如果想让系统自动执行这些清理步骤，就需要取消用户确认步骤。在这种情况下，请在命令中使用--force 或–f 标识选项：

```
docker volume prune --filter example=location --force
```

理解卷的相关知识对于在生产系统中使用容器至关重要，但是许多情况下，在本地磁盘上使用卷会产生问题。举个例子，在计算机集群上运行某个软件，而你使用这个软件写入卷中的数据会被保存到卷挂载的本地磁盘上，此时如果容器被移到其他的计算机上，将无法访问旧卷中的数据。针对这类问题，用户可以使用卷插件来解决。

4.7　使用卷插件的高级存储

Docker 提供了卷插件接口，作为 Docker 社区扩展默认引擎功能的一种方式。卷插件接口已由多个存储管理工具予以实现，如今，用户可以免费使用所有类型的备用存储方案，包括专有云块存储、网络文件系统挂载、专用存储硬件以及本地云解决方案(例如 Ceph 和 vSphere 存储)。

这些由软件社区和供应商提供的插件能够帮助解决如下令人头疼的难题：将文件写入一台计算机的磁盘上，而这些文件又被另一台计算机上的应用软件所依赖。通过使用适当的 docker plugin 子命令，这些插件很容易安装、配置和删除。

本书不会详细介绍 Docker 插件，因为它们始终是基于特定环境的，在不使用付费资源或签约特定云提供商的情况下也很难展示它们的相关特性。选择哪一类插件主要取决于用户要与之集成的存储基础架构，尽管一些项目在某种程度上对这些限制条件做了简化，但还是需要全方位加以考虑。REX-Ray(https://github.com/rexray/rexray)是一个十分受欢迎的开源项目，可在多个云平台和本地存储平台上部署卷和相关插件。如果用户在使用容器的过程中需要更复杂的卷的后端架构提供支持，那么毫无疑问，应该查看 Docker Hub 上的最新产品，并且了解 REX-Ray 项目的最新动态。

4.8　本章小结

学习 Docker 的最主要障碍之一是理解如何使用不属于镜像并且与其他容器或主机共享的文件。作为解决以上问题的方案，本章深入介绍了挂载点，包括以下内容：

- 挂载点允许将来自许多设备的文件系统附加到单个文件树中。每个容器都有自己的文件树。
- 容器可以使用绑定挂载模式将主机文件系统的某些部分挂接到容器。
- 内存文件系统可以挂接到容器文件树，从而不用将敏感或临时数据写入磁盘。
- Docker 提供了名为卷的匿名或命名存储模式。
- 使用适当的 Docker 命令 docker volume，可以创建、列出和删除卷。
- 卷是 Docker 安装在指定位置的容器中的主机文件系统的一部分。
- 卷有自身的生命周期，可能需要定期清理。
- 如果安装了合适的卷插件，那么 Docker 可以提供由网络存储或其他更复杂工具支持的卷。

第**5**章

单主机网络

网络与计算技术的所有领域都密切相关，因此本章只能浮光掠影般介绍容器网络的结构、所需工具以及面临的特殊挑战。如果要在容器中运行网站、数据库、电子邮件服务器或任何依赖网络的软件，例如 Docker 容器中的 Web 浏览器，则有必要了解如何将容器连接到网络。阅读完本章后，你将有能力为自己运行的应用程序创建能够访问网络的容器，在不同的容器中使用不同的网络软件，以及理解容器如何与主机或主机的网络进行交互。

5.1 网络背景(面向初学者)

简要地介绍一下相关的网络概念对于理解本章的主题十分有帮助。本节将简要对网络的基本知识进行全面介绍，如果你已经了解这些知识，那么可以直接跳到 5.2 节。

网络是进程之间通信的基础设施，这些进程既可能共享也可能不共享相同的本地资源。要想理解本章的内容，你有必要了解一些常用的基本网络抽象概念。实际上，你对网络的理解越深，在本章中就能学到越多的技术细节知识。但是，如果只是使用

Docker 提供的工具，就没有必要深入了解网络知识。如有需要，本章中的材料会提示你针对相关主题进行深入的独立研究。上面提到的基本网络抽象概念包括协议、接口和端口。

5.1.1　基本知识：协议、接口和端口

用于网络和通信的协议实际是一种语言，达成协议的双方可以理解对方交流的内容，因而协议是进行有效沟通的关键。超文本传输协议(HyperText Transmission Protocol，HTTP)是许多人都听说过的一种十分流行的网络协议，它是万维网的基础协议。在基础协议上，还有大量的网络协议和多层通信架构被创建出来。目前，掌握协议是非常重要的，这样才能理解网络接口和端口。

一个网络接口对应一个地址，代表位置信息。可以进行如下类比：网络接口相当于实际生活中带有门牌信息的住址。再比如，网络接口就像邮箱，邮件可以按照地址发送到收件人的邮箱，也可以从邮箱中取出并发送到其他地址。

邮箱具有邮政地址，而网络接口具有 IP 地址——由 Internet 协议定义。IP 地址的细节很有趣，但不在本书的讨论范围之内。在这里，你只需要了解 IP 地址在 Internet 网络中是唯一的，并且包含网络接口在网络中的详细位置信息就足够了。

计算机通常具有两种接口：以太网接口和环回接口。你可能十分熟悉以太网接口，它主要用于连接其他设备上的接口和进程。相比之下，环回接口未连接到任何其他接口，乍一看，这种设计似乎没有什么用处，但是当某个程序需要与同一台计算机上的其他产品进行网络通信时，使用环回接口就是非常好的解决方案。

继续以邮箱进行类比，端口这个概念就好像收件人或发件人。几个人可能会使用同一个地址收取邮件，如图 5.1 所示，一个地址可能会收到发给 Wendy Web 服务器的消息，也可能会收到发给 Deborah 数据库或 Casey 缓存服务器的消息。显然，每个接收者只能打开自己的邮件或消息。

实际上，端口只是数字，并且被定义为传输控制协议(Transmission Control Protocol，TCP)或用户数据报协议(User Datagram Protocol，UDP)的一部分。同样，这两个协议的详细信息也不在本书的讨论范围内，但是我们建议你阅读相关资料。一般情况下，具体的端口号由协议标准的创建者或拥有特定产品的公司来决定分配给哪些产品或作何用途。例如，默认情况下，Web 服务器在端口 80 上提供 HTTP 服务；MySQL 数据库产品在端口 3306 上提供服务接口；Memcached 作为一种快速缓存技术，则在端口 11211 上提供协议接口。值得注意的是，端口号将被写到 TCP 消息里，就像名字被写在信封上一样。

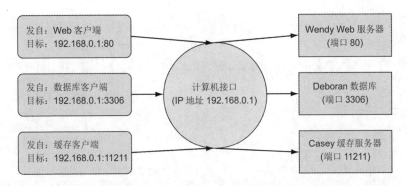

图 5.1　进程可以使用相同的网络接口，与邮件系统中的模式类似并与多人使用同一邮箱的方式相同

接口、协议和端口对于软件和用户而言是首先需要关注的概念，学习这些概念将有助于你更好地理解程序间的通信方式以及本地计算机系统和外部网络的交互模式。

5.1.2　深入知识：网络、NAT 和端口转发

在大型网络中，各类接口形成交互的单点。而网络是通过如下方式定义的：多种接口被链接在一起，并且链接关系最终决定了接口的 IP 地址。

有时候，信息接收方的接口并没有跟发送方直接相连，因此作为替代方式，信息被发送到知道地址的中介那里，再由中介发送给最后的接收方。这种传递方式类似于实际生活中邮局收发邮件的过程。

真实的邮局收发邮件的过程如下：当你将邮件投递到邮箱或邮筒中之后，邮递员会定时将邮件取出并传送到本地的邮局，这里邮局就相当于邮政网络中的接口，接下来邮局会按照预先设定好的路径将邮件发送到下一站——更大的地区邮政局，地区邮政局扮演的是邮件中介的角色，随后会将邮件转投到目的地的邮局，最后由目的地的邮递员将邮件投送到收件人手中。网络路由通常也遵循和邮局收发邮件相似的模式，图 5.2 描述了路由的结构，并且展示了物理消息路由和网络路由之间的关系。

本章只涉及一台计算机上的网络接口，因此我们在这里讨论的网络和路由都不复杂。实际上，本章只讨论两个特定的网络。第一个网络就是本地计算机连接的网络；第二个网络是 Docker 创建的虚拟网络，用于将所有正在运行的容器连接到本地计算机连接的物理网络。第二个网络因而又称为网桥。

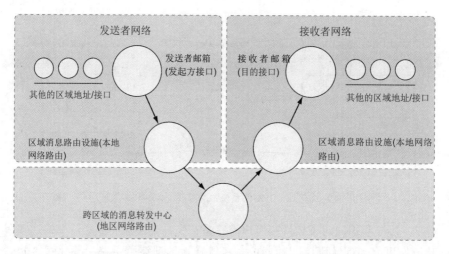

图 5.2   邮政系统和计算机网络中邮件/消息的传输路径

网桥是连接多个网络的接口，通过网桥，可以将多个网络连成单个网络使用，如图 5.3 所示。网桥的功能就是根据网络地址的类型有选择性地在连接的网络之间转发流量。为了理解本章的内容，你只需要了解"网桥"这个抽象概念即可。

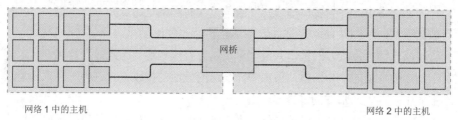

图 5.3   连接两个不同网络的网桥

以上仅仅对网络和路由这两个主题做了非常粗浅的介绍，目的是帮助你了解如何使用 Docker 以及由 Docker 简化过的网络设施。

5.2   Docker 容器网络

Docker 从容器中抽象出底层的主机连接网络，这样做使得应用程序没有必要关心运行时的不确定环境，同时 Docker 的基础架构管理器也可以根据不同的操作环境来调整具体的实现细节。

连接到 Docker 网络的容器将获得唯一的 IP 地址，而其他连接到同一 Docker 网络的容器也可以根据该 IP 地址找到目的容器并发送消息。

这种方法的主要问题是，容器内运行的任何软件都没有简便的方法可用来确定主机的 IP 地址，从而阻止容器将服务端点广而告之给容器网络以外的服务。5.5 节将介绍一些用来处理这种极端情况的方法。

Docker 还将网络视为第一级别的实体，这意味着在 Docker 体系中，网络实体具有自己的生命周期，并且不受其他对象的约束。你可以使用 docker network 子命令直接定义和管理它们。

在开始使用 Docker 中的网络之前，首先需要检查每个 Docker 安装中可用的默认网络。执行 docker network ls 命令即可列出所有网络并打印到终端，输出结果如下所示：

```
NETWORK ID        NAME         DRIVER        SCOPE
63d93214524b      bridge       bridge        local
6eeb489baff0      host         host          local
3254d02034ed      none         null          local
```

默认情况下，Docker 架构中包括三个网络，其中的每个网络有不同的驱动程序。第一个网络名为 bridge，它也是 Docker 的默认网络，由 bridge 驱动程序提供支持。bridge 驱动程序能为同一台计算机上运行的所有容器提供容器间网络连接能力。第二个网络名为 host，由 host 驱动程序提供支持，host 驱动程序指示 Docker 不要为连接的容器创建特殊的网络命名空间或资源。host 网络上的容器与主机上的网络堆栈交互的方式，就像未容器化的进程和主机网络交互的方式一样。第三个网络名为 none，使用的是 null 驱动程序，连接到 none 网络的容器自身外部没有任何网络连接。

网络的范围有三种类型：本地(local)、全局(global)和集群(swarm)类型。本地类型指的是网络被限制在所在的计算机上；全局类型是指在集群的每个节点上都创建网络，但是不在节点之间转发消息；集群类型是指网络无缝地跨接 Docker 集群中的所有主机。如你所见，所有的网络默认都是本地类型的，因而无法在不同计算机上的容器之间路由流量。

默认的 bridge 网络兼容旧版 Docker，导致无法利用新版 Docker 的功能优点，比如服务发现和负载均衡机制，所以不建议使用。一般来说，你应该尽量创建自己的桥接网络。

5.2.1 创建用户自定义的桥接网络

Docker 的 bridge 网络驱动程序使用 Linux 命名空间、虚拟以太网设备和 Linux 防火墙这三项技术来构建可定制化的虚拟网络拓扑结构(又称为桥)。最终，桥这样的虚拟网络对于安装 Docker 的机器而言是本地的，主要功能是在主机上的容器和主机网络之间建立路由。图 5.4 展示了连接到桥接网络及其组件的两个容器。

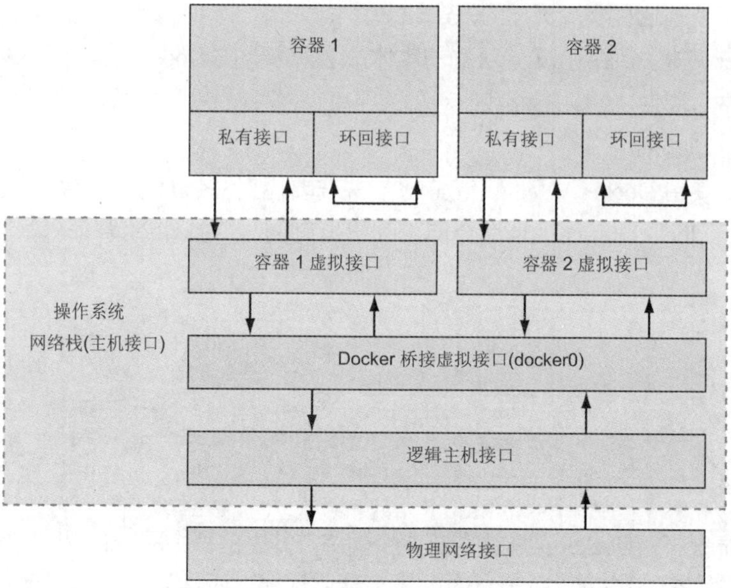

图 5.4   默认的本地 Docker 网络拓扑结构以及连接的两个容器

　　容器都有各自的私有或环回接口以及单独的虚拟以太网接口，其中虚拟以太网接口会连接到主机命名空间中的另一个虚拟接口。这两个相互连接的接口构成了主机网络与容器网络之间的通路。就像典型的家庭网络一样，每个容器都分配有唯一的私有 IP 地址，私有 IP 地址是无法从外部网络直接访问的。此外，另有一个 Docker 网络专门负责在容器之间路由消息，此时，原来的 Docker 网络有两种选择：可以连接到专门路由消息的 Docker 网络，也可以直接连接到主机网络以形成桥接网络。

　　为了构建新的网络，执行如下命令：

```
docker network create \
  --driver bridge \
  --label project=dockerinaction \
  --label chapter=5 \
  --attachable \
  --scope local \
  --subnet 10.0.42.0/24 \
  --ip-range 10.0.42.128/25 \
  user-network
```

以上命令将新建名为 user-network 的本地桥接网络。在以上命令的参数中，增加标签元数据(--label)是为了以后识别资源；通过把网络标记为可连接的(--attachable)，则可以随时对容器与网络进行连接或分离。接下来，指定网络范围(--scope)为网络驱动程序的默认值 local。最后，使用--subnet 和--ip-range 为网络自定义子网掩码和可分配的 IP 地址范围，其中子网掩码为 10.0.42.0/24，而 IP 地址范围从最后一个八位位组的上半部分(10.0.42.128/25)开始分配。这意味着当把容器添加到网络时，它们将被分配 10.0.42.128~10.0.42.255 范围内的 IP 地址。

你可以像检查其他一流的 Docker 实体一样检查网络，5.2.2 节将演示如何在用户网络中使用容器并检查相应的网络配置。

5.2.2 探索桥接网络

要在容器网络上的容器内运行网络软件，就必须深刻理解从容器内部看网络是如何工作的。下面让我们通过创建新容器并连接到网络来开启探索桥接网络的任务，命令如下：

```
docker run -it \
  --network user-network \
  --name network-explorer \
  alpine:3.8 \
    sh
```

接下来从终端(现在已附加到运行中的容器)获取容器中可用的 IPv4 地址列表，命令如下：

```
ip -f inet -4 -o addr
```

结果如下：

```
1: loinet 127.0.0.1/8 scope host lo\ ...
18: eth0inet 10.0.42.129/24 brd 10.0.42.255 scope global eth0\ ...
```

从上面的列表中可以看到容器有两台具有 IPv4 地址的网络设备，分别是环回接口(或 localhost)和连接到桥接网络的 eth0(虚拟以太网设备)。此外，可以看到 eth0 的 IP 地址在用户网络配置指定的子网 IP 范围内(IP 范围为 10.0.42.128~10.0.42.255)，注意，eth0 的 IP 地址就是桥接网络上的其他容器与容器内服务进行通信的 IP 地址。回到第一个环回接口，它只能用于同一容器内的通信。

接下来创建另一个桥接网络，并将正在运行的 network-explorer 容器分别连接到这两个桥接网络。首先，将终端与连接的容器分离(先按 Ctrl＋P 组合键，再按 Ctrl＋Q 组合键)，然后创建第二个桥接网络：

```
docker network create \
  --driver bridge \
  --label project=dockerinaction \
  --label chapter=5 \

  --attachable \
  --scope local \
  --subnet 10.0.43.0/24 \
  --ip-range 10.0.43.128/25 \
  user-network2
```

创建第二个桥接网络后，将 network-explorer 容器(仍在运行)连接到新创建的这个桥接网络，命令如下：

```
docker network connect \
    user-network2 \                ◁————— 网络名称(或 ID)
    network-explorer  ◁——┐
                          └———— 目标容器名称(或 ID)
```

将容器连接到第二个桥接网络后，请重新将终端挂接到容器上，命令如下：

```
docker attach network-explorer
```

现在，再次检查容器中的网络接口配置，以下内容将显示在终端上：

```
1: loinet 127.0.0.1/8 scope host lo\ ...
18: eth0inet 10.0.42.129/24 brd 10.0.42.255 scope global eth0\ ...
20: eth1inet 10.0.43.129/24 brd 10.0.43.255 scope global eth1\ ...
```

和预料的一样，network-explorer 容器已连接到两个用户定义的桥接网络。

网络的作用就是实现多方之间的通信，仅仅在一个运行的容器中检查网络情况不但没什么用处，反而让人厌烦。默认情况下，桥接网络上还连接了其他东西吗？为了回答这个问题，我们还需要另一个工具。使用以下命令将 nmap 软件包安装到正在运行的容器中：

```
apk update && apk add nmap
```

nmap 是一款功能强大的网络检测工具,可用于扫描正在运行的计算机上的网络地址范围、采集这些计算机上的指纹信息以及确定哪些服务正在运行。使用 nmap 工具的目的很简单,就是想确定桥接网络上还有其他哪些容器或网络设备可用。执行以下命令,扫描我们为桥接网络定义的 10.0.42.0/24 子网:

```
nmap -sn 10.0.42.* -sn 10.0.43.* -oG /dev/stdout | grep Status
```

输出如下:

```
Host: 10.0.42.128 ()     Status: Up
Host: 10.0.42.129 (7c2c161261cb) Status: Up
Host: 10.0.43.128 ()     Status: Up
Host: 10.0.43.129 (7c2c161261cb) Status: Up
```

这表明每个桥接网络仅连接了两台设备:由桥接网络驱动程序创建的网关适配器和当前运行的容器。现在让我们为其中的一个桥接网络创建一个新的容器,并做进一步探索。按照之前的操作步骤,再次将终端和容器分离,然后启动另一个连接到 user-network2 网络的容器,命令如下:

```
docker run -d \
  --name lighthouse \
  --network user-network2 \
  alpine:3.8 \
    sleep 1d
```

lighthouse 容器启动后,将终端重新连接到 network-explorer 容器:

```
docker attach network-explorer
```

使用 shell 命令再次进行网络扫描。结果表明,lighthouse 容器已启动并运行,并且 network-explorer 容器可以经由 user-network2 网络连接访问 lighthouse 容器。输出如下:

```
Host: 10.0.42.128 () Status: Up
```

```
Host: 10.0.42.129 (7c2c161261cb) Status: Up
Host: 10.0.43.128 () Status: Up
Host: 10.0.43.130 (lighthouse.user-network2) Status: Up
Host: 10.0.43.129 (7c2c161261cb) Status: Up
```

能够在网络上发现 lighthouse 容器意味着网络连接是正常的，这同时也演示了基于 DNS 的服务发现系统是如何工作的：当扫描网络时，nmap 通过 IP 地址发现了新节点，并且能够将 IP 地址解析为名称，这意味着可以根据名称发现网络上的每个容器。你可以通过尝试在容器内执行 nslookup lighthouse 命令来验证以上过程。值得注意的是，容器主机名要么与容器的名称保持一致，要么在创建容器时通过指定--hostname 标识选项进行手动设置。

以上探索过程证明了以下事实：首先，可以调整桥接网络以适应不同的环境；其次，可以将运行中的容器挂接到多个网络上；最后，在连接的容器中运行软件时可以与桥接网络进行通信。但是桥接网络只能在一台机器上工作，它们不支持集群环境，并且从计算机外部无法路由到容器的 IP 地址。

5.2.3 更多网络类型

桥接网络通常比较适合单服务器部署方式,如运行内容管理系统的LAMP(Linux + Apache + MySQL + PHP)栈或大多数本地开发任务。如果正在运行多服务器环境，而且要求在这样的环境中兼容机器故障，那么你需要能够在不同机器的容器之间无缝地切换流量。显然，桥接网络不具备这样的能力。

Docker 提供了一些额外的选项来处理这种情况，但最佳选择取决于实际的网络环境。如果正在 Linux 主机上使用 Docker 并且可以控制主机网络，那么完全可以使用由 macvlan 或 ipvlan 这样的网络驱动程序提供的底层功能。无论如何，让底层网络为每个容器创建网络地址总是最佳方案。只要和主机在同一网络中，这些 IP 地址就可以被发现和路由，因此主机上运行的每个容器看起来就像网络上的独立节点。

如果正在 Mac 或 Windows 主机上，抑或正在云托管环境中运行 Docker，那么以上选项不起作用。此外，底层网络配置依赖于主机网络，因而网络定义也几乎不能移植到别的环境中。在这些情况下，较流行的多主机容器网络的选择是使用覆盖网络。

覆盖网络驱动程序在启用了集群模式的 Docker 引擎上可用。和桥接网络相比，覆盖网络有着几乎相同的结构，但覆盖网络中的逻辑桥接组件可感知多主机，并且可以在集群中的每个节点之间路由流量。

就像在桥接网络上一样，覆盖网络上的容器也不能从集群外部直接访问，但是，集群容器间的通信很简单，并且网络定义大多独立于主机网络环境。

在某些情况下，可能会有一些特殊的网络要求，但无论是底层网络还是覆盖网络均无法满足要求。比如，也许需要调整主机网络配置，或者需要确保容器在网络完全隔离的情况下运行，在这两种情况下，应该使用一些特殊的容器网络。

5.3　特殊容器网络：主机网络和 none 网络

当使用 docker network list 命令列出可用网络时，结果中包括两个特殊条目：host 和 none。它们并不是真正的网络，相反，它们是具有特殊含义的网络连接类型。

当在 docker run 命令中使用--network host 选项时，Docker 创建的新容器将没有特殊的网络适配器或网络命名空间。产生的效果是：无论容器中运行的是哪种软件，访问主机网络时就仿佛软件运行在容器外部一样。由于没有网络命名空间，因此所有用于调整网络堆栈的内核工具都可用于修改配置(只要修改进程拥有权限即可)。

主机网络上运行的容器能够访问运行在本地主机上的服务，还能够查看并绑定主机网络接口。通过列出主机网络上容器内部的所有可用网络接口，可以说明这一点，命令如下：

```
docker run --rm \
    --network host \
    alpine:3.8 ip -o addr
```

对于系统服务或其他基础架构组件来说，在主机网络上运行是很有必要的。但这种模式不适合多租户环境，因此不应将主机网络用于第三方容器。如果遵循这些原则的话，那么人们通常不希望将容器连接到网络。所以，本着系统只有最小权限的原则，你应该尽可能使用 none 网络。

通过将容器建在 none 网络上，可以指示 Docker 不要为新容器设置任何已连接的虚拟以太网适配器。容器在被构建后，将具有自己的网络命名空间，并且将被隔离，然而由于没有跨越命名空间边界的网络适配器，因此无法与容器外部通信。以这种方式配置的容器仍具有自己的环回接口，因此容器中的多进程仍然可以通过与本地主机的连接实现进程间通信。

你可以通过检查网络配置来验证这一点。执行以下命令，列出 none 网络上容器内的可用接口：

```
docker run --rm \
    --network none \
```

```
alpine:3.8 ip -o addr
```

执行上面这条命令后，就可以看到系统里唯一可用的网络接口是环回接口，并且已绑定到地址 127.0.0.1。这说明了以下三点：

- 容器中运行的任何程序都可以连接到环回接口或在环回接口上等待连接。
- 容器外部的组件不能连接到环回接口。
- 容器内运行的任何程序都无法访问容器外的网络。

最后一点很重要，并且也很容易证明。如果能连接到 Internet，请尝试连接一种流行的服务，比如试着访问 Cloudflare 的公共 DNS 服务，如下所示：

```
docker run --rm \              创建一个密闭的容器
  --network none \     ◄───┘
  alpine:3.8 \
  ping -w 2 1.1.1.1        ◄─────  使用 ping 命令试探 Cloudflare
```

以上示例创建了一个与网络隔离的容器，并尝试测试容器与 Cloudflare 提供的公共 DNS 服务器之间的连接速度。如你所料，以上尝试会失败，并且还会返回 ping: send-to: Network is unreachable 这样的错误消息。这是合理的结果，因为我们知道容器没有通往外部的路由。

何时使用密闭容器

当网络隔离需求变成最高优先级或程序根本不需要网络访问能力时，应当使用 none 网络。例如，运行终端文本编辑器完全不需要访问网络，再比如，用于生成随机密码的程序应在没有网络访问权限的容器内运行，以防止密码被盗。

none 网络上的容器彼此隔离，同时与容器外部系统也是隔离的。但是请记住，即使是桥接网络上的容器，也无法从运行 Docker 引擎的主机外部直接路由到。

桥接网络通过网络地址转换协议(Network Address Translation，NAT)使所有流经容器出口的通信流量看起来像是从主机自身出去的，这意味着容器中运行的服务软件与世界其他地方以及绝大多数客户的网络是隔离的。5.4 节将详细介绍如何弥合这种差距。

5.4　使用 NodePort publishing 处理入站流量

Docker 容器网络都是关于容器之间的简单连接和路由的。如果要将容器中运行的服务与外部网络客户端连接起来，则需要执行额外的步骤。由于容器网络需要通过网络地址转换(NAT)才能连接到更大的外部网络，因此必须专门告诉 Docker 如何从外部网络接口转发流量。你需要在主机接口上指定 TCP 或 UDP 端口，还需要指定目标容器和容器端口，这种方式与家庭网络上通过 NAT 设备转发流量的方式非常类似。

NodePort publishing 是我们用来匹配 Docker 和其他容器生态系统项目的专用术语，从字面上理解就是节点端口发布。Node 是对主机这一概念的延伸，通常指较大机器集群中的节点。

端口发布配置是在创建容器时提供的，以后不能更改。docker run 和 docker create 命令提供了–p 或 --publish 列表选项。与其他选项一样，–p 选项采用以冒号分隔的字符串参数指定主机接口、要转发的主机端口、目标端口和端口协议。如下参数是等效的：

- 0.0.0.0:8080:8080/tcp
- 8080:8080/tcp
- 8080:8080

上面这些参数的意思都是将流经主机接口上的 TCP 端口 8080 的流量转发到新容器的 TCP 端口 8080 上。第一个参数是完整形式，另外两个则是简写形式。为了在更完整的上下文环境中展示以上所讲内容，请看以下命令：

```
docker run --rm \
  -p 8080 \
  alpine:3.8 echo "forward ephemeral TCP -> container TCP 8080"

docker run --rm \
  -p 8088:8080/udp \
  alpine:3.8 echo "host UDP 8088 -> container UDP 8080"

docker run --rm \
  -p 127.0.0.1:8080:8080/tcp \
  -p 127.0.0.1:3000:3000/tcp \
  alpine:3.8 echo "forward multiple TCP ports from localhost"
```

这些命令会产生不同的结果，通过上面的三个例子我们也展示了语法的灵活性。新用户遇到的第一个问题经常是假设上面的第一个示例会将主机上的 8080 端口映射到容器中的 8080 端口，而实际发生的情况是主机操作系统将随机选择一个主机端口作为发送端口，并将流量路由到容器中的 8080 端口。这种设计的好处在于，端口是稀缺资源，由系统选择随机端口可以使软件和工具避免潜在的冲突。特别是，容器中运行的程序无法知道它们实际上是否在容器中运行、它们是否已绑定到容器网络以及哪个端口用于从主机转发流量。

Docker 提供了一种用于查找端口映射的机制。当让操作系统选择端口时，这种机制至关重要。执行 docker port 子命令可查看转发流量到给定容器的端口列表：

```
docker run -d -p 8080 --name listener alpine:3.8 sleep 300
docker port listener
```

以上信息也可以从 docker ps 子命令返回的摘要部分获得，但是从摘要表格中选择特定的映射信息会很麻烦，并且 docker ps 子命令的返回结果也无法与其他命令组合在一起用于后续操作。相比而言，docker port 子命令则允许通过指定容器端口和协议来缩小查询范围。当有非常多的端口被映射时，docker ps 子命令特别有用，如下所示：

```
docker run -d \
  -p 8080 \
  -p 3000 \          发布多个端口
  -p 7500 \
  --name multi-listener \
  alpine:3.8 sleep 300
                       查找被映射到容器端口 3000 的
                       主机端口
docker port multi-listener 3000  ◄
```

借助本节介绍的工具，你完全能够将入站流量路由到主机上正确的容器。但是，在使用 Docker 网络时，还有其他几种自定义容器网络配置和注意事项的方法。5.5 节将介绍这些内容。

5.5 容器网络注意事项和定制化

各种应用程序在多数情况下都必须使用网络。其中，有些特殊的需求在目前无法得到满足，并且可能需要进一步的网络定制。本节涵盖这些话题，尤其要注意，任何用户在为网络应用程序选择容器实现方案时都应该熟悉这些主题。

5.5.1 没有防火墙或网络策略

如今，Docker 容器网络不再提供容器之间的访问控制或防火墙机制，这主要缘于设计方面的考量：Docker 网络的设计遵循了 Docker 中许多组件使用的命名空间模型，而命名空间模型主要通过将资源的访问控制问题转换为可寻址性问题来解决前者。这种方案假设同一容器网络上的两个容器中的软件应该能够彼此通信，然而实际上，事实远非如此，只有应用程序级别的身份验证和授权管理才能在同一网络上相互保护容器。请记住，不同的应用程序具有不同的漏洞，并且可能以不同的安全状态在不同主机上的容器中运行，然而遭受入侵威胁的应用程序在打开网络连接之前无须升级权限，这意味着防火墙并不能提供保护。

以上设计决策影响了我们设计互联网络服务依赖关系以及对通用服务部署进行建模的方式。简而言之，请始终采用适当的应用程序级访问控制机制来部署容器，因为同一容器网络上的容器具有相互(双向)无限制的网络访问权限。

5.5.2　自定义 DNS 配置

域名系统(Domain Name System，DNS)是用于将主机名映射到 IP 地址的协议。通过进行这种映射，客户端可以从对特定主机 IP 的依赖关系中解耦出来，而是依赖于使用已知名称引用的任何主机。更改出站通信的最基本方法之一就是为 IP 地址创建名称。

通常，桥接网络上的容器和主机网络上的其他计算机具有不可公开路由的私有 IP 地址。这意味着除非运行自己的 DNS 服务器，否则无法通过名称引用它们。Docker 提供了不同的选项来定制新容器的 DNS 配置。

首先，docker run 命令具有--hostname 选项，可用于设置新容器的主机名。使用--hostname 选项可以将命令中提供的条目添加到容器内部的 DNS 系统中，并将条目代表的主机名映射到容器的桥接 IP 地址，如下所示：

```
docker run --rm \
    --hostname barker \          设置容器主机名
  alpine:3.8 \
    nslookup barker              将主机名映射到 IP 地址
```

本例使用主机名 barker 创建了一个新的容器，并运行程序以查找主机名 barker 映射的 IP 地址。输出如下：

```
Server:10.0.2.3
Address 1: 10.0.2.3
```

```
Name:barker
Address 1: 172.17.0.22 barker
```

在以上输出中，最后一行的 IP 地址是新容器的桥接 IP 地址。标有 Server 的行提供的 IP 地址是提供名称与 IP 地址映射关系的服务器地址。

当容器中运行的程序需要查找自己的 IP 地址或必须进行自我识别时，设置容器的主机名是非常有用的。但是，由于其他容器不知道指定容器的主机名，因此主机名的用途有限。如果使用外部 DNS 服务器，则可以共享这些主机名。

上面展示了自定义容器 DNS 配置的第一个选项，现在介绍第二个选项，为容器指定一个或多个 DNS 服务器。下面的示例演示了这项配置：创建一个新的容器，并将这个容器的 DNS 服务器设置为 Google 的公共 DNS 服务。

```
docker run --rm \                       设置主 DNS 服务器
    --dns 8.8.8.8 \
    alpine:3.8 \
    nslookup docker.com                 解析 docker.com 的 IP 地址
```

如果在笔记本电脑上运行 Docker 并且经常变更互联网服务提供商，则使用特定的 DNS 服务器可以保持服务的一致性。设置自有的 DNS 服务器是工程师构建服务和网络的重要工具，有关这一功能，还有以下重要说明：

* DNS 服务器地址必须是 IP 地址，思考一下，原因很明显：容器需要使用 DNS 服务器来查找名称，因而 DNS 服务器本身不能用名称来命名。
* 可以多次设置--dns 选项以访问多个 DNS 服务器(如果其中一个或多个 DNS 服务器无法访问的话)。
* 当启动运行在后台的 Docker 引擎时，设置--dns 选项。默认情况下，在每个容器上都会设置这些 DNS 服务器。但需要注意的是，如果在容器运行时停止 Docker 引擎并在重启 Docker 引擎时更改这个选项的默认值，容器仍将使用旧的 DNS 设置。只有重启这些容器，更改才会生效。

与 DNS 相关的第三个选项是--dns-search，这个选项允许指定 DNS 搜索域名，类似于默认的主机名后缀。指定搜索域名后，DNS 主机名中只要不包含顶级域名(例如.com 或.net)，就会被附加指定的搜索域名，然后进行搜索，命令如下所示：

```
docker run --rm \
    --dns-search docker.com \           设置搜索域名
    alpine:3.8 \
    nslookup hub                        查找 hub.docker.com
```

以上命令将解析名为 hub.docker.com 的主机的 IP 地址，因为--dns-search 选项中提供的搜索域名会被自动添加到主机名的后面。可通过操作/etc/resolv.conf(用于配置通用名称解析库的文件)来让配置生效。以下命令展示了这些 DNS 操作选项是如何修改文件的：

```
docker run --rm \
    --dns-search docker.com \        设置搜索域名
     --dns 1.1.1.1 \
    alpine:3.8 cat /etc/resolv.conf    设置主 DNS 服务器
# Will display contents that look like:
# search docker.com
# nameserver 1.1.1.1
```

以上功能最常用于一些琐碎的事情，如设置公司内部网络的快捷访问名称。举个例子，假设你的公司提供了一份内部文档，通过设置，你可以使用 http://wiki/这种简单形式来访问它，而不需要记住很长的地址。

假设你为自己的开发和测试环境维护着一台 DNS 服务器。相比构建环境敏感的软件(使用硬编码的依赖环境的名称，比如 myservice.dev.mycompany.com)，你可能更愿意使用 DNS 搜索域名以及不依赖环境的名称(比如，myservice)：

```
docker run --rm \
    --dns-search dev.mycompany \      设置 DNS 搜索域名
    alpine:3.8 \
    nslookup myservice            解析主机名 myservice.dev.mycompany

docker run --rm \
    --dns-search test.mycompany \     设置 DNS 搜索域名
    alpine:3.8 \
     nslookup myservice           解析主机名 myservice.dev.mycompany
```

在这种模式下，唯一的变化是程序运行的上下文环境。与提供自定义 DNS 服务器一样，你可以为同一容器提供多个自定义搜索域，在命令中直接添加搜索域的列表即可。例如：

```
docker run --rm \
    --dns-search mycompany \
    --dns-search myothercompany ...
```

在启动 Docker 引擎时，也可以设置以上标识，这样在每次创建容器时，Docker 就能提供搜索域名的默认值。同样，请记住，只有在创建容器时设置的这些选项才会生效，如果在运行容器时更改默认值，容器仍将使用更改前的默认值。

最后一项 DNS 功能是重载 DNS 系统。为了演示这项功能，下面的示例仍然使用 --hostname 标识选项指定的主机系统。这项功能具体来说，就是 docker run 命令中的 --add-host 选项让你能够为自定义的 IP 地址和主机名提供映射关系，如下所示：

```
docker run --rm \
    --add-host test:10.10.10.255 \        ◁─┤ 增加主机条目
    alpine:3.8 \
    nslookup test                         ◁─┤ 解析到地址
                                               10.10.10.255
```

与--dns 和--dns-search 这两个选项一样，--add-host 选项也可以被多次指定，但是与其他选项不同的是，在 Docker 引擎启动时无法将--add-host 选项设置为 Docker 引擎的默认值。

这项功能可专门用于名称的解析，鉴于可以为每个容器提供特定的名称映射服务，这毫无疑问是最细粒度的定制化工作。具体来说，这项功能有以下方面的应用：首先，通过将目标主机名映射到已知的 IP 地址(例如 127.0.0.1)，可以有效地阻断目标主机与外界的连接；其次，还可以将主机设为代理，从而为特定目的地址路由流量，比如通过安全通道(例如 SSH 隧道)路由不安全的流量。添加这些自定义名称解析的条目是 Web 开发人员使用多年的技巧。花一些时间思考用于名称-IP 地址映射的接口，我们确信你完全可以列出更多的用途。

所有自定义映射关系都记录在容器的/etc/hosts 文件中。要想查看已存在哪些自定义映射关系，只需要检查该文件即可。此文件的编辑和解析规则可以很容易在互联网上找到，由于这超出了本书的讨论范围，我们在此不进行介绍。以下是用于查看该文件的命令：

```
docker run --rm \                             设置主机名
    --hostname mycontainer \      ◁─┐
    --add-host docker.com:127.0.0.1 \  ◁─┤ 创建一条自定义主机条目
    --add-host test:10.10.10.2 \   ◁─┐
    alpine:3.8 \                          创建另一条自定义主机条目
    cat /etc/hosts                ◁─┤ 查看所有条目
```

/etc/hosts 文件的内容如下所示：

```
172.17.0.45 mycontainer
127.0.0.1   localhost
::1         localhost ip6-localhost ip6-loopback
fe00::0     ip6-localnet
ff00::0     ip6-mcastprefix
ff02::1     ip6-allnodes
ff02::2     ip6-allrouters
10.10.10.2  test
127.0.0.1   docker.com
```

DNS 是一种功能强大的用于更改网络路由和流量转发行为的系统工具。名称-IP 地址映射提供了一个简单的接口，工程师可以使用这种映射关系将软件产品与特定的网络地址解耦合。通过上面的讨论，我们完全可以得出这样的结论：如果 DNS 是更改出站流量的最佳工具，那么防火墙和网络拓扑结构就是控制入站流量的最佳工具。

5.5.3　外部化网络管理

一些组织、基础设施或产品管理人员需要直接管理容器网络配置系统、服务发现系统以及其他网络相关资源。在这些情况下，你将更倾向于在 Docker none 网络环境中创建容器，然后使用其他一些容器管理工具来创建和管理容器网络接口、管理 NodePort publishing、在服务发现系统中注册容器以及与上游负载均衡系统集成。

Kubernetes 拥有网络提供商的整个生态系统，然而取决于 Kubernetes 的使用方式(作为项目、产品发行版或托管服务)，你可能不会提供 Kubernetes 供应商的信息。如果要介绍关于 Kubernetes 的网络选项，一整本书的篇幅可能都不够，所以本书不会过多涉及 Kubernetes 的相关知识。

在网络提供者的层面之上，服务发现系统也在大量使用 Linux 和容器技术的各种功能。服务发现机制不可能解决所有的问题，因此其解决方案一直在迅速变化。如果发现 Docker 网络技术不足以解决系统的集成和管理问题，请深入调查，寻找更有效的解决方案。特别地，每个工具都有文档和实现模型，如果希望有效地将这些工具和 Docker 集成起来使用，就需要仔细查阅这些文档。

当采用外部化网络管理这种方式时，Docker 仍然负责为容器创建网络命名空间，但是不会创建或管理任何网络接口，你也无法使用任何 Docker 工具来检查网络配置项或端口映射关系。另外还有一种情况需要特别注意，如果网络是在混合环境中运行的，即某些容器网络的管理已实现外部化，而另外一些容器网络却没有，那么内置的服务发现机制无法将流量从 Docker 管理的容器路由到外部化管理的容器。在实际应用中，混合环境很少见，并且应该尽量避免使用。

5.6 本章小结

网络是一个十分宽泛的主题，需要几本书才能完全覆盖。本章可帮助了解网络基础的读者采用 Docker 提供的单主机网络设施。通过阅读本章，你掌握了以知识：

- Docker 网络是一流的实体，可以像容器、卷和镜像那样被创建、列出和删除。
- 桥接网络是一种特殊的网络，这种网络允许通过内置的容器名称解析功能实现容器间网络通信。
- Docker 默认提供另外两个特殊的网络：主机网络和 none 网络。
- 使用 none 驱动程序创建的网络会隔离网络中的容器与外部网络。
- 主机网络上的容器具有对主机上网络设施和接口的完全访问权限。
- 可通过 NodePort publishing 方式将网络流量转发到主机端口，进而映射到目标容器和端口。
- Docker 桥接网络不提供任何网络防火墙或访问控制功能。
- 可以为每个容器定制化网络名称解析栈，也可以自定义 DNS 服务器、搜索域和静态主机。
- 可以使用第三方工具和 Docker none 网络将网络管理外部化。

第6章

通过资源控制来限制风险

本章内容如下：

- 设置资源限制
- 共享容器内存
- 设置用户、许可和管理权限
- 授予对特定 Linux 功能的访问权限
- 使用 SELinux 和 AppArmor

容器实现的是进程上下文环境的隔离，而不是对整个系统进行虚拟化。这两者在语义上的差异看似微妙，产生的影响却十分巨大。第 1 章略微谈到了其中的差异，第 2~5 章分别介绍了 Docker 容器关于隔离机制的不同功能，而本章将涵盖剩余的部分，并且包括增强系统安全性方面的信息。

本章着重介绍如何管理或限制软件的运行风险，通过管控风险可以防止由于软件缺陷而导致的错误行为，也可以防止由于消耗资源过量而导致计算机无响应的攻击类行为。容器可以确保软件仅使用分配的计算资源并且仅访问受限的数据。阅读本章后，你将学会如何为容器提供资源配额、如何访问共享内存、如何以特定用户身份运行程序、如何控制容器对主机进行的更改以及如何与其他 Linux 隔离工具集成。 其中一些主题涉及的 Linux 功能超出了本书的讨论范围，在这些情况下，我们仅提供基本功能介绍和基本用法示例，以及如何将它们与 Docker 集成，而不去深究细节。图 6.1 显示了用于构建 Docker 容器的 8 个命名空间和相应的功能。

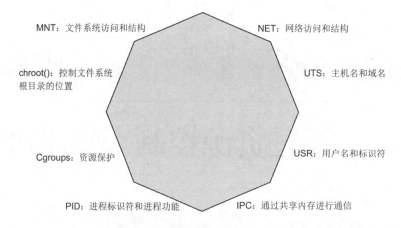

图 6.1 用于构建 Docker 容器的 8 个命名空间和相应的功能

最后提醒一下，Docker 及其使用的技术仍在不停地演变。本章中的示例适用于
Docker 1.13 及其更高版本。学习完本章介绍的工具后，在实际应用中，切记应经常检
查一下工具是否有版本升级、功能增强和最佳实践案例。

6.1 设置资源配额

计算机系统的物理资源(如内存和 CPU 时间)总是稀缺的。如果计算机上的进程消
耗的资源超出了可用的物理资源，这些进程将遇到性能问题并可能停止运行。为了解
决这个问题，我们需要隔离进程和有限供应资源，而构建高度隔离的系统的部分工作
就包括为各个容器提供资源配额。

如果想要确保计算机上的某个程序不会过多占用其他程序的资源，那么最简单的
方法就是限制这个程序的可用资源。可以使用 Docker 来管理内存、CPU 和设备资源
配额。默认情况下，只要主机资源够用，Docker 容器就能不受限制地使用 CPU、内存
和设备 I/O 等资源。docker container create 和 docker container run 命令提供了专门的选
项来管理容器的可用资源。

6.1.1 内存限制

内存限制是可以对容器设置的最基本限制，内存限制规定了容器内的进程能够使
用的最大内存。内存限制用于确保容器不能分配完所有的系统内存，从而使其他程序
无法获得运行所需的内存。可以通过在 docker container run 或 docker container create
命令中使用–m 或--memory 标识选项来设置限制，具体格式如下：

```
<number><optional unit> where unit = b, k, m or g
```

其中：b 表示字节，k 表示千字节，m 表示兆字节，g 表示吉字节。下面这条命令展示了如何启动一个将在其他示例中用到的数据库应用程序，并且使用了刚刚提到的标识选项以及数值和计量单位：

```
docker container run -d --name ch6_mariadb \
    --memory 256m \          ← 设置内存限制
    --cpu-shares 1024 \
    --cap-drop net_raw \
    -e MYSQL_ROOT_PASSWORD=test \
    mariadb:5.5
```

执行上面这条命令后，系统将安装名为 MariaDB 的数据库软件并启动内存限制为256 MB 的容器。你可能已经注意到以上命令中的一些额外选项，本章将介绍所有这些选项，但是你可能已经猜到它们的用途。还有一点需要注意，不能公开任何端口或将任何端口绑定到主机接口，因为从主机上的另一个容器直接链接到 MariaDB 数据库将非常容易。在讨论安全性问题之前，我们希望你完全了解自己正在做的事情，比如如何限制内存。

理解内存限制最重要的是，它们不是预定配置或保留配置。换言之，它们并不能保证指定的内存都是可用的。确切地说，内存限制只是防止过度使用内存的保护措施。此外，Linux 内核在实现内存记账和强制实施内存限制方面的方案非常高效，因此根本不必担心运行时开销。

在真正设置内存配额之前，应该考虑两个问题。首先，正在运行的软件是否能够在提交的内存配额范围内运行？其次，系统是否支持内存配额功能？

第一个问题通常很难回答。如今，很难见到开源软件开发商发布软件时指出运行最低要求的情况。即使是这样，也必须根据要处理的数据大小来推测软件的内存需求是如何扩展的。不论好坏，人们倾向于首先高估实际需求，接着根据试验结果或错误信息等进行调整。一种选择是在具有实际数据量的容器中运行软件，并使用 docker stats 命令查看容器实际使用了多少内存。对于我们刚刚启动的 mariadb 容器，docker stats ch6_mariadb 命令显示该容器正在使用约 100 MB 的内存，没有超出 256 MB 的内存限制。对于数据库等内存敏感工具，熟练的专业人员(例如数据库管理员)可以提出更合理的估计值和建议。即使这样，这个问题也经常让位于另一个问题：你有多少内存？这就引出了下面将要讨论的第二个问题。

回顾一下，第二个问题是：系统支持内存配额功能吗？值得注意的是，设置的内存配额可以大于系统的可用内存。在具有交换空间(扩展到磁盘的虚拟内存)的主机上，可以为容器设置大于可用物理内存的内存配额。在这种情况下，系统的内存限制就等同于容器的内存配额，在系统运行时就仿佛没有为容器设置任何内存配额一样。

最后有一点需要特别提醒，如果软件耗尽了可用内存，那么表现故障的方式有多种。例如，一些程序可能会由于内存访问错误而失败，而另一些程序可能会将内存不足错误持续写入日志记录。Docker 要么不检测此类问题，要么也不尝试缓解这类问题，对于 Docker 来说，最好的处理办法就是使用--restart 标识选项执行容器重启逻辑。

6.1.2　CPU

与内存一样，CPU 也十分珍贵，然而应用程序缺少 CPU 资源的后果是性能下降而不是出现故障。进程在等待 CPU 资源时仍然在正常工作，但性能的下降有时候比故障更糟糕，特别是当运行的程序是重要的对延迟敏感的数据处理程序、可产生收入的 Web 应用程序或 App 程序的后端服务时。Docker 允许你通过两种方式来限制容器占用的 CPU 资源。

首先，可以指定一个容器相对于其他容器的权重，Linux 根据权重信息来确定某个容器可以占用的 CPU 资源的百分比。注意，该百分比是容器可用的所有 CPU 计算能力的总和。

为了设置容器的 CPU 份额并确定其相对权重，docker container run 和 docker container create 命令提供了--cpu-shares 标识选项。提供给该标识选项的值应该是整数(这意味着不应该加上引号)。下面启动另一个容器来查看 CPU 如何共享，如下所示：

```
docker container run -d -P --name ch6_wordpress \
--memory 512m \
--cpu-shares 512 \          ◁─────┐
--cap-drop net_raw \               设置进程相对权重
--link ch6_mariadb:mysql \
-e WORDPRESS_DB_PASSWORD=test \
wordpress:5.0.0-php7.2-apache
```

以上命令将下载并启动 WordPress 5.0，WordPress 是使用 PHP 编写的，也是展示如何应对安全风险挑战的绝佳示例。我们对这个示例的介绍将从一些额外的注意事项开始，如果你希望在自己的本地计算机上运行 WordPress，请使用 docker port ch6_wordpress 获取该服务占用的端口号(我们将其称为<port>)，然后在浏览器中打开 http://localhost:<port>。如果想在 Docker 机器上运行，那么需要使用 docker machine ip

命令来确定运行 Docker 的虚拟机的 IP 地址，并替换先前 URL 中的 localhost。

接下来，启动 MariaDB 容器时，将其相对权重(cpu-shares)设置为 1024，并将 WordPress 的相对权重设置为 512。这些设置意味着 MariaDB 容器占用两倍于 WordPress 容器的 CPU 资源。如果启动第三个容器并将其--cpu-shares 标识选项的值设置为 2048，那么这个容器将获得一半还多的 CPU 资源，而 MariaDB 和 WordPress 容器将保持它们之间的份额比例，并与第三个容器共享所有的 CPU 资源。图 6.2 展示了各部分权重如何根据系统的 CPU 总量而变化。

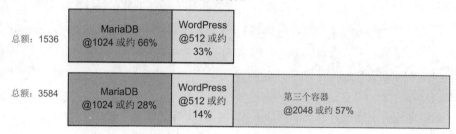

图 6.2 相对权重和 CPU 份额

CPU 份额与内存限制的不同之处在于，CPU 份额仅在程序争用 CPU 资源时才被强制执行。如果其他进程和容器处于闲置状态，那么可以占用超出份额限制的 CPU 资源。这种方法既确保不浪费 CPU 资源，也能保证在其他进程真正需要 CPU 资源的时候，配置了 CPU 份额的进程严格按照份额使用 CPU 资源。设置 CPU 份额的目的主要是为了防止一个或一组进程消耗完计算机的所有 CPU 资源，而不是降低这些进程的性能。默认情况下，不会限制容器占用的 CPU 资源，如果计算机空闲，容器能够使用 100%的 CPU 资源。

你已经了解了 cpu-shares 选项如何按比例分配 CPU，接下来我们介绍 cpus 选项，cpus 选项提供了一种限制容器可使用的 CPU 总量的方法。通过配置 Linux 完全公平调度程序(Completely Fair Scheduler，CFS)，cpus 选项将给容器分配相应的 CPU 资源配额。为了方便使用，Docker 将 CPU 资源配额表达为容器能够使用的 CPU 核心数。默认情况下，CPU 资源配额每 100 毫秒分配、强制执行并刷新一次。如果容器使用了所有的 CPU 资源配额，那么该容器将被限制使用更多的 CPU 资源，直到下一个测量周期开始并重新计算。以下命令使前面的 WordPress 示例最多使用 0.75 个 CPU 内核：

```
docker container run -d -P --name ch6_wordpress \
  --memory 512m \
  --cpus 0.75 \              最多使用 0.75 个 CPU
  --cap-drop net_raw \
--link ch6_mariadb:mysql \
```

```
-e WORDPRESS_DB_PASSWORD=test \
wordpress:5.0.0-php7.2-apache
```

　　Docker 公开的另一个功能是能够将容器分配给特定的 CPU 集合。大多数现代硬件使用了多核 CPU，简单而言，CPU 有多少个内核，就可以并行处理多少条指令。当你在同一台计算机上运行多个进程时，这个功能特性特别有用。

　　CPU 在工作时，将会涉及进程的上下文切换。进程的上下文切换是指从执行一个进程变为执行另一个进程。上下文切换非常消耗系统资源，会对系统性能产生明显影响。在某些情况下，确保关键进程永远不会在同一组 CPU 内核上执行是非常必要的，因为这样可以减少关键进程的上下文切换。你可以通过在 docker container run 或 docker container create 命令中使用--cpuset-cpus 标识选项来限制容器仅在一组特定的 CPU 内核上运行。

　　可以通过强制指定计算机的内核并检查 CPU 工作负载来查看 CPU 设置是否生效，如下所示：

```
# 在单个 CPU 上启动容器并运行流量生成器
docker container run -d \
    --cpuset-cpus 0 \                                          限制容器运行在 CPU
    --name ch6_stresser dockerinaction/ch6_stresser            集合 0 上

# 通过启动容器来查看 CPU 上的负载情况
docker container run -it --rm dockerinaction/ch6_htop
```

　　在执行上面的第二条命令后，你将看到 htop 容器显示了正在运行的进程的列表以及可用 CPU 的工作负载情况。ch6_stresser 容器在 30 秒后停止运行，因此当启动 ch6_stresser 容器后，务必尽快启动 htop 容器。完成后，按 Q 键退出。在继续之前，请记住关闭并删除 ch6_stresser 容器：

```
docker rm -vf ch6_stresser
```

　　当我们第一次运行这个例子时，结果令人兴奋。为了更好地掌握这项功能，请赋予--cpuset-cpus 标识选项不同的值并重复运行这个示例。如果这样做，你将看到进程被分配给不同的 CPU 核心或核心组。结果会以列表或范围的形式展现，如下所示：
- 0、1、2——包含 CPU 前三个核心的列表。
- 0~2——包含 CPU 前三个核心的范围。

6.1.3　访问设备

设备是我们将要介绍的最后一种资源类型。控制对设备的访问不同于对内存和 CPU 进行限制。提供从容器内访问主机设备的权限更像是一种资源授权控制而不是限制。

Linux 系统具有各种设备，包括硬盘驱动器、光盘驱动器、USB 驱动器、鼠标、键盘、声音设备和网络摄像头。默认情况下，容器可以访问某些主机设备，对于其他不能默认访问的主机设备，需要 Docker 为每个容器创建专用设备才能访问。这类似于虚拟终端如何为用户提供专用的输入输出设备。

有时，在主机和特定容器之间共享设备很重要。假设正在运行需要访问网络摄像头的计算机视觉软件，此时需要把访问网络摄像头设备的权限授予运行视觉软件的容器；要完成这项工作，可以使用--device 标识选项来指定要挂载到容器的一台或一组设备。下面的示例会将摄像头/dev/video0 映射到新容器中相同的位置。注意，仅当在 /dev/video0 处确实有网络摄像头时，此例才有效：

```
docker container run -it --rm \
    --device /dev/video0:/dev/video0 \    ◁——— 挂载 video0
    ubuntu:16.04 ls -al /dev
```

以上命令中提供的设备值必须表明主机操作系统上的设备文件与容器内的位置之间的映射关系。--device 标识选项可以被设置多次，以对不同设备进行访问授权。

使用自定义硬件或专有驱动程序的用户会发现以这样的方式设置访问权限非常有用，更可取的方式则是修改主机操作系统。

6.2　共享内存

Linux 提供了一些用于在同一计算机上运行的进程之间共享内存的工具。这种形式的进程间通信(InterProcess Communication，IPC)将以内存级速度进行，当网络或基于管道的 IPC 相关的延迟大大影响软件性能时，通常会使用共享内存的 IPC 通信方式作为替代。基于共享内存的 IPC 方面的最佳示例是科学计算和一些流行的数据库技术，如 PostgreSQL。

Docker 默认为每个容器创建唯一的 IPC 命名空间。Linux IPC 命名空间则把共享内存基本单元划分为命名的共享内存块、信号量以及消息队列。不知道这些概念也没关系，只需要知道它们是 Linux 程序用来处理进程间通信的工具即可。IPC 命名空间可防止一个容器中的进程访问主机或其他容器中的内存。

在容器之间共享 IPC 基本单元

我们之前创建了一个名为 dockerinaction/ch6_ipc 的镜像,其中包含生产者进程和消费者进程,它们使用共享内存进行通信。在单独的容器中运行下面的示例,这有助于你更好地理解这个主题:

```
docker container run -d -u nobody --name ch6_ipc_producer \        启动生产者
    --ipc shareable \
    dockerinaction/ch6_ipc -producer

docker container run -d -u nobody --name ch6_ipc_consumer \        启动消费者
    dockerinaction/ch6_ipc -consumer
```

以上两个命令将启动两个容器。其中第一个命令创建消息队列并开始在其上广播消息,第二个命令从消息队列中读取消息并将消息写入日志。可以通过检查每个容器的日志来查看这两个容器分别做了什么,命令如下:

```
docker logs ch6_ipc_producer

docker logs ch6_ipc_consumer
```

请注意,启动的容器有问题。消费者进程永远不会在消息队列中看到任何消息。不管是生产者进程还是消费者进程,它们都使用相同的密钥来识别共享的内存资源,但是它们引用的是不同的内存,原因是每个容器都有自己的共享内存命名空间。

如果应用程序需要与不同容器中的程序通过共享内存进行通信,则需要使用--ipc标识选项将它们的 IPC 命名空间整合在一起。--ipc 标识选项采用容器的模式进行工作:在与另一个目标容器相同的 IPC 命名空间中创建新的容器,方式与第 5 章介绍的--network 标识选项一样。图 6.3 展示了多个容器与它们的命名空间共享内存池之间的关系。

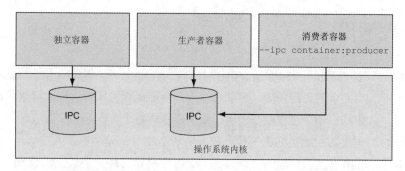

图6.3　三个容器以及它们共享的内存池，生产者和消费者共享同一个内存池

可使用以下命令测试整合的 IPC 命名空间：

```
docker container rm -v ch6_ipc_consumer      ←──┤ 删除原来的消费者容器

docker container run -d --name ch6_ipc_consumer \   ←──┤ 启动新的消费者
--ipc container:ch6_ipc_producer \   ←─┐             容器
dockerinaction/ch6_ipc -consumer       整合 IPC 命名
                                       空间
```

以上命令将重建消费者容器并重用 ch6_ipc_producer 容器(生产者容器)的 IPC 命名
空间。这一次，消费者进程能够访问和生产者进程共用的共享内存。可通过检查每个
容器的日志来查看效果，命令如下所示：

```
docker logs ch6_ipc_producer

docker logs ch6_ipc_consumer
```

在继续进行后面的操作之前，请记住清理运行中的容器，如下所示：

```
docker rm -vf ch6_ipc_producer ch6_ipc_consumer
```

- -v 选项用于清除卷。
- -f 选项用于停止容器，即使容器正在运行。
- rm 命令用于清理列表中的容器。

重用容器的共享内存命名空间具有明显的安全隐患。但是，如果真正需要，重用
也是可以的，毕竟在容器之间共享内存相比在容器与主机之间共享内存是更安全的选
择。使用--ipc=host 选项可以让容器与主机共享内存，但是，在现代的 Docker 发行版
中共享主机内存非常困难，因为这与 Docker 默认的容器安全状态相矛盾。

6.3 理解用户

Docker 默认以镜像元数据指定的用户身份启动容器，通常是 root 用户。root 用户对容器几乎拥有完全的访问权限，而以 root 用户身份运行的所有进程都将继承这些权限。因此，如果其中一个进程存在错误，则可能损坏整个容器。一些方法可用来控制损坏的程度，但是防止此类问题的最有效方法是不使用 root 用户。

实际上，也有看上去合理的例外情况：有时使用 root 用户是最佳或唯一的选择。例如，如果使用 root 用户构建镜像，那么在安装或运行时就没有其他选择，只能使用 root 用户。同样，有时需要在容器中运行系统管理软件，这不仅需要对容器的特权访问，还需要对主机操作系统的特权访问，因而也必须使用 root 用户。本节将介绍解决这些问题的方法。

6.3.1 使用运行时用户

在创建容器之前，最好能够知道默认情况下哪种用户名(和用户 ID)会被使用。默认用户由镜像指定，但是当前在 Docker Hub 上无法检查镜像的默认用户属性。通过 docker inspect 命令可以检查镜像的元数据，第 2 章曾经介绍过这个命令，回顾一下，docker inspect 子命令用于显示特定容器或镜像的元数据。从仓库拉取或创建镜像后，就可以使用以下命令获取容器的默认用户名：

```
docker image pull busybox:1.29                          显示 busybox 容器的所有元数据
docker image inspect busybox:1.29      ◄───

                                                        只展示 busybox 镜像
                                                        定义的运行时用户
docker inspect --format "{{.Config.User}}" busybox:1.29 ◄───
```

如果结果为空，容器将默认以 root 用户身份运行。如果不为空，则有两种情况：一是镜像的创建者专门指定了运行时用户，二是用户在创建容器时设置了运行时用户。--format 或-f 选项允许指定模板来格式化输出结果。在上面的例子中，用户选择输出文档配置属性中的用户字段。模板可以是任何有效的 Golang 语言模板，只要愿意使用，就可以使结果的展现更加定制化且有创意。

这种查看方法是有问题的，在镜像被用来创建容器的启动入口处，比如被称为引导脚本或初始化脚本的程序，运行时用户可能被改变，但是 docker inspect 命令返回的元数据仅仅是容器在被创建时依赖的镜像的初始配置。因此，如果运行时用户在脚本中被更改了，就不会在命令中反映出来。

　　当前，解决这个问题的唯一方法是查看镜像内部。可以在下载镜像文件后对其进行扩展，手动检查元数据和初始化脚本，但是这样做非常耗时且容易出错。从目前来看，最好的办法是进行简单的试验以确定默认用户。这可以解决上面示例中的第一个问题，但不能解决第二个问题：

输出：root 用户

```
docker container run --rm --entrypoint "" busybox:1.29 whoami
```

```
docker container run --rm --entrypoint "" busybox:1.29 id
```

输出：uid=0(root) gid=0(root) groups=10(wheel)

　　上面的两条命令可以确定镜像的默认用户(在本例中为 busybox:1.29)。在 Linux 发行版中，whoami 和 id 命令都是常用命令，因此它们基本在所有的镜像版本中都可用。id 命令更高级，因为 id 命令可以同时显示运行时用户的名称和 ID 等详细信息。这两个命令都会小心地设置容器的入口点，这将确保镜像名称之后的命令是由容器执行的。这些命令虽然不能替代一流的镜像元数据修改工具，但也可以完成工作。考虑图 6.4 中两个 root 用户之间的简短信息交换过程。

图 6.4　两个 root 用户之间的简短信息交换过程

　　如果在创建容器时才能更改运行时用户，则可以完全避免默认用户问题。然而奇怪之处就在于，为了能够使用这项功能，用户名必须首先存在于使用的镜像上。不同的 Linux 发行版附带不同的预定义用户，一些镜像作者还会缩小或扩充预定义用户的集合，所以不能保证运行时用户都在镜像上。可以使用以下命令获取镜像中可用用户的列表：

```
docker container run --rm busybox:1.29 awk -F: '$0=$1' /etc/passwd
```

　　我们不会在这里详细介绍 Linux 系统用户，但会进行简略说明，Linux 用户数据都存储在/etc/passwd 文件中。上面的命令能从容器文件系统读取该文件，并提取出用户名列表。一旦确定要使用的用户后，就可以使用指定的运行时用户创建新的容器。Docker 在 docker container run 和 docker container create 命令中提供了--user 或-u 标识选项以设置用户。查看以下示例，这条命令可以将用户设置为 nobody：

```
docker container run --rm \      将运行时用户设置为 nobody
    --user nobody \
    busybox:1.29 id
                                 输出：uid=65534(nobody) gid=65534(nogroup)
```

　　以上命令使用了 nobody 用户，nobody 用户是普通用户，并且被设计成在权限受到限制的场景中使用，例如使用 nobody 用户运行应用程序。使用 nobody 用户来解释这条命令只是举个例子，实际上此处可以使用镜像定义的任何用户，包括 root 用户。这条命令只是大概说明如何使用-u 或--user 标识选项，在实际运用时，这个标识选项可以接收任何用户与组的结对参数。注意，当通过名称指定用户时，名称将被解析为容器的 passwd 文件中相应的用户 ID(User ID，UID)。接下来，后续命令将通过 UID 进行操作，这引出另一个功能：--user 标识选项除接收用户名和组名的结对参数外，还接收 ID 信息，不管是 UID 还是 GID(Group ID)。当使用 ID 而不是名称时，命令如下所示：

```
docker container run --rm \      设置运行时用户为 nobody、运行时组为
    -u nobody:nogroup \          nogroup
    busybox:1.29 id
                                 输出：uid=65534(nobody) gid=65534(nogroup)

docker container run --rm \
    -u 10000:20000 \
    busybox:1.29 id              设置 UID 和 GID

                                 输出：uid=10000 gid=20000
```

上面的第二个命令可以启动一个新的容器，并同时将运行时用户和运行时组设置为容器中不存在的用户和组。当发生这种情况时，所有的 ID 不会被解析为用户名或组名，但是所有文件权限都被设置成就好像用户和组确实存在一样起作用。根据容器中打包的软件的配置方式，更改运行时用户可能会引发问题。但不管怎么说，这是一项强大的功能，可以简化应用程序权限的分配，并且解决文件读写的许可问题。

如果从受信任的仓库中提取镜像或构建自己的镜像，那么镜像中的运行时配置将是比较安全的。与任何标准 Linux 发行版一样，有些应用程序可能会进行恶意操作。例如，如果运行启用了 suid 的程序，就会将默认的非 root 用户转变为 root 用户，或在没有身份验证的情况下开放对 root 账户的访问权限。可以通过使用 6.6 节描述的自定义容器的安全性选项，特别是--security-opt no-new-privileges 选项，来减小 suid 这样的程序带来的威胁。但是，等到在交付流程中才解决该问题，显然已经比较晚了。就像完整的 Linux 主机一样，镜像也应按照最小权限原则加以分析和加固。幸运的是，可以专门构建 Docker 镜像来支持那些需要在其他内容都未加载的情况下运行的应用程序。第 7、8、10 章将介绍如何创建最小的应用程序镜像。

6.3.2　用户和卷

现在，你已经了解了容器内的用户如何与主机系统上的用户共享相同的用户 ID 空间。接下来，你需要了解它们两者之间的交互方式。进行这种交互的主要原因在于卷中文件的文件访问权限问题。例如，如果正在运行 Linux 终端，则可以直接在主机上使用 shell 命令；否则，需要使用 docker-machine ssh 命令从 Docker Machine 虚拟机中获取 shell 程序。

```
echo "e=mc^2" > garbage          ◁──┐ 在主机上创建新文件

chmod 600 garbage          ◁──┐ 为文件拥有者设置
                                 只读权限

sudo chown root garbage          ◁──┐ 把文件拥有者改为 root 用户
                                     (假设你拥有 sudo 权限)

docker container run --rm -v "$(pwd)"/garbage:/test/garbage \
   -u nobody \
      ubuntu:16.04 cat /test/garbage ◁──┐ 尝试使用 nobody 用户读取
                                          文件
docker container run --rm -v "$(pwd)"/garbage:/test/garbage \
   -u root ubuntu:16.04 cat /test/garbage ◁──┐ 尝试使用 container root 读取
# Outputs: "e=mc^2"                           文件
```

```
# cleanup that garbage
sudo rm -f garbage
```

在以上命令中，倒数第二个 docker 命令将会失败，并显示诸如 Permission denied 的错误消息；最后一个 docker 命令则执行成功，并且显示第一个 docker 命令创建的文件的内容。这意味着只要文件的所有者相同，那么卷中文件的访问权限在容器内部也适用，但同时这也反映出用户 ID 空间在主机和容器间是共享的，主机上的 root 用户和容器中的 root 用户的用户 ID 都是 0。因此，虽然容器中用户 ID 为 65534 的 nobody 用户无法访问主机上的 root 用户拥有的文件，但是容器中的 root 用户却可以。

除非希望容器可以访问某个文件，否则不要将这个文件以卷的方式挂载到容器中。

关于这个示例，从好的方面看，你已经知道了文件权限在主机和容器用户之间的交互方式，因而可以借此解决一些实际问题。例如，该如何处理写入卷的日志文件的权限？

如第 4 章所述，首选方法是使用卷。但是即使如此，也仍然需要仔细考虑文件所有权和访问权限问题。如果日志是以用户 ID 1001 运行的进程写入卷的，那么当另一个容器尝试以用户 ID 1002 访问文件时，访问可能会被阻止。

解决此问题的一种方法是管理用户 ID。有两种操作方式：一种是提前编辑镜像，将用户 ID 设置为后续真正运行容器的用户的 ID；另一种是直接使用所需的用户 ID 和组 ID(Group ID，GID)。

```
mkdir logFiles

sudo chown 2000:2000 logFiles        ◄──┐ 将目录所有者设置为期望的
                                         │ 用户和组

docker container run --rm -v "$(pwd)"/logFiles:/logFiles \  ◄──┐ 输出重要的
     ──►-u 2000:2000 ubuntu:16.04 \                             │ 日志文件
设置 UID:GID 为 2000:2000

    /bin/bash -c "echo This is important info > /logFiles/important.log"

docker container run --rm -v "$(pwd)"/logFiles:/logFiles \    ◄──┐ 从另一个容
    -u 2000:2000 ubuntu:16.04 \                                   │ 器向日志文
    /bin/bash -c "echo More info >> /logFiles/important.log"      │ 件添加内容

                                    设置 UID:GID 为 2000:2000  ──┘
sudo rm -r logFiles
```

执行以上命令后，你将看到文件被写入所有者 ID 为 2000 的目录中。不仅如此，任何对这个目录拥有写访问权的用户或组所在的容器都可以在该目录中写入或更改文件，以上技巧适用于读取、写入和执行文件。

UID 和文件系统的交互特别值得一提。默认情况下，可通过主机上位于/var/run/docker.sock 的 UNIX 域套接字访问 Docker 守护进程 API。UNIX 域套接字受文件系统权限保护，以确保只有 root 用户和 docker 组成员才能给它发送命令或从 Docker 守护进程检索数据。但是也有一些程序能够直接与 Docker 守护进程 API 进行交互，并且知道如何通过 Docker 守护进程 API 来检查或运行容器。

Docker 守护进程 API 的功能

docker 命令行程序几乎完全通过 API 与 Docker 守护进程进行交互。任何可以读写 Docker 守护进程 API 的程序都可以完成跟 docker 命令行程序一样的事情，只要这些程序受 Docker 的授权插件系统的约束就可以。

管理或监视容器的程序经常需要具有读取或写入数据到 Docker 守护进程端点的能力。通常，要读取或写入 Docker 守护进程 API，程序需要具备两个前提条件：一是由具有读取或写入 docker.sock 套接字权限的用户或组运行管理程序；二是将/var/run/docker.sock 套接字挂载到容器中。

```
docker container run --rm -it
    -v /var/run/docker.sock:/var/run/docker.sock:ro \
    -u root monitoringtool
```

将主机上的 docker.sock 套接字以只读文件的形式绑定到容器

容器以 root 用户身份运行程序，从而与主机上的文件访问权限保持一致

上面的示例展示了享有访问特权的程序通常采用的做法。你应该特别注意系统中的哪些用户或程序可以控制 Docker 守护进程，用户或程序如果控制着 Docker 守护进程，就可以有效地控制主机上的 root 账户，并且能够运行任何程序或删除任何文件。

6.3.3　用户命名空间和 UID 重映射

Linux 的用户(USR)命名空间能够将一个命名空间中的用户映射到另一个命名空间中的用户。用户命名空间的操作类似于进程标识符(PID)命名空间，其容器 UID 和 GID 是从主机的默认用户列表中划分出去的。

默认情况下，Docker 容器不使用 USR 命名空间，这意味着以用户 ID(数字而非名称)运行的容器，对主机文件拥有的权限与主机上拥有相同 ID 的用户的权限相同。不用担心，这不是问题。在容器内，有效的文件系统一旦被挂载成功，在容器内进行的更改都将最终被保留在容器的文件系统内，但这确实会影响在容器之间或容器与主机

之间共享文件的卷。

为容器启用用户命名空间后,容器的UID将被映射到主机上的一系列非特权UID。操作人员可通过为 Linux 中的主机定义 subuid 和 subgid 映射并配置 Docker 守护进程的 userns-remap 选项来激活用户命名空间的重映射功能。映射的主要目的是确定主机上的用户 ID 如何与容器命名空间中的用户 ID 对应。例如, UID 重映射任务被配置为将容器 UID 映射到以主机 UID 5000 开始,直到后 1000 个 UID 这一范围区间。结果是,容器中的 UID 0 将被映射到主机 UID 5000,容器 UID 1 将被映射到主机 UID 5001,依此类推,直到 1000 个 UID 都被映射完。从 Linux 的角度看,由于 UID 5000 是非特权用户,没有修改主机系统文件的权限,因此大大降低了在容器中以 uid=0 运行程序的风险。即使容器中的进程从主机处获取了文件或其他资源,该进程也将作为重新映射的 UID 运行,并没有权限对获取的资源执行越权操作,除非操作人员明确授予容器进程相应的权限。

用户命名空间重映射对于解决诸如读写卷的文件权限问题特别有用。让我们看一个示例:在启用了用户命名空间的容器中,进程在以 UID 0 运行的容器之间共享文件系统。在本例中,我们假设 Docker 使用了以下设置:

- (默认)dockremap 用户,用于重新映射容器的 UID 和 GID 范围。
- /etc/subuid 中的 dockremap:5000:10000,用于提供从 5000 开始的 10 000 个 UID。
- /etc/subgid 中的 dockremap:5000:10000,用于提供从 5000 开始的 10 000 个 GID。

首先,检查主机上 dockeremap 用户的用户 ID 和组 ID。然后,创建如下由重映射的容器 UID 0(主机 UID 5000)拥有的共享目录:

```
# id dockremap          ◁──┐ 检查主机上 dockremap 用户的用户
                            │ ID 和组 ID
uid=997(dockremap) gid=993(dockremap) groups=993(dockremap)
# cat /etc/subuid
dockremap:5000:10000
# cat /etc/subgid
dockremap:5000:10000
# mkdir /tmp/shared                        将 shared 目录的所有者改为容器
# chown -R 5000:5000 /tmp/shared   ◁──     UID 为 0 的用户
```

现在使用 root 用户运行容器:

```
# docker run -it --rm --user root -v /tmp/shared:/shared -v /:/host alpine ash
/ # touch /host/afile                                    /host 挂载点属于
touch: /host/afile: Permission denied                    主机上 UID 和
/ # echo "hello from $(id) in $(hostname)" >> /shared/afile   GID 为 0:0 的用
                                                         户,写限被禁止
```

```
/ # exit
# back in the host shell # ls -la /tmp/shared/afile
-rw-r--r--. 1 5000 5000 157 Apr 16 00:13 /tmp/shared/afile
# cat /tmp/shared/afile
hello from uid=0(root) gid=0(root) groups=0(root),1(bin),2(daemon),
    3(sys),4(adm),6(disk),10(wheel),11(floppy),20(dialout),26(tape),
    27(video) in d3b497ac0d34
```

/tmp/shared 目录的所有者是主机上 UID 和
GID 为 5000:5000 的非特权用户

写权限允许容器中 root 用户的
UID 为 0

以上示例说明了在容器中使用用户命名空间时对主机文件系统访问造成的影响。用户命名空间对于加强应用程序的安全性非常有用，特别是当这些程序需要以特权用户身份在容器之间运行时，以及在容器之间共享数据时。在创建或运行容器时，可以禁用每个容器的用户命名空间重映射功能，使其按照默认模式运行。请注意，用户命名空间功能与某些系统可选功能(例如 SELinux 或特权容器)不兼容。有关使用用户命名空间重映射功能来设计和实现 Docker 配置的更多详细信息，请查阅 Docker 网站上的安全文档。

6.4 根据功能集调整操作系统功能访问范围

Docker 可以调整容器的授权以使用操作系统的各项功能。在 Linux 中，这些功能授权称为功能集，随着功能的原生支持从 Linux 扩展到其他操作系统，其他系统后端也需要支持功能集。功能集的特点是，每当进程尝试进行初始系统调用(例如打开网络套接字)时，系统都会检查进程的功能集是否包含所需的功能。如果进程包含所需的功能，调用将成功，否则将失败。

创建新容器时，Docker 几乎会删除功能集中的所有功能，只保留那些对于运行大多数应用程序必需且安全的功能。这进一步将运行进程与操作系统的管理功能区分开来。下面是 37 种已删除功能的部分示例，你也许可以猜到它们被删除的原因。

- SYS_MODULE：插入/删除核心模块。
- SYS_RAWIO：修改核心内存。
- SYS_NICE：修改进程优先级。
- SYS_RESOURCE：覆盖资源限制条件。
- SYS_TIME：修改系统时钟。
- AUDIT_CONTROL：配置审计子系统。
- MAC_ADMIN：配置物理地址选项。

- SYSLOG：修改核心打印行为。
- NET_ADMIN：配置网络。
- SYS_ADMIN：管理功能集。

提供给 Docker 容器的默认功能集已经合理地减少了一些功能，但有时还需要进一步添加或减少功能。例如，功能 NET_RAW 可能很危险，如果谨慎一些，可以从功能集中删除 NET_RAW 功能。通过使用 docker container create 或 docker container run 命令的--cap-drop 标识选项，可以从容器中删除功能。首先，打印计算机上运行的容器化进程的默认功能集，注意 NET_RAW 功能在功能集中：

```
docker container run --rm -u nobody \
    ubuntu:16.04 \
    /bin/bash -c "capsh --print | grep net_raw"
```

现在，启动容器时将删除 NET_RAW 功能。之后，执行 grep 命令时将找不到字符串 NET_RAW。由于 NET_RAW 功能已被删除，因此没有输出：

```
docker container run --rm -u nobody \
    --cap-drop net_raw \                    ◁——— 删除 NET_RAW 功能
    ubuntu:16.04 \
    /bin/bash -c "capsh --print | grep net_raw"
```

在 Linux 文档中，你经常会看到以大写字母形式命名并以 CAP_作为前缀的功能。如果将这些带着前缀的功能提供给功能管理系统，前缀将不起作用。实际上，使用不带前缀的小写形式的名称就足够了。

与--cap-drop 标识选项的用法类似，--cap-add 标识选项用于添加功能。如果出于某种原因需要添加 SYS_ADMIN 功能，可以使用以下命令：

```
docker container run --rm -u nobody \
    ubuntu:16.04 \
                                              SYS_ADMIN 功能不在
    /bin/bash -c "capsh --print | grep sys_admin"◁——| 功能集中

docker container run --rm -u nobody \         增加 SYS_ADMIN 功能
  --cap-add sys_admin \                        ◁———
  ubuntu:16.04 \
  /bin/bash -c "capsh --print | grep sys_admin"
```

与其他容器创建选项一样，也可以多次指定--cap-add 和--cap-drop 标识选项来分别添加或删除多个功能。这两个标识选项用于构建合适的容器，并使其中的进程具有足够安全且正确的功能集。例如，你也许希望以 nobody 用户身份运行网络管理守护进程，并将 NET_ADMIN 功能赋给 nobody 用户，而不是直接以 root 用户身份在主机或特权容器上运行。如果想知道容器中是否添加或删除了某些功能，可以检查容器并打印输出.HostConfig.CapAdd 和.HostConfig.CapDrop 成员属性。

6.5　以完全特权运行容器

当需要在容器中运行系统管理任务时，可以授予容器对计算机的访问特权。特权容器能保持容器的文件系统和网络隔离特性，具有对共享内存和主机设备的完全访问权限，同时拥有完整的系统功能。你可以执行一些有趣的任务，包括在特权容器中运行 Docker。

特权容器在大部分情况下用于系统管理。例如，假设在某种环境中，根文件系统是只读的，要么不允许在容器外部安装软件，要么不能直接访问主机上的 shell 程序，但这时需要运行程序来调整操作系统(比如负载均衡之类的任务)，该怎么办？如果此时拥有在主机上运行容器的权限，那就可以简单地在特权容器中运行程序，调整相应的操作系统参数。

如果发现只能通过降低特权容器的隔离程度才能解决问题，请在 docker container create 或 docker container run 命令中使用--privileged 标识选项，如下所示：

```
docker container run --rm \
    --privileged \
    ubuntu:16.04 id          ◁──── 检查用户 ID

docker container run --rm \
    --privileged \
    ubuntu:16.04 capsh --print  ◁──── 检查 Linux 功能集

docker container run --rm \
    --privileged \
    ubuntu:16.04 ls /dev     ◁──── 检查挂载的设备

docker container run --rm \
    --privileged \
    ubuntu:16.04 networkctl  ◁──── 检查网络配置
```

执行以上工具后，特权容器仍被部分隔离，容器的网络命名空间仍将有效。如果希望完全拆除网络命名空间，可以将命令与--nethost 标识选项结合在一起使用。

6.6 使用增强的工具加固容器

Docker 使用合理的默认配置和配套完善的工具集来简化操作并推广最佳实践方案。大多数现代 Linux 内核都启用了 seccomp 配置文件，而 Docker 默认的 seccomp 配置文件会阻止大多数程序不需要的 40 多个内核系统调用(syscall)。如果还有其他工具，那么可以继续增强 Docker 构建的容器，这些用来增强容器的工具包括自定义的 seccomp 配置文件、AppArmor 和 SELinux。

在上面提到的工具中，每一种都需要用一整本书进行介绍。不同的工具在使用时有一些细微差别，并且都有各自的优点和必需的技能集。想要使用好它们，你需要付出非常多的努力，但绝对值得。由于 Linux 发行版有差别，对这些工具的支持也不尽相同，因此为了在计算机上使用它们，你可能需要多做一些工作，然而一旦调整好主机配置，Docker 集成就会变得更加简单。

安全研究

信息安全领域是复杂且不断发展的。当聆听信息安全专业人员之间的公开对话时，我们很容易感到不知所措。这些专家通常是技术娴熟并接受过高度专业训练的人，与一般的开发人员或用户相比，他们具有不同的领域知识和技能。如果你能从开放的信息安全对话中获得一些感受，那一定是在系统安全性和用户需求之间取得了平衡。

如果你是这个领域的新手，那么在聆听专家间的对话之前，最好先从相关文章、论文、博客和书籍开始，这将使你有机会消化某个角度的观点并获得深刻的见解，然后转向另一角度的观点。当你有机会形成自己的见解和观点时，这些对话将变得更有价值。

我们很难只通过阅读一篇论文或学习一点知识，就找到构建坚实方案的最佳方法。无论考虑多么周到，系统都将不断发展以包括来自多方面的改进。你所能做到的最好的事情就是尽力掌握每种工具并持续学习。不必对某些高级工具感到恐惧，而应该坚信付出的努力将是值得的，"工欲善其事，必先利其器"，掌握工具后可以更充分地使用系统。

Docker 并不是完美的解决方案，有人甚至会说 Docker 连安全工具都算不上。但是 Docker 提供的改进相比那些由于成本而放弃任何隔离的替代方案而言要好得多。如果已经读到这里，也许你愿意进一步探讨这些主题。

指定其他安全选项

Docker 提供了--security-opt 标识选项，用于指定配置 Linux 的 seccomp 和 Linux 安全模块(Linux Security Modules，LSM)的功能选项。通过多次设置 docker container run 和 docker container create 命令的--security-opt 标识选项，可以传递多个值。

seccomp 负责配置某个进程可以激活的 Linux 系统调用。Docker 默认的 seccomp 配置文件在默认情况下会阻止所有系统调用，然后显式地允许 260 个以上的系统调用 被大多数程序安全使用。其中 44 个被 seccomp 阻止的系统调用对于普通程序来说是不必要的或不安全的(例如 unshare，它用于创建新的命名空间)，并且不能被命名空间使用(例如 clock_settime，它用于设置机器的时间)。本书不建议更改 Docker 默认的 seccomp 配置文件。如果默认的 seccomp 配置文件过于严格或过于宽松，那么可以将 自定义的配置文件指定为安全选项：

```
docker container run --rm -it \
    --security-opt seccomp=<FULL_PATH_TO_PROFILE> \
    ubuntu:16.04 sh
```

在以上命令中，<FULL_PATH_TO_PROFILE>是 seccomp 配置文件的完整路径，seccomp 配置文件定义了容器允许的系统调用。GitHub 上的 Moby 项目在 profile/seccomp/ default.json 文件中包含了 Docker 默认的 seccomp 配置文件，基于这一点，default.json 文件可用作初始的自定义配置文件。使用特殊值 unconfined 可禁止对容器使用 seccomp。

Linux 安全模块(LSM)是用来作为 Linux 操作系统和安全程序之间接口层的框架。AppArmor 和 SELinux 作为 LSM 的供应者，两者都提供强制的访问控制或 MAC(系统定义访问规则)，并且可以替换标准的 Linux 自由访问控制(由文件所有者定义访问规则)。

LSM 安全选项可以采用下面的七种格式之一：

- 为防止容器在启动后获得新的特权，请使用 no-new-privileges。
- 要设置 SELinux 用户标签，请使用 label=user:<USERNAME>格式，其中 <USERNAME>是要用于标签的用户名。
- 要设置 SELinux 角色标签，请使用 label=role:<ROLE>格式，其中<ROLE>是 要应用于容器中进程的角色名。
- 要设置 SELinux 类型标签，请使用 label=type:<TYPE>格式，其中<TYPE>是 容器中进程的类型名。

- 要设置 SELinux 级别的标签，请使用 label：level：\<LEVEL\>格式，其中\<LEVEL\>是容器中的进程应运行的级别。级别按照低-高对的形式指定。如果只提供低级别缩写，SELinux 会将范围解释为单级别。
- 要禁用容器的 SELinux 标签限制，请使用 label=disable 格式。
- 要将 AppArmor 配置文件应用到容器，请使用 apparmor = \<PROFILE\>格式，其中\<PROFILE\>是要使用的 AppArmor 配置文件的名称。

从以上内容可以猜到，SELinux 是一种标记系统。一组称为上下文的标签被应用于每个文件和系统对象，而一组相似的标签则被应用于每个用户和进程。运行时，当进程尝试与文件或系统资源进行交互时，将进程上下文标签集与系统中的规则一一比对，比对的结果决定了是允许还是阻止进程与资源之间的交互。

以上七种格式中的最后一种用来设置 AppArmor 配置文件。AppArmor 经常被用来替代 SELinux。因为 AppArmor 使用文件路径而不是标签，并且 AppArmor 具有训练模式，可根据观察到的应用程序行为来被动地构建配置文件，这些差异通常被认为是 AppArmor 更易于使用和维护的原因。

到目前为止，已经有一些免费的和商用的软件用来监视应用程序的执行并为应用程序定制配置文件。这些工具可帮助操作人员收集来自测试和生产环境的实际运行数据，并随后创建有效的配置文件。

6.7　构建适合用例的容器

容器是贯穿各个领域的焦点。有太多的理由和方法让人们不得不尝试使用容器，因此重要的是，当使用 Docker 构建容器时，请一定花些时间了解 Docker，以按照最适合软件运行的方式进行操作。

最安全的策略是构建最孤立的容器，并根据实际情况逐步减弱那些限制条件。在现实生活中，相比积极行动，人们往往显得更加保守。因此，我们认为 Docker 通过使用默认的容器构造达到了最佳效果：提供合理的默认配置，而不会影响用户的工作效率。

默认情况下，Docker 容器不是被隔离最彻底的组件，而且 Docker 也不需要增强默认的隔离状态。但是需要的话，Docker 却允许减弱容器的隔离程度甚至去除隔离。Docker 的这种特性使其成为一种人们更愿意使用的工具。对于那些不想在生产环境中做傻事的人，Docker 提供了简单的接口来增强容器隔离。

6.7.1　应用程序

应用程序是我们使用计算机的全部原因。然而大多数应用程序是由其他人编写的，可能用来处理潜在的恶意数据。想一想 Web 浏览器，是不是就符合以上标准？

Web 浏览器几乎是每台计算机上都会安装的一种应用程序，有了 Web 浏览器，人们得以与网页、图像、脚本、嵌入式视频、Flash 文档、Java 应用程序以及其他互联网内容进行交互。当然，并不是你创建了所有这些内容，而且大多数人都不是 Web 浏览器项目的参与者。那么，你如何信任 Web 浏览器能够正确处理所有这些内容？

一些读者可能会忽略这个问题。毕竟，能够发生的最糟糕的事情是什么？攻击者最多控制了 Web 浏览器(或其他应用程序)，随之他们获得应用程序的所有功能及用户权限。他们可能破坏计算机，删除文件，安装其他恶意软件，甚至以你的计算机为起点对其他计算机发起攻击。因此，忽略这个问题绝不是件好事，问题仍然存在：当你需要承担这种风险时，该如何保护自己？

最好的方法是隔离运行程序的风险。首先，确保应用程序以权限受到限制的用户身份运行，这样即使出现问题，应用程序也无法更改计算机上的文件。其次，限制浏览器的系统功能，这样可以确保系统配置更安全。接下来，限制应用程序可以使用的 CPU 和内存额度，限制应用程序的资源占用有助于保留资源给系统，从而在关键时刻保证系统的响应速度。最后，最好将可以访问的设备列入白名单，从而使你的网络摄像头、USB 设备等不被窥探。

6.7.2　高层的系统服务

高层的系统服务与应用程序有所不同，它们不是操作系统的一部分，但是运行时计算机必须确保它们已启动并处于运行状态。这些工具通常与操作系统外部的应用程序结合使用，它们为用户和系统中的其他软件提供了重要的功能，但是它们通常需要有操作系统的访问特权才能正常运行，包括 cron、syslogd、dnsmasq、sshd 和 docker 等工具都是如此。

即便不熟悉这些工具(希望不是全部)，也没有什么关系。它们主要执行以下这些任务：保留系统日志、运行计划命令、提供安全的 shell 程序以及使用 docker 命令管理容器等。

尽管以 root 用户身份运行服务很常见，但实际上只有很少的情况需要用到 root 用户权限。作为对策，考虑将系统服务容器化，这样就可以使用容器功能集来调整访问所需的权限。

6.7.3 低层的系统服务

低层的系统服务控制着设备或系统网络协议栈之类的组件。它们通常需要有系统组件的访问特权(例如，防火墙软件需要有网络协议栈的管理访问权)。

在实际的生产环境中，我们很少看到低层的系统服务在容器中运行。文件系统管理、设备管理和网络管理等低层的系统服务是主机的核心关注点，而预期在容器中运行的大多数软件都是可移植的。因此，像前面所说的和主机强相关的低层的系统服务不适合使用容器。

最好的例外是短期运行的容器配置。例如，在所有部署都使用 Docker 镜像和容器进行的环境中，你希望以与推送软件相同的方式推送网络协议栈的更改，该如何操作呢？在这种情况下，可以将带有配置的镜像推送到主机，并使用特权容器进行更改。风险在这样的操作中反而降低了，因为要推送的配置由你本人编写，而特权容器不会长时间运行，并且类似的更改易于审计。

6.8 本章小结

本章介绍了 Linux 提供的隔离功能，并讨论了 Docker 如何使用这些功能来构建可配置的容器。掌握了这些知识后，你将能够自定义容器隔离功能并将 Docker 用于各种用例。学完本章后，你需要掌握以下内容：

- Docker 使用了 cgroup，后者使用户可以设置内存限制、CPU 权重和核心限制条件，并且限制对特定设备的访问权限。
- 每个 Docker 容器都有自己的 IPC 命名空间，可以与其他容器或主机共享 IPC 命名空间，以便通过共享内存进行通信。
- Docker 支持隔离 USR 命名空间。默认情况下，容器内的用户 ID 和组 ID 等同于主机上相同的 ID。当启用用户命名空间后，容器中的用户 ID 和组 ID 将重新映射为主机上不存在的 ID。

- 你可以并且应该在 docker container run 和 docker container create 命令中使用-u
  选项，从而以非 root 用户身份运行容器。
- 应尽可能避免在特权模式下运行容器。
- Linux 功能集提供了操作系统功能授权。Docker 放弃了某些功能，以提供合理
  的隔离默认值。
- 可以使用--cap-add 和--cap-drop 标识选项设置想要授予容器的功能。
- Docker 提供了用于简单地集成增强隔离技术的工具，例如 seccomp、SELinux
  和 AppArmor，这些都是安全意识强的 Docker 使用者应该大力研究的强大
  工具。

打包软件进行分发

Docker 用户不可避免地需要创建镜像。有时，用户所需的软件未打包在镜像中；而有时，用户需要使用镜像中未启用的特性。本书的第 II 部分将帮助你了解如何生成、自定义和特殊化想要使用 Docker 部署或共享的镜像。

第7章

将软件打包到镜像中

本章内容如下：
- 手动形式的镜像构建及实践
- 从打包角度探究镜像
- 使用平面镜像
- 镜像版本控制的最佳实践

本章旨在帮助你理解镜像设计的重要关注点、学习镜像的构建工具以及一些高级的镜像模式。你将通过一个详尽的真实示例来学习这些知识。在开始本章的学习之前，你最好能够深刻理解本书第 I 部分介绍的那些概念。

构建 Docker 镜像有两种方式：一是通过修改容器中的现有镜像来构建镜像；二是定义并执行 Dockerfile 脚本以构建镜像。本章重点介绍手动更改镜像的过程、镜像操作的基本机制以及最终生成的产品。第 8 章将重点介绍 Dockerfile。

7.1　从容器构建镜像

如果已经熟悉容器的使用，那么可以很容易开始构建镜像。请记住，联合文件系统(Union File System，UFS)挂载点提供了容器的文件系统。对容器内文件系统所做的所有更改都将被写入容器拥有的文件层。

在使用真实软件之前，下面通过"Hello,World"示例详细介绍从容器构建镜像时典型的工作流程。

7.1.1　打包"hello,world"程序

从容器构建镜像的典型工作流程包括三个步骤。第一步是从现有镜像创建容器，注意选择的镜像应该是后续希望包含在新的成品镜像中的原始镜像。另外，还要选择相应的工具，以便对选择的镜像进行更改。

第二步是修改容器的文件系统，并将更改写入容器的联合文件系统(UFS)的新层级。如果对这些概念有些陌生，没关系，在本章的后面，我们还将重新回顾镜像、层级和仓库之间的关系。

完成更改后，最后一步就是提交所做的更改。接下来就可以根据新的镜像创建容器了。

图 7.1 展示了上述工作流程。

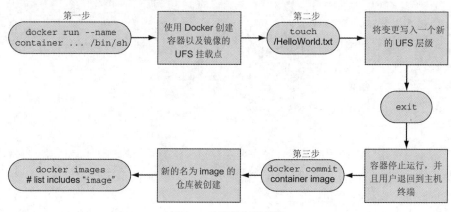

图 7.1　从容器创建镜像

记住上面这些步骤，然后使用以下命令创建名为 hw_image 的新镜像：

```
docker container run --name hw_container \
    ubuntu:latest \
    touch /HelloWorld        ⟵  修改容器中的文件

docker container commit hw_container hw_image     ⟵ 将更改提交给新的镜像

docker container rm -vf hw_container     ⟵
                                            删除被修改的容器
docker container run --rm \
    hw_image \
    ls -l /HelloWorld     ⟵  检查新容器中的文件
```

这些步骤看起来非常简单，但你应该意识到随着创建的镜像变得更加复杂，创建过程也的确会变得更加困难，不过基本步骤始终是相同的。既然已经知晓了工作流程，下面尝试使用真实的软件来构建镜像。

7.1.2　准备打包 Git 程序

Git 是当前流行的分布式版本控制工具，关于 Git 的知识可以写一整本书。如果还不熟悉 Git，我们建议你花些时间学习如何使用它。不过，目前你只需要知道 Git 是一个示例程序，将要被安装到 Ubuntu 镜像即可。

为了开始构建自己的镜像，你需要做的第一件事是从适当的基础镜像中创建容器，如下所示：

```
docker container run -it --name image-dev ubuntu:latest /bin/bash
```

上面这条命令将启动一个用于运行 bash shell 的新容器。在提示符后，你可以发出命令以自定义容器。Ubuntu 系统随附了用于安装软件的 Linux 工具 apt-get，这对于获取将要打包到 Docker 镜像中的软件非常有用。现在，你应该有了在容器上运行的交互式 shell 程序。接下来，可以在容器中安装 Git 程序了，执行以下命令，实施安装操作：

```
apt-get update
apt-get -y install git
```

上面的两条命令将告诉 APT 下载并安装 Git，此外还将安装 Git 在容器的文件系统中的所有依赖项。完成安装后，可以通过运行 git 程序来验证安装结果，如下所示：

```
git version
# Output something like:
# git version 2.7.4
```

像 apt-get 这样的自动打包工具，使安装和卸载软件相比手动操作容易了许多。但是它们没有为安装的软件提供隔离措施，这经常导致依赖项发生冲突。不过可以确定的一点是，在容器外部安装的软件不会影响在容器内安装的 Git 版本。既然已经为 Ubuntu 容器安装了 Git，那么只需要使用 exit 命令退出容器即可：

```
exit
```

退出容器后，容器将停止运行，但仍然保留在本地计算机上。Git 被安装在 ubuntu:
latest 镜像之上的文件层，但现在有个问题：如果你马上就要离开并在几天后返回，那
么如何才能确切地知道基础镜像发生了哪些更改呢？通常在打包软件时，查看容器中
已修改文件的列表十分有用。

7.1.3 查看文件系统的更改项

Docker 能够列出容器中文件系统的所有更改项，包括添加、修改或删除的文件和
目录。如果要查看使用 apt-get 命令安装 Git 时对容器所做的更改，请执行 diff 子命令，
如下所示：

```
docker container diff image-dev
```

在执行结果中，以 A 开头的行表示文件是新增的，以 C 开头的行表示文件发生了
更改，以 D 开头的行表示文件被删除了。显而易见，使用 APT 工具安装 Git 时对容器
进行了几处更改，下面通过具体示例加以展示。

```
docker container run --name tweak-a busybox:latest touch /HelloWorld  ◁
docker container diff tweak-a                    添加新文件到 busybox 镜像中
# Output:
# A /HelloWorld


docker container run --name tweak-d busybox:latest rm /bin/vi  ◁
docker container diff tweak-d                  从 busybox 镜像中删除现有的文件
# Output:
# C /bin
# D /bin/vi


docker container run --name tweak-c busybox:latest touch /bin/vi  ◁
docker container diff tweak-c                  修改 busybox 镜像中的现有文件
# Output:
# C /bin
# C /bin/busybox
```

始终记住，展示结束后一定要清理工作区，如下所示：

```
docker container rm -vf tweak-a
```

```
docker container rm -vf tweak-d
docker container rm -vf tweak-c
```

你已经看到了对容器文件系统所做的更改,现在可以将更改提交给新的镜像了。与大多数事务一样,提交工作涉及一条需要执行多个任务的命令。

7.1.4 提交新的镜像

使用 docker container commit 命令根据修改后的容器创建镜像,并且在命令中使用标识选项-a 为镜像设置作者的信息,这是一项最佳实践。另外,你还应该始终使用-m 标识选项来设置提交动作的备注消息。接下来,从安装了 Git 的 image-dev 容器中创建一个新的镜像,并将其命名为 ubuntu-git,如下所示:

```
docker container commit -a "@dockerinaction" -m "Added git" \
    image-dev ubuntu-git
# Outputs a new unique image identifier like:
# bbf1d5d430cdf541a72ad74dfa54f6faec41d2c1e4200778e9d4302035e5d143
```

提交镜像后,镜像应显示在计算机上已安装的镜像列表中。执行 docker images 命令,输出结果应包含以下行:

```
REPOSITORY TAG    IMAGE ID    CREATED       VIRTUAL SIZE
ubuntu-git latest bbf1d5d430cd 5 seconds ago 248 MB
```

为确保新的镜像能够正常工作,下面在新建的容器中测试 Git,看看运行是否正确:

```
docker container run --rm ubuntu-git git version
```

现在,你已基于原始的 Ubuntu 镜像创建了一个安装有 Git 的新镜像。这是很好的开始,但是如果忽略命令覆盖场景,将会发生什么?尝试执行以下命令并找出结果:

```
docker container run --rm ubuntu-git
```

当执行以上命令时,似乎什么事情都没有发生,这是因为启动原始容器时使用的命令已与新镜像一起提交,用于启动新容器的命令也是/bin/bash。当使用默认的 docker container run 命令从新镜像创建容器时,将使用/bin/bash 命令启动 shell 程序并立即退出。可以看出，执行这条默认命令并不会产生实际效果。

　　ubuntu-git 镜像的用户都不希望每次启动容器时手动调用 Git，鉴于此，最好将镜像的入口点设置为 Git。入口点是容器启动时将自动执行的程序，在这个示例中，设置入口点为 Git 后，每次启动容器时 Git 程序将自动启动。如果未设置入口点，将直接执行默认命令；如果设置了入口点，默认命令将作为参数传递给入口点。

　　为了设置入口点，需要创建一个带有--entrypoint 标识选项的新容器，并以这个容器为基础创建一个新的镜像：

```
docker container run --name cmd-git --entrypoint git ubuntu-git  ◄─┐
                                                    在显示标准的 Git 帮助信息后退出
docker container commit -m "Set CMD git" \
    -a "@dockerinaction" cmd-git ubuntu-git  ◄──── 使用相同的名称提交新的镜像


docker container rm -vf cmd-git  ◄─── 清理容器


docker container run --name cmd-git ubuntu-git version  ◄──── 测试
```

　　容器的入口点现在已设置为 Git，用户不再需要在容器启动命令的最后输入程序名称了。在此例中，设置入口点似乎只能节省一点时间，但考虑到人们使用的许多工具并不那么简洁，设置入口点在很多情况下能够节省大量的时间。设置入口点能够使人们更易于使用镜像并将其集成到项目中。

7.1.5　配置镜像属性

　　当使用 docker container commit 命令时，也会将新的文件层提交到镜像。文件系统快照是本次提交中包含的内容，但并不是唯一的内容，新的文件层中还包括描述执行上下文的元数据(实际上每个文件层都有)。在创建容器时可以设置的所有参数中，以下参数是随新创建的镜像一起发布的：
- 所有的环境变量
- 工作目录
- 暴露的端口集合
- 所有的卷定义
- 容器的入口点
- 命令和参数

如果这些参数的值没有进行专门设置，它们将继承原始镜像中的属性值。本书的第 I 部分介绍了所有这些参数，因此不再赘述。但是，下面两个示例对你很有价值。考虑第一个示例，它在启动容器的过程中专门引入了两个环境变量，如下所示：

```
docker container run --name rich-image-example \
  -e ENV_EXAMPLE1=Rich -e ENV_EXAMPLE2=Example \   ←  创建环境变量
  busybox:latest

docker container commit rich-image-example rie   ←   提交变更给镜像

docker container run --rm rie \                      输出 Rich Example
    /bin/sh -c "echo \$ENV_EXAMPLE1 \$ENV_EXAMPLE2"  ←
```

接下来考虑另一个示例，它将创建一个新的容器，并在上一个示例的基础上引入入口点和定制化的命令作为新的文件层，如下所示：

```
docker container run --name rich-image-example-2 \   设置默认的入口点
    --entrypoint "/bin/sh" \                        ←
    rie \                                              设置默认命令
    -c "echo \$ENV_EXAMPLE1 \$ENV_EXAMPLE2"   ←

docker container commit rich-image-example-2 rie   ←——  提交镜像

docker container run --rm rie   ←—  命令不同，但输出相同
```

这个示例在原有容器 BusyBox 的基础上构建了两个附加的文件层，这里没有更改容器中的文件，而是改变了容器的行为，这是因为容器的上下文元数据已发生变更。更改包括在第一个新的文件层中增加两个环境变量，很明显这两个环境变量转而由第二个新的文件层继承，然后在第二个新的文件层中设置了容器的入口点和默认命令。最后使用新的镜像创建容器并运行，但是不指定其他操作，显然，先前定义的容器行为已被新的容器继承。

你已经了解了如何修改镜像，花点时间深入研究镜像和层级的机制也是值得的，这能帮助你在实际工作中构建高质量的镜像。

7.2　深入研究 Docker 镜像和层级

至此，你应该已经构建了一些镜像。在上面的示例中，可首先从诸如 ubuntu:latest 或 busybox:latest 的镜像创建容器，然后对容器中的文件系统或上下文环境进行更改，最后使用 docker container commit 命令提交所有的变更并产生新的镜像，一切似乎都可以正常工作。深刻理解容器的文件系统如何工作，理解 docker container commit 命令实际的工作方式，将能够帮助你成为更优秀的镜像作者。本节将深入探讨这些主题，并说明它们对镜像作者产生的影响。

7.2.1　探索联合文件系统

深入理解联合文件系统对于镜像作者很重要，原因有以下两个：

- 镜像作者需要知道添加、修改和删除文件对新生成的镜像的影响。
- 镜像作者需要对层级间的关系以及层级与镜像、仓库、标签之间的关系有深入的了解。

考虑一个简单的例子。假设要对现有的镜像 ubuntu:latest 进行一次更改，将名为 mychange 的文件添加到根目录。执行以下命令：

```
docker container run --name mod_ubuntu ubuntu:latest touch /mychange
```

以上命令创建的容器(名为 mod_ubuntu)将被停止，但是会将增加的文件写入 mod_ubuntu 容器文件系统。正如第 3 和 4 章所讨论的，根文件系统由启动容器的镜像提供，并且根文件系统是通过联合文件系统实现的。

联合文件系统由层级组成。每次对联合文件系统进行更改时，变动的部分都会被记录到包含其他改动的层级之上的新文件层中。包含所有改动部分的文件层的集合，以及自顶向下的文件层的视图，正是容器(和用户)在访问文件系统时希望看到的内容。图 7.2 从两个角度描述了这个示例。

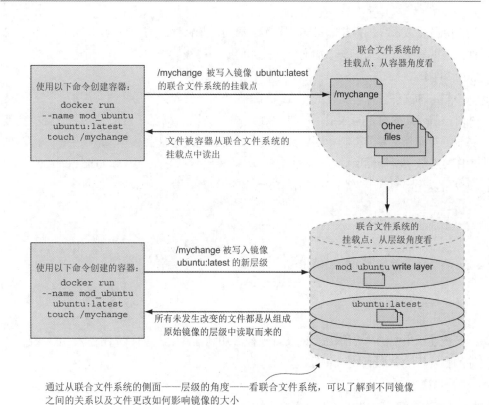

图 7.2　从两个角度描述联合文件系统中文件的写入

当从联合文件系统读取文件时，容器首先从文件存在的最顶层级读取文件。如果最顶层级没有想要读取的文件(意味着文件未在最顶层级创建或更改)，容器将顺序向下遍历各个层级，直至找到想要读取的文件，如图 7.3 所示。

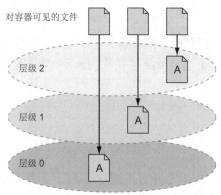

图 7.3　从不同的层级读取文件

联合文件系统对外"隐藏"了这些层级的功能，导致的结果就是，容器中运行的软件无须采取额外的操作即可充分利用层级的这些特性。到目前为止，我们介绍了文件系统的写操作之一——添加文件——如何影响层级的结构。另外两个操作是文件的删除和修改。

　　与添加文件一样，文件的修改和删除也是通过修改最顶层级来实现的。当删除文件时，删除记录会被写入最顶层级，由于文件的较低版本存在于低层级，它们将会被隐藏。与删除文件的机制相同，当修改文件后，更改记录会被写入最顶层级，而这项操作会在低层级隐藏所修改文件的较低版本。使用本章前面介绍的 docker container diff 命令可以列出对容器文件系统所做的所有更改，如下所示：

```
docker container diff mod_ubuntu
```

这条命令产生如下输出结果：

```
A /mychange
```

上述结果中的 A 表示后面的文件已被添加到容器中。执行以下命令，可以查看文件的删除历史是如何被记录的：

```
docker container run --name mod_busybox_delete busybox:latest rm
/etc/passwd docker container diff mod_busybox_delete
```

输出结果包含以下两行：

```
C /etc
D /etc/passwd
```

D 表示文件被删除，但是由于删除操作还影响到文件的父文件夹，所以使用 C 表示父文件夹已更改。接下来的两个命令可用于展示文件更改情况：

```
docker container run --name mod_busybox_change busybox:latest touch \
    /etc/passwd
docker container diff mod_busybox_change
```

docker container diff 命令将输出以下两行结果：

```
C /etc
C /etc/passwd
```

同样，C 表示文件被修改，修改操作影响的是想要修改的文件及其父文件夹。特别需要注意的是，如果更改了嵌套在五个层级目录中的文件，那么在输出结果中，更改的每个层级目录都会有一行。

文件系统属性(例如文件所有权和权限)更改的记录方式与文件内容更改的记录方式完全相同。当修改大量文件的文件系统属性时，务必谨慎，因为这些文件很有可能会被复制到执行更改的层级中。文件更改机制是联合文件系统中最重要的部分，接下来我们将进行更深入的研究。

大多数联合文件系统使用一种称为"写时复制(copy-on-write)"的机制，如果将其视为"更改时复制(copy-on-change)"技术，则相对更容易理解。当修改只读层级(注意不是最顶层级)中的文件时，首先将整个文件从只读层级复制到可写层级，然后在可写层级的副本上进行修改。这种机制会降低系统运行时的性能，同时也可能增加镜像的大小。7.2.3 节将详细讨论这种机制对镜像设计产生的影响。

详细查看图 7.4，图 7.4 展示了更为全面的文件变更的各种场景，可以帮助你巩固理解。在图 7.4 中，文件会在三个层级范围内被添加、修改、删除，甚至在删除后再被添加。

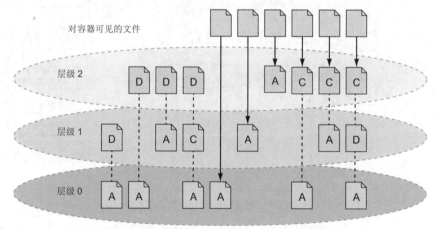

图7.4　三个层级间各种文件的添加、修改和删除组合

鉴于目前你已经了解如何记录文件系统更改，下面开始学习使用 docker container commit 命令创建镜像时背后的机制。

7.2.2　重新认识镜像、层级、仓库和标签

你已经使用 docker container commit 命令创建了一个镜像，并且理解了创建镜像的实质其实是将最顶层级的更改提交给镜像，但是到目前为止，我们还没有明确地对"提

交"进行定义。

请记住，联合文件系统由层级组成，类似于栈，并且新层级总是被添加到栈的顶部。这些层级存储着所有与层级相关的更改项和元数据。当把对容器所做的变更提交到文件系统时，将会保存最顶层级的一套副本。

当提交层级时，系统生成新的层级 ID，并保存所有文件更改项的副本。系统使用的存储引擎决定了上面这些操作背后的真正机制。很明显，对你来说了解细节不如了解一般方法重要。层级的元数据包括层级的标识符、下一层级(父层级)的标识符以及容器的执行上下文等信息，层级的 ID 和元数据一起构成了一张图，Docker 和 UFS 使用这张图来构建镜像。

镜像就是由许多层级组合在一起的栈，从给定的最顶层级开始，然后通过沿着由每一层级的元数据中的父 ID 定义的所有链接，可以遍历整个层级栈，如图 7.5 所示。

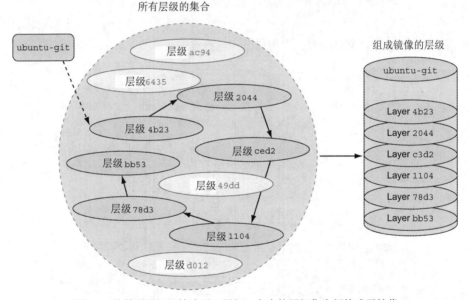

图 7.5   从最顶层级开始遍历父层级，产生的层级集合便构成了镜像

镜像是通过从起始层级遍历所有父层级后构建而成的层级栈，其中起始层级是栈的最顶层级，这意味着层级的 ID 也是镜像的 ID。你可以通过提交先前创建的 mod_ubuntu 容器来了解这一点，命令如下所示：

```
docker container commit mod_ubuntu
```

执行 docker container commit 子命令后将产生镜像的 ID，如下所示：

6528255cda2f9774a11a6b82be46c86a66b5feff913f5bb3e09536a54b08234d

　　根据上面这个镜像 ID，完全可以创建一个新的容器。另外，与容器 ID 一样，层级 ID 也是十六进制的大数字，对于个人来说很难直接使用。为此，Docker 提供了仓库。

　　在第 3 章中，仓库被粗略地定义为镜像的集合。具体而言，仓库是指向一组特定层级标识符的位置/名称对，每个仓库包含至少一个标记，这个标记指向特定的层级标识符，从而最终指向镜像的定义。让我们回顾一下第 3 章中的示例：

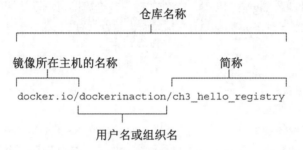

　　这个仓库位于 Docker Hub 注册表中，但这里使用完全限定的主机名 docker.io、用户名(dockerinaction)和唯一的简称(ch3_hello_registry)来命名仓库。如果在未指定具体标签的情况下提取仓库，Docker 将尝试提取最新的标记为 latest 的镜像。通过在 pull 命令中添加--all-tags 选项，还可以提取仓库中所有包含标记的镜像。不过在本例中，只有一个标签 latest，用于指向具有简短格式 ID 4203899414c0 的层级，如图 7.6 所示。

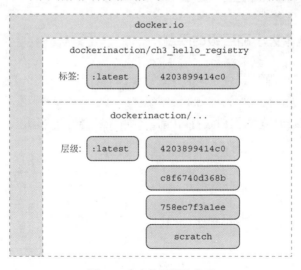

图 7.6　仓库的可视化表示

仓库和标签是使用 docker tag、docker container commit 或 docker build 命令创建的。

再次访问 mod_ubuntu 容器，并将它放入带有标签的仓库中，如下所示：

```
docker container commit mod_ubuntu myuser/myfirstrepo:mytag
# Outputs:
# 82ec7d2c57952bf57ab1ffdf40d5374c4c68228e3e923633734e68a11f9a2b59
```

以上命令输出的 ID 跟之前的不同，因为我们创建了层级的另一个副本。使用新的友好名称，即可轻松地从镜像创建容器。如果想要复制镜像，只需要从现有的镜像或仓库中使用 docker tag 命令创建一个新的标签或仓库即可。默认情况下，每个仓库都包含 latest 标签，当命令中没有指定标签时，将默认使用 latest 标签。docker tag 命令的用法如下所示：

```
docker tag myuser/myfirstrepo:mytag myuser/mod_ubuntu
```

至此，你应该深入了解了联合文件系统(UFS)的基本知识以及 Docker 如何创建和管理层级、镜像和仓库。接下来，本章将深入介绍它们如何影响镜像的设计。

每个容器的可写层级下面的所有层级都是不可变的，这意味着它们永远不能被修改。利用这个特性，多个容器可以共享对单个镜像的访问权，而不必为每个容器创建独立的副本，基于此，各个层级具有高度的可重用性。另外，每当更改镜像时，都需要添加新的层级，并且永远不会删除旧的层级。当镜像的更改不可避免时，你需要了解镜像的所有限制，并牢记更改镜像会增加镜像的物理大小。

7.2.3 管理镜像大小和层级的限制

如果以大多数人管理文件系统的方式管理 Docker 镜像，那么 Docker 镜像将很快变得不可用。例如，假设要为 ubuntu-git 镜像创建一个不同的版本，那么很自然地，你会修改 ubuntu-git 镜像。在执行操作前，你可能还会为镜像创建一个新的标签，如下所示：

```
docker image tag ubuntu-git:latest ubuntu-git:2.7  ◁─── 创建新标签: 2.7
```

创建新镜像的第一件事是删除 Git 软件，命令如下：

```
docker container run --name image-dev2 \
          --entrypoint /bin/bash \                    ◁── 执行 bash 命令
    ubuntu-git:latest -c "apt-get remove -y git"      ◁─── 删除 Git 软件
```

```
docker container commit image-dev2 ubuntu-git:removed        ◁─── 提交镜像


docker image tag ubuntu-git:removed ubuntu-git:latest  ◁┐
                                                         └─ 重新分配 latest 标签


docker image ls  ◁─┐
                    └─ 检查镜像的大小
```

输出的镜像列表和大小如下所示：

```
REPOSITORY      TAG          IMAGE ID          CREATED            VIRTUAL SIZE
ubuntu-git      latest       826c66145a59      10 seconds ago     226.6 MB
ubuntu-git      removed      826c66145a59      10 seconds ago     226.6 MB
ubuntu-git      2.7          3e356394c14e      41 hours ago       226 MB
...
```

注意，即使删除了 Git 软件，镜像实际上也会增大。尽管可以使用 docker container diff 命令列出更改项，但我们的第一反应是，镜像大小的增加与联合文件系统有关。

记住，当删除文件时，UFS 的处理方式是将文件复制到最顶层级并将文件标记为删除，而原始文件和其他层级中存在的文件副本仍将保留在镜像中。由于大量人员和系统需要使用镜像，因此将镜像的尺寸缩到最小是非常重要的。举个例子，如果能缩小镜像的尺寸，从而节省大量的下载时间和磁盘占用，那么所有使用者都将受益。在 Docker 发展的早期，由于镜像存储驱动程序的限制，镜像作者只能通过减少镜像中的层级数来应对，现代的 Docker 镜像存储驱动程序不再有层级数的限制，因此镜像作者可以关注镜像的其他特性，例如大小和可缓存性。

可以使用 docker image history 命令列出镜像中的所有层级，执行结果中将显示以下内容：

- 层级的缩略 ID。
- 层级的年龄。
- 创建容器的初始命令。
- 这一层级的文件大小之和。

通过核查镜像 ubuntu-git:removed 的历史记录，可以看到，在最初的 ubuntu:latest 镜像的最上方已经添加了三个层级，命令如下所示：

```
docker image history ubuntu-git:removed
```

输出结果如下：

```
IMAGE           CREATED          CREATED BY                    SIZE
826c66145a59    24 minutes ago   /bin/bash -c apt-get remove   662 kB
3e356394c14e    42 hours ago     git                           0 B
bbf1d5d430cd    42 hours ago     /bin/bash                     37.68 MB
b39b81afc8ca    3 months ago     /bin/sh -c #(nop) CMD [/bin   0 B
615c102e2290    3 months ago     /bin/sh -c sed -i 's/^#\s*\   1.895 kB
837339b91538    3 months ago     /bin/sh -c echo '#!/bin/sh'   194.5 kB
53f858aaaf03    3 months ago     /bin/sh -c #(nop) ADD file:   188.1 MB
511136ea3c5a    22 months ago                                  0 B
```

可以使用docker image save命令将镜像保存到TAR文件中,然后使用docker image import命令将文件系统的内容导回Docker中,从而使镜像变得扁平。不过这种做法不可行,因为在导回过程中会丢失原始镜像的元数据、更改的历史记录以及客户下载的低级别镜像等信息。更明智的做法是创建分支。

层级的系统结构就是这样设计的,与其纠结于这一点,不如通过创建分支的方法来解决层级的尺寸和级数增长问题。实践证明,层级系统可以很容易地返回到镜像的某个历史记录并创建新的分支。因此,每次从同一镜像创建容器时,都会潜在地创建一个新的分支。

在重新考虑用于ubuntu-git镜像的策略时,应该再次从ubuntu:latest镜像开始。根据最初的ubuntu:latest镜像创建新的容器后,可以为容器安装任何版本的Git。结果是,原始的ubuntu-git镜像和新的ubuntu-git镜像将共享同一父级镜像,而新的镜像不包含任何无关紧要的更改。

采用分支方法的缺陷是:在多个分支中需要重复完成相同的步骤,而且手动完成这项任务时很容易出错。也许使用Dockerfile自动构建镜像是一种更好的方式。

有时,我们需要从草稿镜像开始构建全新的镜像。Docker对草稿镜像做了特殊处理,从而告诉构建过程使下一个命令成为结果镜像的第一层级。如果想要较小的镜像,且使用的是依赖关系很少的技术(例如Go或Rust编程语言),则这种做法很有用。其他时候,你可能需要遍历镜像,并且修剪镜像的历史记录(注意这种操作称为展平镜像)以减小镜像的尺寸。无论哪种情况,都需要使用一种导入和导出全部文件系统的方法。

7.3 导出和导入平面文件系统

在某些情况下,以联合文件系统或容器的上下文之外的镜像中的文件为基础来构建镜像十分有用。为了满足这一需求,Docker提供了两个用于导出和导入文件归档的命令。

docker container export 命令用于把拉平的联合文件系统的内容以流的方式传输到标准输出设备(stdout)或某个压缩文件。如果以压缩文件的形式输出，从容器角度看，压缩文件将包含容器中的所有文件。如果需要使用容器上下文之外的镜像附带的文件系统，这种导出模式将很有用。另外，还可以针对压缩文件使用 docker cp 命令，但是如果需要多个文件，则导出整个文件系统可能更直接。

下面创建一个新的容器，并使用 docker container export 命令获取其文件系统的副本，如下所示：

```
docker container create --name export-test \                导出文档
    dockerinaction/ch7_packed:latest ./echo For Export       内容

docker container export --output contents.tar export-test

docker container rm export-test

tar -tf contents.tar        显示文档内容
```

以上命令将在当前目录中生成一个名为 contents.tar 的文件。该文件包含来自镜像 ch7_packed 的两个文件：message.txt 和 folder/message.txt。此时，可以解压、检查或更改这些文件。归档文件还包含一些零字节文件，这些文件实际上是 Docker 为每个容器管理的设备文件(例如/etc/resolv.conf)，可以忽略。如果省略--output(或-o)选项，文件系统的内容将以 tarball 格式，以流的形式传输到标准输出(stdout)。将内容流式传输到 stdout，使得 docker container export 命令可与其他使用 tarball 格式的 shell 程序结合在一起使用，比如通过管道(pipe)进行关联。

以上介绍了镜像的导出，如果是导入的话，docker import 命令会将 tarball 文件的内容流式传输到新的镜像。docker import 命令可以识别多种压缩和未压缩形式的 tarball 文件。另外，也可以使用 Dockerfile 指令将文件导入。注意，导入文件系统是将最小的完整文件集导入镜像中的最简单方法。

下面看一个静态链接的 Go 语言版本的"Hello，World"示例。创建一个空目录，并将以下代码复制到名为 helloworld.go 的新文件中：

```
package main
import "fmt"
func main() {
        fmt.Println("hello, world!")
}
```

你的计算机上可能没有安装 Go 语言，但是对于 Docker 用户而言这不是问题。通过执行下面的命令，Docker 将自动拉取一个包含 Go 编译器的镜像，然后编译并静态链接代码(这意味着代码完全可以独立运行)，再将生成的可执行程序放回目录中，命令如下所示：

```
docker container run --rm -v "$(pwd)":/usr/src/hello \
    -w /usr/src/hello golang:1.9 go build -v
```

如果一切正常，在同一目录下将会生成名为 hello 的可执行程序(二进制文件)。静态链接的程序在运行时没有外部文件依赖性，这意味着这个"Hello,World"示例可以在容器中不依赖任何文件而运行。下一步是将程序放在压缩包中：

```
tar -cf static_hello.tar hello
```

既然程序已被打包到一个 tarball 文件中，因而可以使用 docker import 命令将其导入：

```
docker import -c "ENTRYPOINT [\"/hello\"]" - \
    dockerinaction/ch7_static < static_hello.tar
```
← 通过 UNIX 管道将压缩文件流式化

在以上命令中，使用-c 标识选项指定了一条 Dockerfile 指令，从而设置新镜像的入口点。Dockerfile 指令的确切语法将在第 8 章中介绍，现在暂不涉及。以上命令中更有趣的参数是第一行末尾的连字符(-)，它表示压缩包的内容将通过标准输入(stdin)以流的方式传入。如果要从远程 Web 服务器上而不是本地文件系统中获取压缩文件，则可以在此处明确指定一个 URL。

生成的镜像被标记为 dockerinaction/ch7_static 仓库。执行以下命令并检查结果：

```
docker container run dockerinaction/ch7_static
docker history dockerinaction/ch7_static
```
← 输出结果：hello, world!

你会发现这个镜像中只有一个历史条目(和层级)：

```
IMAGE              CREATED                CREATED BY        SIZE
edafbd4a0ac5       11 minutes ago                           1.824 MB
```

在这个例子中，生成的镜像非常小，有两点原因。首先，镜像中包含的程序只有

1.824 MB，而且不包含操作系统文件或支持性程序，可以说这是一个非常简单的镜像；其次，从层级的角度看，整个镜像中只有一个层级，镜像中并没有被删除或未使用的文件，因而也不存在更低的层级。使用单层级(或平面)镜像的不利之处在于系统无法从层级复用中受益，如果所有的镜像都足够小，那么这可能不是问题。但是，如果实际生产中使用的栈或编程语言不提供静态链接特性，则镜像会变得非常庞大，系统开销也会相应增加。

镜像的每个设计决定都要在易用和性能之间权衡取舍，包括是否使用平面镜像。无论采用何种机制构建镜像，用户都需要使用一种一致且可预测的方式来识别不同的镜像版本。

7.4　版本控制的最佳实践

实用的版本控制实践有助于用户充分利用镜像的特性和优势，而有效的版本控制框架的目标是能够顺畅地进行沟通，并为镜像用户提供最大的灵活性。

除非是软件的第一个版本，否则仅构建或维护一个软件版本通常是不够的。从发布软件的第一个版本开始，就应该牢记用户的使用习惯。版本很重要，因为它们相当于开发人员和用户之间的约定。未事先通知的软件变更会给用户带来麻烦，而版本信息是通知用户软件即将变更的主要方法之一。

Docker 维护同一软件的多个版本的关键点在于正确地设置仓库的标签。务实的标签框架的核心是：每个仓库都包含多个标签，并且多个标签可以引用同一镜像。

docker image tag 命令与另外两个标签创建命令不同，前者是唯一可用于已有镜像的命令。要了解如何使用标签以及标签如何影响用户体验，请参考图 7.7 所示仓库的两种标签框架。

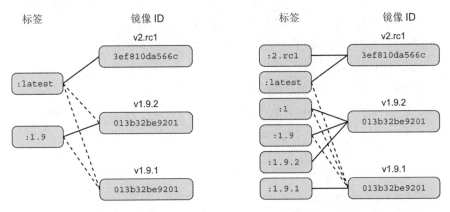

图 7.7　三个镜像的同一仓库的两个标签框架，虚线表示标签和镜像之间旧的关系

在图 7.7 中，左侧的标签框架存在两个问题。首先，部署的灵活性较差，假设用户声明对版本 1.9 或 latest 有依赖，当用户以为采用了 1.9 版本但实际上是 1.9.1 版本时，他们可能会开发针对 1.9.1 版本定义行为的依赖项。如果不能明确地认定具体的版本号，那么在将标签 1.9 更新为指向 1.9.2 版本时，就会出问题。

消除问题的最佳方法是在版本变化的最小单位级别定义和标记版本，但这样做不是在提倡三层级版本控制系统，而仅仅意味着版本控制系统的最小单位也应该对应标签号迭代的最小单位。通过在一个级别提供多个标签，可以让用户决定他们能够接受多少版本。

再来观察一下图 7.7 的右侧。采用主版本号 1 的用户将始终使用这一版本系列里的最新版本。比如，采用标签 1.9 意味着始终使用版本系列里的最高版本，在这个例子中也就是 1.9.2。需要注意的是：在这种标签体系下，当在各个版本之间进行迁移时，用户需要手动选择并控制对应的具体版本号。

第二个问题与 latest 标签有关。在图 7.7 中，左侧框架中的 latest 标签实际上指向的是未被标记的镜像，因此用户无法知道自己实际使用的是软件的哪一个版本。在这种情况下，latest 标签指向的是软件下一个主要版本的候选发行版。毫无戒心的用户可能会采用 latest 标签，因为从名字上看，latest 标签指向的应该就是最新版本，而实际上可能并非如此。

latest 标签还有其他问题，它的使用频率相比预期要高很多，而发生这种情况的原因是，latest 标签是系统的默认标签，基于这一点，负责任的仓库维护者应始终确保仓库的 latest 版本指向软件的最新稳定版本，而不是指向真正意义上的最新版本。

最后你要记住，在容器上下文中，不仅要对软件进行版本控制，而且要对所有软件的依赖项快照进行控制。例如，如果打包的软件基于某特定 Linux 发行版(例如 Debian)，那么相关的软件包也将成为镜像的一部分。用户将基于发布的镜像构建工具和应用，在某些情况下，新构建的程序可能依赖于镜像中特定的 shell 程序或脚本，此时如果突然基于 CentOS 重新构建软件，而其他地方保持不变，镜像的用户将会遇到非常大的问题，因为 Debian 系统的某些软件包在 CentOS 中是不存在的。

当软件依赖项发生变更时，或者当软件依赖于多个程序和应用时，所有这些依赖项都应该被标记并统一打包到最终的镜像中。

Docker 的官方仓库就是理想的示例。查看以下为官方的 golang 仓库准备的标签列表，其中每一行代表一个不同的镜像：

```
1.9,      1.9-stretch, 1.9.6
1.9-alpine
1,        1.10,    1.10.2,     latest,     stretch
```

```
1.10-alpine,          alpine
```

普通用户可以确定 Golang 1、1.x 和 1.10 的最新镜像都指向 1.10.2 版本。相对地，Golang 用户也可以选择能满足他们需求的标签，以跟踪 Golang 或基本操作系统中的变更。如果用户需要你在 debian:stretch 平台上构建的最新镜像，则可以使用 stretch 标签，从而将升级的控制权和责任都统一交给镜像的使用者。

7.5　本章小结

我们从本章开始介绍 Docker 镜像的创建、标签管理以及镜像分发问题(例如，镜像大小)。掌握本章内容有助于你更好地构建镜像，成为杰出的镜像使用者。通过阅读本章，你重点掌握了以下知识：

- 在使用 docker container commit 命令提交对容器的更改后，将会创建新的镜像。
- 提交容器后，容器的初始配置将被编码到新镜像的配置文件中。
- 镜像是由最顶层级标识的一组层级。
- 镜像的大小等于组成镜像的层级的大小总和。
- 可以使用 docker container export 和 docker image import 命令将镜像导出到平面压缩包中或从平面压缩包导入镜像中。
- docker image tag 命令可用于将多个标签分发给单个仓库。
- 仓库维护者应保留一些实用的标签，以简化用户的部署和迁移控制。
- 推荐将软件的最新稳定版标记为 latest。
- 通过提供细粒度的、重叠的标签，有利于用户灵活控制依赖项的版本范围。

第 *8* 章

使用 Dockerfile 自动构建镜像

本章内容如下：
- 使用 Dockerfile 自动化镜像的打包
- 元数据和文件系统指令
- 创建多阶段、参数化的镜像构建过程
- 多进程和持久容器的打包
- 减少镜像的攻击面并建立信任

  Dockerfile 是文本文件，由构建镜像的指令组成。Docker 镜像构建器按照从上到下的顺序执行 Dockerfile 中的指令，这些指令还可以配置或更改镜像中的任何内容。通过 Dockerfile 构建镜像可以使任务变得简单，比如将文件从计算机添加到容器，只需要短短一行代码即可完成。因此，Dockerfile 是用于构建 Docker 镜像的最常见方法。

  本章涵盖使用 Dockerfile 构建镜像的基础知识、使用 Dockerfile 的最佳理由、关于指令集的精炼概述以及如何添加将来的构建行为。我们将从一个示例开始，该例演示了如何使用代码自动构建镜像而不是手动创建镜像。一旦在代码中定义了镜像的版本，就可以轻松跟踪版本控制系统中的更改、与团队成员共享、优化并确保安全。

8.1　使用 Dockerfile 打包 Git 程序

  回顾一下你在第 7 章中手动构建的 Git 示例镜像。在将镜像的构建过程从手动操作转变为使用代码自动完成时，你将学到使用 Dockerfile 作为镜像构建指令文件的许多细节，并且认可这种方法。

首先，创建一个新的目录，并使用文本编辑器在这个目录下创建一个名为
Dockerfile 的新文件。将以下五行代码写入 Dockerfile 文件并保存：

```
# An example Dockerfile for installing Git on Ubuntu
FROM ubuntu:latest
LABEL maintainer="dia@allingeek.com"
RUN apt-get update && apt-get install -y git
ENTRYPOINT ["git"]
```

在剖析此例之前，请使用 docker image build 命令从包含 Dockerfile 文件的同一目
录中构建一个新的镜像，并使用 auto 标记这个镜像，如下所示：

```
docker image build --tag ubuntu-git:auto .
```

以上命令将显示几行有关中间步骤的信息以及 apt-get 命令的输出，如下所示：

```
Successfully built cc63aeb7a5a2
Successfully tagged ubuntu-git:auto
```

启动构建镜像的过程，完成后，可以立即测试那些全新的镜像。查看列出的所有
ubuntu-git 镜像，并从中观察最新创建的镜像，命令如下所示：

```
docker image ls
```

现在，标记为 auto 的新镜像应该出现在镜像列表中：

```
REPOSITORY     TAG        IMAGE ID        CREATED         VIRTUAL SIZE
ubuntu-git     auto       cc63aeb7a5a2    2 minutes ago   219MB
ubuntu-git     latest     826c66145a59    10 minutes ago  249MB
ubuntu-git     removed    826c66145a59    10 minutes ago  249MB
ubuntu-git     1.9        3e356394c14e    41 hours ago    249MB
...
```

可以使用新镜像执行 Git 命令，比如：

```
docker container run --rm ubuntu-git:auto
```

这些命令证明了使用 Dockerfile 构建的镜像可以正常工作，并且在功能上等同于

手动构建的镜像。现在讨论背后的详细机制。

首先，你创建了包含如下 4 条指令的 Dockerfile 文件。

- FROM Ubuntu:latest：告诉 Docker 从最新的 Ubuntu 镜像开始，就像手动创建镜像时一样。
- LABEL maintainer="dia@allingeek.com"：设置镜像的维护者和电子邮件，通过提供这些信息，可以让人们知道当镜像有问题时应与谁联系，该操作是在调用 commit 命令时完成的。
- RUN apt-get update && apt-get install -y git：告诉构建器执行提供的命令以安装 Git。
- ENTRYPOINT ["git"]：将镜像的入口点设置为 git。

就像大多数脚本一样，Dockerfile 可以包含注释，以#开头的行都将被构建器忽略。注释的好处在于，对于复杂的 Dockerfile 可以提高可读性。除了改善 Dockerfile 的可维护性之外，注释还有助于用户审核镜像并决定是否采用或传播。

关于 Dockerfile 的唯一特殊规则是：第一条指令必须是 FROM。如果是从空的镜像开始，并且包含的软件也没有依赖项或者你能够提供所有依赖项，那么可以从空的名为 scratch 的特殊仓库开始构建。

在保存 Dockerfile 之后，调用 docker image build 命令就可以开始构建过程了。该命令有一个标识选项和一个参数：--tag 标识选项(或-t)用于指定结果镜像的完整仓库名称，在这里也就是 ubuntu-git:auto；参数则是一个英文句点，用于告诉构建器 Dockerfile 就在当前目录下。

docker image build 命令还有另一个标识选项——--file(或-f)——用于设置 Dockerfile 的名称。注意，Dockerfile 是默认名称，如果使用这个标识选项，那么相当于告诉构建器查找名为 BuildScript 或 release-image.df 的文件作为 Dockerfile。这个标识选项仅设置文件名，不设置位置。如果文件不在运行 docker 命令的同一目录下，那么需要在 location 参数中指定具体的目录位置。

构建器自动执行与手动创建镜像相同的任务。Dockerfile 中的每条指令都会创建一个新的容器，用于修改相应的内容。在完成修改后，构建器提交这一层级的修改并继续执行下一条指令，创建新的容器，提交修改，直到执行完所有的指令。

构建器会验证 FROM 指令指定的镜像是否已安装，这是整个构建过程的第一步。如果指定的镜像没有安装，Docker 将自动尝试拉取镜像。以下是 build 命令的输出：

```
Sending build context to Docker daemon 2.048kB
Step 1/4 : FROM ubuntu:latest
---> 452a96d81c30
```

在以上示例中，FROM 指令指定的基础镜像是 ubuntu:latest，这个镜像应该已经安装在你的计算机上。基础镜像的缩写镜像 ID 包括在输出中，比如上面的 452a96d81c30。

LABEL 指令用于为镜像设置维护者信息。这条指令也将创建一个新的容器，然后提交修改的层级。可以在输出中看到如下结果：

```
Step 2/4 : LABEL maintainer="dia@allingeek.com"
---> Running in 11140b391074
Removing intermediate container 11140b391074
```

输出结果中包括已创建容器的 ID 和已提交层级的 ID。另外，这一层级将用作下一条 Dockerfile 指令 RUN 的镜像的顶部层级。RUN 指令将首先在新镜像的最顶层级根据指定的参数执行程序，然后 Docker 将文件系统的更改提交到该层级，以便它们可用于下一条 Dockerfile 指令。在本例中，RUN 指令的输出与 apt-get update 和 apt-get install -y git 命令的输出混在一起。安装软件包是 RUN 指令最常见的使用场景，你应该显式地安装容器所需的每个软件包，以确保在需要时软件都可用。

如果不想看到构建过程输出的大量日志，可在执行 docker image build 命令时增加 --quiet 或-q 标识选项以启动安静模式。在安静模式下，可抑制构建过程和中间容器管理中所有的日志输出，构建过程的唯一输出是生成的镜像 ID，如下所示：

```
sha256:e397ecfd576c83a1e49875477dcac50071e1c71f76f1d0c8d371ac74d97bbc90
```

尽管安装 Git 软件的操作通常需要花费更长的时间才能完成，但你可以实时看到指令和输入信息以及执行命令的容器 ID 和结果层级 ID 等信息。最后，ENTRYPOINT 指令执行与前面相同的步骤，并且输出类似的信息：

```
Step 4/4 : ENTRYPOINT ["git"]
---> Running in 6151803c388a
Removing intermediate container 6151803c388a
---> e397ecfd576c
Successfully built e397ecfd576c
Successfully tagged ubuntu-git:auto
```

构建过程中的每一步都会在结果镜像中增加一个新的层级。尽管这意味着可以在这些步骤中任意建立不同的分支，但更重要的是，构建器可以积极主动地缓存每一步的结果。在构建过程中，如果在执行了几个步骤之后脚本出现问题，则构建器可以在解决问题后从中断的位置重启，而不用回到起点。可以通过手动破坏 Dockerfile 来验证这一点。

把下面这行代码添加到 Dockerfile 的最后：

```
RUN This will not work
```

再次运行构建脚本：

```
docker image build --tag ubuntu-git:auto .
```

下面的输出显示了根据缓存结果，当脚本出错时，构建器将能够跳过哪些步骤：

```
Sending build context to Docker daemon 2.048kB
Step 1/5 : FROM ubuntu:latest
---> 452a96d81c30
Step 2/5 : LABEL maintainer="dia@allingeek.com"
---> Using cache
---> 83da14c85b5a
Step 3/5 : RUN apt-get update && apt-get install -y git
---> Using cache                                                  注意缓存的使用.
---> 795a6e5d560d
Step 4/5 : ENTRYPOINT ["git"]
---> Using cache
---> 89da8ffa57c7
Step 5/5 : RUN This will not work
---> Running in 2104ec7bc170
/bin/sh: 1: This: not found
The command '/bin/sh -c This will not work' returned a non-zero code:
127
```

第 1 步~第 4 步会被跳过，因为它们已经在上一次构建中执行完毕。第 5 步失败了，因为容器中没有名为 This 的程序。在这种情况下，容器的日志输出很有价值，因为错误消息会告诉你 Dockerfile 的具体问题所在。在解决了问题后，当重新运行构建脚本时，前 4 步仍将再次被跳过，成功执行第 5 步后，构建成功，进而产生类似 successfully built d7a8ee0cebd4 的输出。

如果构建过程包括下载资料、编译程序或其他耗时操作，那么在构建过程中使用缓存可以节省大量的时间。如果需要完全重建镜像，而不是从中间某个断点继续，那么可以在 docker image build 命令中使用--no-cache 标识选项来禁用缓存。应确保仅在真正必要时才禁用缓存，因为这将给上游系统和镜像构建系统本身带来巨大的压力。

在本节中，这个简短的示例使用了 18 条 Dockerfile 指令中的 4 条。该例的局限性在于，所有添加到镜像的文件都是从网络上下载的。该例以有限的方式修改了环境并提供了通用工具。我们将要介绍的下一个示例拥有特定的用途和本地代码，从而能够提供更完整的 Dockerfile 入门展示。

8.2　Dockerfile 入门

Dockerfile 具有强大的表达能力，易于理解，语法简洁，并且可以进行注释。用户甚至可以使用流行的版本控制系统来跟踪 Dockerfile 发生的变更。与此同时，维护镜像的多个版本就像维护多个 Dockerfile 一样简单。Dockerfile 构建过程自身使用广泛的缓存技术来帮助快速开发和迭代，构建出的镜像版本都是可追溯和可复制的。Dockerfile 构建系统可以与现有的构建系统和持续集成工具集成在一起。由于这些优点，我们更倾向于使用 Dockerfile 构建镜像而不是手动创建镜像，因而学会编写 Dockerfile 就显得格外重要了。

本节中的示例将涵盖大多数镜像中使用的核心 Dockerfile 指令，本章接下来将阐述如何创建后续的操作行为和可维护的 Dockerfile，但是本书仅简述每条指令，要深入了解每条指令，可以参考 https://docs.docker.com/engine/reference/builder/ 上的在线 Docker 文档。 Docker 构建器的参考文档也提供了良好的 Dockerfile 示例以及最佳实践指南。

8.2.1　元数据指令

我们的第一个示例将以第 2 章的邮件程序的不同版本为基础，构建一个基础镜像和另外两个镜像。邮件程序的功能是侦听 TCP 端口上的消息，然后将这些消息发送给它们的预期收件人。邮件程序的第一个版本将侦听消息，但仅仅记录这些消息；第二个版本则通过 HTTP POST 方法将消息发送到指定的 URL。

使用 Dockerfile 进行构建的最有价值的原因之一，在于简化了将文件从计算机复制到镜像的过程，但是对于某些文件，它们是不适合被复制到镜像中的。当启动一个新的项目时，第一件事就是定义哪些文件不该被复制到镜像中。为此，可以在名为.dockerignore 的文件中编辑那些不被复制的文件的列表。在此例中，你将创建三个 Dockerfile，并且它们都不需要被复制到生成的镜像中。

使用喜欢的文本编辑器创建一个名为.dockerignore 的新文件，并将以下内容复制
到这个新的文件中：

```
.dockerignore
mailer-base.df
mailer-logging.df
mailer-live.df
```

完成后，保存并关闭文件。这将防止你在构建过程中将.dockerignore 文件或名为
mailer-base.df、mailer-logging.df 或 mailer-live.df 的文件复制到镜像中。之后就可以开
始构建基础镜像了。

构建基础镜像有助于创建共用的层级。每个版本的邮件程序都将建立在名为
mailer-base 的镜像之上。创建 Dockerfile 时，需要牢记，每条 Dockerfile 指令都会导致
一个新的层级被创建，所以应该尽可能合并指令，因为构建器不会进行任何优化工作。
在实践中，可以创建一个名为 mailer-base.df 的新文件，并在这个文件中增加以下代
码行：

```
FROM debian:buster-20190910
LABEL maintainer="dia@allingeek.com"
RUN groupadd -r -g 2200 example && \
    useradd -rM -g example -u 2200 example
ENV APPROOT="/app" \
    APP="mailer.sh" \
    VERSION="0.6"
LABEL base.name="Mailer Archetype" \
      base.version="${VERSION}"
WORKDIR $APPROOT
ADD . $APPROOT
ENTRYPOINT ["/app/mailer.sh"]          ←────  这个文件并不存在
EXPOSE 33333
# Do not set the default user in the base otherwise
# implementations will not be able to update the image
# USER example:example
```

在 mailer-base.df 文件所在的目录下执行 docker image build 命令，并使用-f 标识选
项指定 Dockerfile 文件名：

```
docker image build -t dockerinaction/mailer-base:0.6 -f mailer-base.df .
```

命名 Dockerfile 文件

Dockerfile 文件默认且最常用的名称就是 Dockerfile，但 Dockerfile 文件也可以被命名为任何名称，因为它们是简单的文本文件，并且 build 命令可以接收任何文件名(只要是 ASCII 字符就行)。有些人使用扩展名(例如.df)来命名 Dockerfile 文件，这样就可以轻松地在单个目录中定义多个镜像的构建文件(例如 app-build.df、app-runtime.df 和 app-debug-tools.df)。文件扩展名还可以使激活编辑器中的 Dockerfile 支持工具变得更容易。

Dockerfile 文件 mailer-base.df 中引入了五条新指令。第一条新指令是 ENV，ENV 指令用于设置镜像的环境变量，类似于 docker container run 或 docker container create 命令中的--env 标识选项。在本例中，我们使用一条 ENV 指令设置了三个不同的环境变量，当然也可以使用三条 ENV 指令完成同样的操作，但这会导致 Docker 创建三个层级，从而违背上面提到的指令合并原则。可以使用反斜杠来转义换行符，使指令易于阅读(就像在 shell 脚本中一样):

```
Step 4/9 : ENV APPROOT="/app" APP="mailer.sh" VERSION="0.6"
---> Running in c525f774240f
Removing intermediate container c525f774240f
```

Dockerfile 文件中声明的环境变量既可用于生成的镜像，也可以在其他 Dockerfile 指令中用作变量参数。例如，在下面的示例中，环境变量 VERSION 被用作下一条指令 LABEL 中的参数:

```
Step 5/9 : LABEL base.name="Mailer Archetype" base.version="${VERSION}"
 ---> Running in 33d8f4d45042
Removing intermediate container 33d8f4d45042
 ---> 20441d0f588e
```

LABEL 指令用于定义键/值对，这些键/值对的作用是记录镜像或容器的更多元数据，作用类似于 docker run 和 docker create 命令中的--label 标识选项。与之前的 ENV 指令一样，LABEL 指令也可以并且应该合并多个设置和标签。LABEL 指令之前的 VERSION 环境变量将被填入 base.version 标签，通过这种方式，VERSION 环境变量的值不仅可以被记录到标签中供其他指令使用，也可以被容器内运行的进程使用。这提高了 Dockerfile 文件的可维护性，因为只在一个位置更改设置项通常不会造成不一致的情况发生。

使用标签组织元数据

建议使用标签记录元数据，以更好地组织镜像、网络、容器和其他对象。每个标签密钥都应该加上作者控制或合作的域的反向 DNS 作为前缀，例如 com.<你所在的公司>.some-label。标签灵活、可扩展且轻量级，但缺乏结构，因而信息难以被利用。

Label Schema 项目(http://label-schema.org/)是社区为标准化标签名称和提升工具兼容性所做的努力。Label Schema 涵盖镜像的许多重要属性，例如构建日期、名称和描述。举个例子，当使用标签框架命名空间时，构建日期的键名为 org.label-schema.build-date，并且应具有 RFC 3339 格式的值，就像 2018-07-12T16:20:50.52Z 一样。

接下来的两条指令是 WORKDIR 和 EXPOSE。这两条指令代表的功能与 docker run 和 docker create 命令中相应标识选项的功能类似。使用环境变量 APPROOT 填入 WORKDIR 指令作为参数，如下所示：

```
Step 6/9 : WORKDIR $APPROOT
Removing intermediate container c2cb1fc7bf4f
---> cb7953a10e42
```

上面的 WORKDIR 指令将镜像的默认工作目录设置为/app。同使用命令行选项一样，当把 WORKDIR 设置为不存在的目录时，系统将首先自动创建该目录。最后，使用 EXPOSE 指令创建一个用于打开 TCP 端口 33333 的层级，如下所示：

```
Step 9/9 : EXPOSE 33333
---> Running in cfb2afea5ada
Removing intermediate container cfb2afea5ada
---> 38a4767b8df4
```

在这个 Dockerfile 文件中，你应该能够识别 FROM、LABEL 和 ENTRYPOINT 指令。简而言之，FROM 指令将层级的栈设置为从 debian:buster-20190910 镜像开始，之后构建的新层级都将被放置在这个镜像的顶部；LABEL 指令将键/值对添加到镜像的元数据中；ENTRYPOINT 指令将某个可执行文件设置为在容器启动时运行，在这里，也就是设置为 shell 形式的 exec ./mailer.sh 命令。

ENTRYPOINT 指令有两种形式：shell 形式和 exec 形式。shell 形式就是带参数的普通 shell 命令；而 exec 形式是一个字符串数组，其中的第一个值是要执行的命令，其余值是参数。如果使用 shell 形式，那么指定的命令将作为默认 shell 的参数执行，具体来说，Dockerfile 中使用的命令将在运行时以/bin/sh － c 'exec ./mailer.sh' 的形式执行。最重要的是，如果将 shell 形式用于 ENTRYPOINT 指令，那么 CMD 指令或者运行时 docker container run 命令的额外参数都将被忽略，这导致 ENTRYPOINT 指令的 shell 形式不够灵活。

可以从构建过程的日志输出中看到，ENV 和 LABEL 指令各自产生了一个独立的步骤和一个层级，但是日志输出未显示环境变量的值已被正确替换。为了验证这一点，你需要使用下面的命令来检查镜像：

```
docker inspect dockerinaction/mailer-base:0.6
```

小技巧

记住，docker inspect 命令可用于查看容器或镜像的元数据。在这里，我们用它来检查镜像。

相关代码行如下：

```
"Env": [
    "PATH=/usr/local/sbin:/usr/local/bin:/usr/sbin:/usr/bin:/sbin:
    /bin", "APPROOT=/app",
    "APP=mailer.sh",
    "VERSION=0.6"
],
...
"Labels": {
    "base.name": "Mailer Archetype",
    "base.version": "0.6",
    "maintainer": "dia@allingeek.com"
},
...
"WorkingDir": "/app"
```

元数据清楚地表明环境变量的替换操作是有效的。可以在 ENV、ADD、COPY、LABEL、WORKDIR、VOLUME、EXPOSE 和 USER 等指令中使用这种替换形式。

被注释的最后一行是元数据指令 USER，USER 指令用于为从镜像创建的容器和所有后续构建步骤设置用户和组。本例将 USER 指令设置在基础镜像中，目的是防止下游的 Dockerfile 安装软件。这意味着那些 Dockerfile 需要设置不同的用户和组，获得软件的安装权限，并在必要时切换回来，这样做将在镜像中创建至少两个层级。更好的方法是在基础镜像中设置用户账户和组账户，并让应用程序在完成构建后设置默认用户。

关于这个 Dockerfile 文件的最奇怪的事情是，ENTRYPOINT 被设置为一个不存在的文件。你很容易想到，当尝试从这个基础镜像运行容器时，在入口点就会失败。但是，既然在基础镜像中设置了入口点，对于邮件程序的特定实现版本就会少复制一个层级。接下来的两个 Dockerfile 文件将构建不同的 mailer.sh 实现版本。

8.2.2　文件系统指令

包含自定义功能的镜像需要修改文件系统。Dockerfile 定义了三条修改文件系统的指令：COPY、VOLUME 和 ADD。之前提到，邮件程序将会有两个实现版本。第一个实现版本的 Dockerfile 指令应该放置在名为 mailer-logging.df 的文件中，如下所示：

```
FROM dockerinaction/mailer-base:0.6
RUN apt-get update && \
  apt-get install -y netcat
COPY ["./log-impl", "${APPROOT}"]
RUN chmod a+x ${APPROOT}/${APP} && \
  chown example:example /var/log
USER example:example
VOLUME ["/var/log"]
CMD ["/var/log/mailer.log"]
```

在上面的 Dockerfile 文件中，以 mailer-base 生成的镜像为起点，三条新指令是 COPY、VOLUME 和 CMD。COPY 指令会将文件从构建镜像的文件系统复制到构建的容器中。COPY 指令至少接收两个参数，最后一个参数是目标位置，其他参数是源文件。然而 COPY 指令还有一项让人意外的功能：无论在执行 COPY 指令之前文件的默认用户是什么，当复制完之后，文件的所有权都会被重置为 root。鉴于这样的功能，最好延迟所有更改文件所有权的 RUN 指令，直到所有需要更新的文件都被复制到镜像中为止。

像 ENTRYPOINT 和其他指令一样，COPY 指令支持使用 shell 形式和 exec 形式。但是，只要任何一个参数包含空格，就必须使用 exec 形式。

小技巧

最佳做法是尽可能使用 exec(或字符串数组)形式。作为最基本的要求，Dockerfile 内部至少应保持风格一致，避免使用混合样式。好处就是可以使 Dockerfile 更具可读性，并确保指令的行为符合预期而无须详细了解它们之间的细微差别。

VOLUME 指令的作用和 docker run 或 docker create 命令中的--volume 标识选项的作用完全一致。

VOLUME 指令的参数是字符串数组，其中的每个字符串都将作为新增卷在结果层级中被创建。与运行时相比，在构建镜像时定义卷的限制更大，比如，无法在生成镜像时指定绑定挂载卷或只读卷。VOLUME 指令只做两件事：在镜像文件系统中创建定义的新卷，然后将卷的定义添加到镜像的元数据中。

最后一条指令是 CMD，它与 ENTRYPOINT 指令密切相关，如图 8.1 所示。它们都采用 shell 或 exec 形式，并且都用于启动容器中的进程，但是它们之间仍然存在一些重要差异。

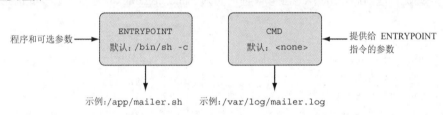

图 8.1   ENTRYPOINT 和 CMD 指令之间的关系

CMD 指令定义了入口点的参数列表。容器的默认入口点是/bin/sh，如果没有为容器设置入口点，CMD 指令定义的值将被忽略，因为参数将由默认入口点提供；但如果设置了入口点并使用 exec 形式做了声明，则可以使用 CMD 指令设置默认参数。本例将 ENTRYPOINT 指令的内容定义为 mailer 命令，同时还注入 mailer.sh 的具体实现并通过 CMD 指令定义了默认参数，参数内容是日志文件的存放位置。

在生成镜像之前，首先需要创建邮件程序的日志记录版本。在./log-impl 中创建一个目录，然后在这个目录中创建一个名为 mailer.sh 的文件，并将以下脚本复制到这个文件中：

```
#!/bin/sh
printf "Logging Mailer has started.\n"
while true
do
    MESSAGE=$(nc -l -p 33333)
```

```
printf "[Message]: %s\n" "$MESSAGE" > $1
sleep 1
```

以上脚本的结构细节并不重要，你只需要知道这个脚本的功能是在端口 33333 上启动一个邮件守护程序，并将收到的每条消息写到由该邮件守护程序的第一个参数指定的文件中即可。可使用以下命令从包含 mailer-logging.df 的目录中构建 mailer-logging 镜像：

```
docker image build -t dockerinaction/mailer-logging -f
mailer-logging.df .
```

生成的镜像只是实例，不具有实际应用价值，继续使用这个镜像启动一个命名容器，如下所示：

```
docker run -d --name logging-mailer dockerinaction/mailer-logging
```

用于记录日志的邮件程序已经被构建且正在运行。从镜像中创建的容器会将收到的消息记录到/var/log/mailer.log 文件中。在现实世界中，这个实现版本不是很有趣，也没有用，但是对于测试来说很方便。另一个能够发送电子邮件的实现版本对于实际的运营监控会更好。

邮件程序的下一个实现版本使用 Amazon Web Services 提供的简单电子邮件服务发送电子邮件。下面开始使用另一个名为 mailer-live.df 的 Dockerfile 文件：

```
FROM dockerinaction/mailer-base:0.6
ADD ["./live-impl", "${APPROOT}"]
RUN apt-get update && \
    apt-get install -y curl netcat python && \
    curl "https://bootstrap.pypa.io/get-pip.py" -o "get-pip.py" && \
    python get-pip.py && \
    pip install awscli && \
    rm get-pip.py && \
    chmod a+x "${APPROOT}/${APP}"
USER example:example
CMD ["mailer@dockerinaction.com", "pager@dockerinaction.com"]
```

这个 Dockerfile 文件包含一条新指令 ADD。ADD 指令执行的操作类似于 COPY 指令，但有两个重要区别。ADD 指令的特点如下：

- 如果指定了 URL，则获取远程源文件。
- 只要确定对象为存档文件，就自动提取其中的源文件。

自动提取存档文件是相对更有用的功能，相应地，远程获取存档文件并不是好的实践。原因在于，尽管功能很方便，但却不提供清除无用文件的机制，从而导致附加层级的堆积。相反，应该使用 RUN 指令代替 ADD 指令的这一功能，如 mailer-live.df 中的第三条指令所示。

需要注意的另一条指令是 CMD，其中定义了两个参数，分别表示电子邮件中的"发件人"和"收件人"字段。这不同于 mailer-logging.df 文件，后者仅指定一个参数。

接下来，在包含 mailer-live.df 文件的目录中新建一个名为 live-impl 的子目录，并将以下脚本添加到这个子目录中名为 mailer.sh 的文件中：

```
#!/bin/sh
printf "Live Mailer has started.\n" while true
do
    MESSAGE=$(nc -l -p 33333)
    aws ses send-email --from $1 \
      --destination {\"ToAddresses\":[\"$2\"]} \

      --message "{\"Subject\":{\"Data\":\"Mailer Alert\"},\
                  \"Body\":{\"Text\":{\"Data\":\"${MESSAGE}\"}}}"
sleep 1
done
```

与邮件程序的其他实现版本一样，上述脚本的关键之处在于，可在端口 33333 上等待连接，对收到的消息进行处理，然后休眠一会儿，同时等待另一条消息的到达。但这一次，脚本将使用"简单电子邮件服务"的命令行工具实际发送电子邮件。可使用以下两条命令构建并启动用于邮件发送程序的容器：

```
docker image build -t dockerinaction/mailer-live -f mailer-live.df .
docker run -d --name live-mailer dockerinaction/mailer-live
```

如果对邮件程序增加监控，你会发现上一个实现版本的日志记录邮件程序按发布的方式工作，但是，这一版本的邮件发送程序似乎在连接简单电子邮件服务时出现了问题。经过一些调查后，你最终发现容器的配置有误，aws 程序需要设置某些环境变量，但实际上并没有进行设置。

你 需 要 设 置 AWS_ACCESS_KEY_ID 、 AWS_SECRET_ACCESS_KEY 和

AWS_DEFAULT_REGION 三个变量才能使本例正常工作。这些环境变量定义了本例需要的 AWS 云凭证和服务地址等信息。应用程序在运行前需要将这些变量设置好，当依次检查这些先决条件是否具备时，用户会感到沮丧。8.5.1 节将详细介绍一种镜像设计模式，可以为用户减少这种不便。

在开始学习设计模式之前，你还需要了解最后一条 Dockerfile 指令。请记住，并非所有镜像都包含应用程序，有些镜像是作为下游镜像的平台构建的。在这种情况下，此类镜像具备一些特别的能力，可以接受在构建的后期阶段注入新的功能。

8.3　在构建下游层级时注入行为

对于基础镜像的作者来说，一条很重要的 Dockerfile 指令是 ONBUILD。如果将生成的镜像用作构建另一个镜像的基础，则 ONBUILD 指令定义了需要执行的其他指令。例如，可以使用 ONBUILD 指令来编译由下游层级提供的程序代码，具体过程是：上游 Dockerfile 将构建目录的内容复制到一个已知位置，然后在该位置编译代码。上游 Dockerfile 将在上述过程中使用以下指令集：

```
ONBUILD COPY [".", "/var/myapp"] ONBUILD RUN go build /var/myapp
```

在使用上游 Dockerfile 构建镜像时，Docker 不会执行 ONBUILD 之后的指令，而是将这些指令记录在生成的镜像的元数据 ContainerConfig.OnBuild 中，如下所示：

```
...
"ContainerConfig": {
...
    "OnBuild": [
    "COPY [\".\", \"/var/myapp\"]",
    "RUN go build /var/myapp"
],
...
```

上面的元数据将一直保持在镜像中，直到生成的镜像被用作另一个 Dockerfile 构建的基础为止。当下游 Dockerfile 在 FROM 指令中使用上游镜像(带有 ONBUILD 指令的镜像)时，这些 ONBUILD 指令将在下游 Dockerfile 中的 FROM 指令之后和下一条指令之前执行。

考虑下面的示例，以准确了解何时将 ONBUILD 指令注入构建过程中。为了完成

整个过程，需要创建两个 Dockerfile 文件并执行两个 build 命令。首先，创建定义
ONBUILD 指令的上游 Dockerfile，将文件命名为 base.df，并在文件中添加以下指令：

```
FROM busybox:latest
WORKDIR /app
RUN touch /app/base-evidence
ONBUILD RUN ls -al /app
```

你将看到，经由 base.df 生成的镜像会将一个名为 base-evidence 的空文件添加到
/app 目录中。ONBUILD 指令会在构建下一个镜像时列出/app 目录中的内容，因此，
有一点很重要：如果想要确切地看到文件系统的变更时间，请不要以安静模式运行构
建脚本，以保证构建过程的输出都会显示出来。

接下来，创建下游 Dockerfile。与上游 Dockerfile 类似，当根据下游 Dockerfile 完
成镜像的构建后，便能够准确看到镜像内容的更改时间。将文件命名为 downstream.df，
并在其中增加以下内容：

```
FROM dockerinaction/ch8_onbuild
RUN touch downstream-evidence
RUN ls -al .
```

下游 Dockerfile 将使用名为 dockerinaction/ch8_onbuild 的镜像作为构建基础，因此
这将成为构建基础镜像时使用的仓库名称。然后，你可以看到下游镜像将创建名为
downstream-evidence 的第二个文件，并再次列出/app 目录中的内容。

有了这两个 Dockerfile 文件后，就可以正式开始构建了。首先执行以下命令，创
建上游镜像：

```
docker image build -t dockerinaction/ch8_onbuild -f base.df .
```

构建过程的输出如下所示：

```
Sending build context to Docker daemon 3.072kB
Step 1/4 : FROM busybox:latest
  ---> 6ad733544a63
Step 2/4 : WORKDIR /app
Removing intermediate container dfc7a2022b01
  ---> 9bc8aeafdec1
Step 3/4 : RUN touch /app/base-evidence
```

```
  ---> Running in d20474e07e45
Removing intermediate container d20474e07e45
  ---> 5d4ca3516e28
Step 4/4 : ONBUILD RUN ls -al /app
  ---> Running in fce3732daa59
Removing intermediate container fce3732daa59
  ---> 6ff141f94502
Successfully built 6ff141f94502
Successfully tagged dockerinaction/ch8_onbuild:latest
```

然后使用以下命令构建下游镜像：

```
docker image build -t dockerinaction/ch8_onbuild_down -f
downstream.df .
```

输出的日志清楚地显示了(基础镜像中)ONBUILD 指令是何时执行的：

```
Sending build context to Docker daemon 3.072kB
Step 1/3 : FROM dockerinaction/ch8_onbuild
# Executing 1 build trigger
  ---> Running in 591f13f7a0e7
  total 8
drwxr-xr-x 1 root root  4096 Jun 18 03:12 .
drwxr-xr-x 1 root root  4096 Jun 18 03:13 ..
-rw-r--r-- 1 root root     0 Jun 18 03:12 base-evidence
Removing intermediate container 591f13f7a0e7
  ---> 5b434b4be9d8
Step 2/3 : RUN touch downstream-evidence
  ---> Running in a42c0044d14d
Removing intermediate container a42c0044d14d
  ---> e48a5ea7b66f
Step 3/3 : RUN ls -al .
  ---> Running in 7fc9c2d3b3a2
total 8
drwxr-xr-x 1 root root 4096 Jun 18 03:13 .
drwxr-xr-x 1 root root 4096 Jun 18 03:13 ..
-rw-r--r-- 1 root root    0 Jun 18 03:12 base-evidence
-rw-r--r-- 1 root root    0 Jun 18 03:13 downstream-evidence
Removing intermediate container 7fc9c2d3b3a2
```

```
    ---> 46955a546cd3
Successfully built 46955a546cd3
Successfully tagged dockerinaction/ch8_onbuild_down:latest
```

可以看到，在构建基础镜像的第 4 步，构建器将 ONBUILD 指令注册到容器的元数据。接下来，下游镜像的构建日志显示了下游镜像从基础镜像继承了触发器(ONBUILD 指令)，构建器在第 1 步(FROM 指令)之后立即发现并处理触发器，然后输出触发器指定的 RUN 指令的执行结果，此时的输出显示仅执行了基础镜像中的指令。稍后，当构建器开始执行下游 Dockerfile 中的指令时，将再次列出/app 目录中的内容。在输出日志的最后部分，可以看到对两个镜像所做的改动都被列了出来。

相比用处，该例更适合用来解释镜像的构建过程。你应该浏览 Docker Hub 并查找带有 onbuild 后缀的镜像，研究一下在实际环境中应如何使用。以下列出了我们最喜欢的两个资源：

- https://hub.docker.com/r/_/python/
- https://hub.docker.com/r/_/node/

8.4　创建可维护的 Dockerfile

通过使用 Dockerfile，本就紧密相关的镜像将更容易维护。这些功能使得镜像作者在构建镜像时能够在镜像之间共享元数据和其他一些数据。事不宜迟，现在就开始研究几个 Dockerfile 的具体实现，并使它们更加简洁和可维护。

在编写邮件程序的 Dockerfile 时，你可能已经注意到一些重复的地方，它们在每次升级时都需要更改。VERSION 变量就是说明重复问题的最佳示例。版本元数据会进入镜像标签、环境变量和标签元数据等多项数据，变更多次会增加出错的可能。还有一个问题也要考虑，构建系统通常会从应用程序的版本控制系统中获取版本元数据，因此我们不希望在 Dockerfile 或脚本中对版本进行硬编码。

Dockerfile 的 ARG 指令提供了针对这些问题的解决方案。ARG 指令定义了用户在构建镜像时可以提供给 Docker 的变量，在构建镜像前，Docker 会将变量的参数值插到 Dockerfile 中，从而创建参数化的 Dockerfile。可以使用一个或多个--build-arg <varname> = <value>选项为 docker image build 命令提供构建参数。

现在介绍 mailer-base.df 中的 ARG VERSION 指令，如以下代码中的第二行所示：

```
FROM debian:buster-20190910
ARG VERSION=unknown
LABEL maintainer="dia@allingeek.com"
RUN groupadd -r -g 2200 example && \
useradd -rM -g example -u 2200 example
ENV APPROOT="/app" \
APP="mailer.sh" \
VERSION="${VERSION}"
LABEL base.name="Mailer Archetype" \
base.version="${VERSION}"
WORKDIR $APPROOT
ADD . $APPROOT
ENTRYPOINT ["/app/mailer.sh"]
EXPOSE 33333
```

定义 VERSION 变量并设置默认值为 unknown

现在，版本(VERSION)既可以定义为通过命令行赋值的 shell 变量，也可以作为镜像标签或构建参数在镜像中使用：

```
version=0.6; docker image build -t dockerinaction/
    mailer-base:${version} \
    -f mailer-base.df \
    --build-arg VERSION=${version} \
    .
```

可以使用 docker image inspect 命令来验证 VERSION 是否一直被替换为 base.version 标签：

```
docker image inspect --format '{{ json .Config.Labels }}' \
    dockerinaction/mailer-base:0.6
```

以上命令将产生如下 JSON 输出：

```
{
  "base.name": "Mailer Archetype",
  "base.version": "0.6",
  "maintainer": "dia@allingeek.com"
}
```

如果未将 VERSION 指定为构建参数，系统将使用默认值 unknown 并在构建过程中打印警告信息。

现在可以将注意力转移到多阶段构建上，进而通过区分镜像构建的各个阶段来解决一些重要且常见的问题。多阶段构建的主要用途是重用另一个镜像的某个部分，将应用程序的构建与应用程序运行时镜像的构建分开，并使用专用的测试或调试工具增强应用程序的运行时镜像。以下示例将演示如何重用另一个镜像的内容，以及如何分离应用程序的构建和运行。我们首先介绍一下 Dockerfile 的多阶段特性。

多阶段 Dockerfile 是指具有多个 FROM 指令的 Dockerfile。每个 FROM 指令标记一个新的构建阶段，并且最上一层可以在下游阶段引用。可通过将 AS <名称>增加到 FROM 指令中来命名构建阶段，其中的"名称"是指定的标识符，例如 builder。名称可以在后续的 FROM 和 COPY --from=<名称|索引>指令中使用，这提供了一种方便的引用方法。当分多个阶段构建 Dockerfile 时，构建过程仍只会生成单个 Docker 镜像。镜像是在 Dockerfile 中指令执行的最后阶段生成的。

下面通过一个使用两阶段构建和一些组合的示例来演示多阶段构建的用法，如图 8.2 所示，快速学习这个示例的方法就是克隆以下 Git 仓库：

```
git@github.com:dockerinaction/ch8_multi_stage_build.git.
```

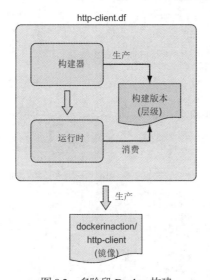

图 8.2　多阶段 Docker 构建

这个 Dockerfile 定义了两个阶段：构建器阶段和运行时阶段。可在构建器阶段收集依赖关系并构建示例程序，并在运行时阶段将证书颁发机构(CA)和程序文件复制到运行时镜像中以执行。http-client.df 文件的源代码如下：

```
#################################################
# Define a Builder stage and build app inside it
FROM golang:1-alpine as builder

# Install CA Certificates
RUN apk update && apk add ca-certificates

# Copy source into Builder
ENV HTTP_CLIENT_SRC=$GOPATH/src/dia/http-client/
COPY . $HTTP_CLIENT_SRC
WORKDIR $HTTP_CLIENT_SRC

# Build HTTP Client
RUN CGO_ENABLED=0 GOOS=linux GOARCH=amd64 \
    go build -v -o /go/bin/http-client

#################################################
# Define a stage to build a runtime image.
FROM scratch as runtime
ENV PATH="/bin"
# Copy CA certificates and application binary from builder stage
COPY --from=builder \
    /etc/ssl/certs/ca-certificates.crt
    /etc/ssl/certs/ca-certificates.crt
COPY --from=builder /go/bin/http-client /http-client
ENTRYPOINT ["/http-client"]
```

　　仔细检查镜像的构建步骤就会发现，FROM golang:1-alpine as builder 指令声明第一阶段将基于 Golang 的 alpine 镜像版本进行构建，并且别名为 builer(构建器)，以便后续阶段参考。首先，构建器安装证书颁发机构(CA)的文件，用于建立支持 HTTPS 的传输层安全(TLS)连接。这些 CA 文件在此阶段并未使用，但将被存储以供运行时镜像使用。接下来，构建器将 http-client 程序的源代码复制到容器中，并编译出对应的 Golang 语言版本的静态二进制文件。http-client 程序存储在构建器容器的 /go/bin/http-client 目录下。

　　http-client 程序很简单，作用是发出 HTTP 请求，从 GitHub 检索自己的源代码：

```
package main
```

```
import (
    "net/http"
)
import "io/ioutil"
import "fmt"

func main() {
    url := "https://raw.githubusercontent.com/" +

    "dockerinaction/ch8_multi_stage_build/master/http-client.go"
resp, err := http.Get(url)

    if err != nil {
        panic(err)
    }
    defer resp.Body.Close()
    body, err := ioutil.ReadAll(resp.Body)
    fmt.Println("response:\n", string(body))
}
```

相比第一阶段，第二阶段基本从零开始。当从头开始构建镜像时，文件系统是空的，并且镜像仅仅包含已复制的内容。注意，http.Get 方法使用 HTTPS 协议检索文件，这意味着程序需要一组有效的 TLS 证书颁发机构。CA 授权证书在构建器阶段已经具备，在运行时构建只需要使用以下命令将 ca-certificates.crt 和 http-client 程序从构建器阶段的目录复制到运行时阶段即可：

```
COPY --from=builder \
    /etc/ssl/certs/ca-certificates.crt
    /etc/ssl/certs/ca-certificates.crt
COPY --from=builder /go/bin/http-client /http-client
```

将镜像的入口点设置为/http-client 后，运行时阶段宣告完成。当容器启动时，将调用/http-client 程序。最终的镜像仅包含两个文件。构建镜像的命令如下所示：

```
docker build -t dockerinaction/http-client -f http-client.df .
```

镜像可以按照以下命令格式执行：

```
docker container run --rm -it dockerinaction/http-client:latest
```

当执行 http-client 镜像时，将输出 http-client.go 的源代码。回顾一下，本例中的 http-client.df 在构建器阶段检索运行时依赖项并构建 http-client 程序，然后，在运行时阶段将 http-client 程序及其依赖项从构建器阶段的目录复制到一个最小临时库，并以此为基础构建运行时镜像。最终生成的镜像仅包含运行程序所需的文件，大小刚好超过 6 MB。在 8.5 节中，我们将使用防御性启动脚本进行另一种方式的应用程序交付。

8.5　使用启动脚本和多进程容器

无论使用哪种工具，都需要考虑到镜像设计方面的因素。你需要清楚地知道，容器中运行的软件在启动时是否需要协助、监督、监视或与其他进程协同。如果需要，则有必要在镜像中包含启动脚本或初始化程序，并将其设置为入口点。

8.5.1　验证前提条件

故障模式很难提前沟通交流，如果故障随机发生，通常会使人们措手不及。如果容器配置问题始终在镜像启动时导致失败，则只要用户解决了这些问题，就可以确信已启动的容器将能够继续正常运行。

在软件设计中，快速失败和前提条件的验证是两项最佳实践。推而广之，在镜像设计中也是如此。这里提及的前提条件是对程序运行上下文所做的假设。

Docker 容器无法控制其创建环境，但它们可以控制自己的执行环境。镜像的作者可以采用以下方法来改善镜像的用户体验：在执行主要任务之前引入环境和依赖性验证过程。如果从镜像构建的容器能够快速失败并显示描述性的错误消息，则容器用户可以迅速了解镜像方面的问题，从而提升了用户体验。

例如，WordPress 要求设置某些环境变量或定义容器链接，没有这种环境上下文信息，WordPress 无法连接到博客数据库。这就要求在能够访问数据库的容器中启动 WordPress，否则就是毫无意义的。WordPress 镜像使用脚本作为容器入口点，脚本可验证容器上下文环境是否与 WordPress 版本兼容。如果必要的环境条件不满足(比如链接未定义或变量没有设置)，脚本将在启动 WordPress 前退出，相应地，容器也将意外停止。

不同的程序，启动的先决条件也不尽相同。如果要将软件打包到镜像中，通常需要编写启动脚本或仔细配置启动工具。启动过程应验证尽可能多的环境上下文配置，

其中应包括以下内容:

- 假定的链接(和别名)
- 环境变量
- 秘密信息
- 网络访问能力
- 网络端口可用性
- 根文件系统挂载参数(可读写或只读)
- 卷
- 当前用户

可以使用任何脚本或编程语言来完成这项任务。本着构建最小镜像的原则,最好使用镜像中已包含的语言或脚本工具。大多数基础镜像都内含 shell 程序,例如/bin/sh 或/bin/bash。shell 脚本是最常见的语言,因为 shell 环境是普遍可用的,而且它们还易于适应程序和环境的要求。当从头开始为某个程序构建镜像时(例如 8.4 节中的 http-client 镜像),程序负责验证自身的前提条件,因为容器中不存在其他的程序。

请考虑以下依赖于 Web 服务器的程序附带的 shell 脚本。在容器启动时,以下脚本将强制检查另一个容器是否已连接到别名 web 并开放端口 80,以及是否定义了 WEB_HOST 环境变量:

```bash
#!/bin/bash
set -e

if [ -n "$WEB_PORT_80_TCP" ]; then
  if [ -z "$WEB_HOST" ]; then
    WEB_HOST='web'
else
    echo >&2 '[WARN]: Linked container, "web" overridden by $WEB_HOST.'
    echo >&2 "===> Connecting to WEB_HOST ($WEB_HOST)"
  fi
fi

if [ -z "$WEB_HOST" ]; then
  echo >&2 '[ERROR]: specify container to link; "web" or WEB_HOST env
           var'
  exit 1
fi
exec "$@" # run the default command
```

如果还不熟悉 shell 脚本，那么正好利用这个机会学习一下。这个问题是有明确解决方案的，并且有一些优秀的资源可供自主学习。本例中的脚本使用了一种模式，不仅环境变量，而且容器链接都已经过测试。如果环境变量已被设置，那么容器链接将被忽略。最后，默认命令会被执行。

如果错误地使用启动脚本来验证镜像的配置，脚本会快速失败，但是这些容器随后也可能由于其他原因而失败。可以将启动脚本与容器重启策略结合使用，以创建可靠的容器。但是，容器重启策略并不是完美的解决方案，因为发生故障并等待重启的容器并未真正运行，这意味着操作人员无法在等待重启的时间窗口内执行其他进程。解决这一问题的根本方法还是需要确保容器能够持续工作。

8.5.2　初始化进程

基于 UNIX 的计算机通常会先启动初始化进程(又称 init 进程)，init 进程负责启动所有其他的系统服务，使服务保持运行并关闭服务。通常，最好使用与 init 进程类似的系统管理工具来启动、管理、重启和关闭容器进程。

init 进程通常使用一些文件来描述系统初始化之后的理想状态。这些文件描述了要启动哪些程序、何时启动它们以及当它们停止时执行什么操作。使用 init 进程是启动多个程序、清理孤儿进程、监视进程以及自动重启失败进程的最佳方法。

如果决定采用这种模式，那么应将 init 进程设置为面向应用程序的 Docker 容器的入口点。根据使用的初始化程序，需要预先准备好带启动脚本的环境。

例如，runit 程序不会将环境变量传递给启动的应用程序，如果应用程序使用启动脚本来验证环境条件，那将无法访问所需的环境变量。解决这个问题的最佳方法是使用 runit 程序的启动脚本，将环境变量写入文件，这样应用程序的启动脚本就可以访问它们了。

功能齐全的 Linux 发行版附带了重量级且功能齐全的初始化程序，例如 SysV、Upstart 和 systemd。Linux Docker 镜像(例如 Ubuntu、Debian 和 CentOS)通常安装了它们自己的初始化程序，但是只在容器内部有效。这些配置可能很复杂，并且非常依赖于需要 root 访问权限的资源。因此，Docker 社区倾向于使用更加轻量级的初始化程序。

主流的初始化程序包括 runit、tini、BusyBox init、Supervisord 和 DAEMON Tools。这些程序都试图解决类似的问题，它们各有优缺点。init 进程非常适用于应用程序类容器，但是对于不同的使用场景，尚不存在特别完美的初始化程序。当评估容器中使用的初始化程序时，请考虑以下因素：

- 程序带来的其他依赖关系。
- 文件大小。

- 程序如何将信号传递给其子进程(或是否需要传递)。
- 所需的用户访问权限。
- 监视和重启功能(backoff-on-restart 功能是附加项)。
- 僵尸进程清理功能。

初始化过程非常重要，所以 Docker 提供了--init 选项用于在容器内运行 init 进程，以管理正在执行的程序。--init 选项也可用于将 init 进程添加到现有镜像中。例如，可以使用 alpine:3.6 镜像运行 netcat 并通过 init 进程进行管理，如下所示：

```
docker container run -it --init alpine:3.6 nc -l -p 3000
```

如果使用 ps –ef 命令检查主机的进程，你将看到 Docker 在容器内部执行了命令 /dev/init--nc -l –p 3000，而非仅仅执行 nc 命令。Docker 默认使用 tini 作为初始化程序，不过你也可以指定其他初始化程序。

无论决定使用哪一种初始化程序，都请确保镜像使用了 init 进程，以此增强用户对镜像和容器能够稳定工作的信心。如果容器需要经由快速失败的机制暴露配置问题，请确保初始化程序不会隐藏失败信息。现在，你已经具备在容器中运行和通知进程的基础知识，接下来我们讨论如何将容器化进程的运行状况传达给协作者。

8.5.3 健康检查的目的和用途

健康检查用于确定容器内的应用程序是否就绪并能够提供相应的功能。工程师为容器定义了应用程序专用的健康检查，用于检测这样一种情况：应用程序正在运行，但是被卡在某个节点或者程序的依赖项已经损坏。

Docker 允许在容器内执行一条指令，以确定应用程序是否正常运行。有以下两种方法可以用来指定健康检查命令：

- 定义镜像时使用 HEALTHCHECK 指令。
- 当容器运行时在命令行中指定健康检查命令。

下面的 Dockerfile 定义了 NGINX Web 服务器的健康检查命令：

```
FROM nginx:1.13-alpine

HEALTHCHECK --interval=5s --retries=2 \
  CMD nc -vz -w 2 localhost 80 || exit 1
```

健康检查命令应该可靠、轻巧，并且不干扰主应用程序的操作，因为主应用程序会被频繁执行。健康检查命令的退出状态码将用于确定容器的运行状况。Docker 定义了以下退出状态码。

- 0：成功——容器健康并可用。
- 1：不健康——容器无法正常工作。
- 2：保留的——这个退出状态码未启用。

当运行正常时，UNIX 的大多数程序以 0 状态码退出，否则以非零状态码退出。|| exit 1 是一些 shell 命令常用的欺骗手段，表示以状态码 1 退出程序，这意味着每当 nc 以任何非零状态退出时，nc 的状态码都会转换为 1，以便 Docker 确认容器是不健康的。将非零退出状态码都转换为 1 是一种常见模式，因为 Docker 并未定义所有非零退出状态码的行为，只有状态码 1 和 2 被明确定义。在撰写本书时，使用行为未定义的退出代码也将导致容器的不健康状态。

构建和运行 NGINX 示例的命令如下：

```
docker image build -t dockerinaction/healthcheck .
docker container run --name healthcheck_ex -d
    dockerinaction/healthcheck
```

当具有健康检查功能的容器正在运行时，可以使用 docker ps 命令检查容器的运行状况。执行后，docker ps 命令将在输出信息的 STATUS 列中报告容器的当前健康状况。docker ps 命令的输出可能有点冗长，因此可以使用自定义格式打印容器名称、镜像名称和状态，如下所示：

```
docker ps --format 'table {{.Names}}\t{{.Image}}\t{{.Status}}'
NAMES               IMAGE                            STATUS
healthcheck_ex      dockerinaction/healthcheck Up 3 minutes (healthy)
```

默认情况下，健康检查命令每 30 秒运行一次，如果三次返回不健康状态码，Docker 会将容器的 health_status(健康状态)从正常转换为不正常。健康检查间隔和连续失败次数(在报告容器状态为不健康之前)都是可配置项，可在 HEALTHCHECK 指令中或启动容器时进行调整。

健康检查工具还支持以下选项：

- time-out——健康检查命令运行和退出的超时设置。

- start period——容器启动时的宽限期，不将健康检查失败次数计入运行状态；一旦健康检查命令返回状态正常，就将容器视为已启动，随后的健康检查失败次数才被计入运行状态。

镜像作者应尽可能为镜像定义有用的健康检查。通常，这意味着以某种方式使用应用程序或检查应用程序内部的健康状态指示器，例如 Web 服务器上的/health 端点。然而，有时无法定义 HEALTHCHECK 指令，因为我们在早期对镜像如何运行知之甚少。为了解决这个问题，Docker 提供了--health-cmd 选项来定义启动容器时的健康检查命令。

比如前面提到的 HEALTHCHECK 示例，可在启动容器时指定健康检查命令，详情如下所示：

```
docker container run --name=healthcheck_ex -d \
  --health-cmd='nc -vz -w 2 localhost 80 || exit 1' \
  nginx:1.13-alpine
```

你在容器运行时定义的健康检查操作将覆盖镜像中定义的健康检查操作。这对于集成第三方镜像中的健康检查特别有用，因为可以根据环境的特殊要求在运行时引入健康检查，而不必从一开始就确定。

上面讨论的都是用来构建镜像的工具，使用它们可以构建持久容器，但持久性不是安全性，尽管用户可能相信镜像能够保持长时间运行，但他们不应该认可镜像的安全性，除非镜像被加固过。

8.6 构建加固的应用程序镜像

作为镜像作者，很难预见到镜像的所有使用场景。因此，请尽可能加固镜像。加固镜像在某种意义上就是"整形"，目标就是减少基于镜像的容器内部的受攻击面。

加固应用程序镜像的一般策略是尽量减少其中的软件数量。毋庸置疑，更少的组件意味着更少的潜在漏洞。此外，尺寸较小的镜像下载更快，也可以更快地部署和构建容器。

除了一般性策略之外，你还可以做三件事来加固镜像。首先，可以强制要求镜像基于某个特定镜像来构建；其次，应确保无论容器是如何从镜像构建的，它们都有合理的默认用户。最后，应该从设置了 setuid 或 setgid 属性集的程序中去除 root 用户升级权限的通用路径。

8.6.1　内容可寻址镜像标识符

到目前为止,本书讨论的镜像标识符均旨在允许镜像作者以透明的方式更新镜像。镜像作者可以选择基础镜像,但是透明的层级使得人们很难相信基础镜像自从经过安全性审查以来没有发生过变化。从 Docker 1.6 开始,镜像标识符包括一个可选的摘要组件。

包括摘要成分的镜像 ID 被称为内容可寻址镜像标识符(CAIID),旨在包含特定内容的特定层级,而不仅仅是那些特别且发生潜在更改的层级。

现在,只要镜像在版本为 2 的仓库中,镜像作者就可以从某个特定且不变的起点强制开始构建镜像。如何确定这个起点,只要用@符号后跟摘要取代标准标签即可。

执行 docker image pull 命令并观察输出中标记为 Digest 的行,就能发现远程仓库中镜像的摘要。一旦有了摘要,就可以将其用作 Dockerfile 中 FROM 指令的标识符。例如,以下内容就使用 debian:stable 镜像的特定版本作为基础:

```
docker pull debian:stable
stable: Pulling from library/debian
31c6765cabf1: Pull complete
Digest: sha256:6aedee3ef827...

# Dockerfile:
FROM debian@sha256:6aedee3ef827...
...
```

无论何时或多少次使用 Dockerfile 来构建镜像,每次构建都将以 CAIID 标识的镜像为基础镜像。这对于将已知的更新合并到镜像中并确定计算机上所运行软件的确切版本特别有用。

尽管这并不直接限制镜像的攻击面,但是使用 CAIID 可以防止镜像在你不知情的情况下被更改。接下来介绍的两个示例将解决镜像攻击面的问题。

8.6.2　用户权限

我们已知的容器突破策略和权限升级策略都依赖于账号在容器内部获得系统管理员权限。第 6 章已经介绍了用于加固容器的工具,其中涉及对用户管理的深入研究以及对 USR Linux 命名空间的讨论。下面介绍为镜像建立合理的用户默认设置的标准做法。

首先，请理解当 Docker 用户在创建容器时，他们始终可以覆盖镜像的默认设置。因此，镜像无法阻止容器以 root 用户身份运行。镜像作者能够做的就是创建其他非 root 用户并建立非 root 默认用户和组。

Dockerfile 包含一条 USER 指令，该指令能够以与 docker container run 或 docker container create 命令相同的方式设置用户和组。本小节关注的是使用 USER 指令时的注意事项和最佳方法。

根据公认的最佳实践和一般性指南，应该尽快放弃特殊权限。既可以在创建容器之前执行 USER 指令，也可以在容器启动时执行启动脚本。镜像作者面临的一大挑战是确定执行操作的最早适当时间。

如果过早放弃权限，则用户可能没有权限完成 Dockerfile 中的指令。例如，下面的 Dockerfile 将无法正确构建镜像：

```
FROM busybox:latest
USER 1000:1000
RUN touch /bin/busybox
```

构建 Dockerfile 时，第 2 步会失败，并显示如下信息: touch:/bin/busybox:Permission denied。文件访问权限显然受到用户更改的影响。在本例中，由于文件/bin/busybox 当前归 root 用户所有，UID 1000 无权更改其所有权，只有调换上面的第二行和第三行指令才能解决问题。

另一个与时机相关的问题是**运行时**所需的权限和功能。如果镜像启动了一个需要在运行时进行管理的进程，则在此之前将用户访问权限授予非 root 用户是没有意义的。例如，任何访问系统端口(端口范围为 1~1024)的进程都需要由具有管理权限(至少 CAP_NET_ADMIN)的用户启动，请考虑当尝试使用 netcat 以非 root 用户身份绑定端口 80 时发生的情况(绑定将会失败)。将以下内容放在名为 UserPermissionDenied.df 的 Dockerfile 文件中：

```
FROM busybox:1.29
USER 1000:1000
ENTRYPOINT ["nc"]
CMD ["-l", "-p", "80", "0.0.0.0"]
```

按照以上 Dockerfile 文件构建镜像并在容器中运行这个镜像。用户(UID 1000)由于缺少所需的权限，导致命令失败，如下所示：

```
docker image build \
    -t dockerinaction/ch8_perm_denied \
    -f UserPermissionDenied.df \
    .

docker container run dockerinaction/ch8_perm_denied
```

容器将打印以下错误信息：

```
nc: bind: Permission denied
```

在这种情况下，将默认用户更改为 USER 1000 没有任何好处。相反，构建的启动脚本都应该尽快放弃权限。最后一个问题是，应该将权限注入给哪个用户？

在默认的 Docker 配置中，容器使用与主机相同的 Linux USR 命名空间，这意味着容器中的 UID 1000 就是主机上的 UID 1000。除了 UID 和 GID 之外，其他方面都是分开的，就像它们在不同的计算机上一样。例如，笔记本电脑上的 UID 1000 可能是用户名，但与 BusyBox 容器内的 UID 1000 关联的用户名可能是 default、busyuser 或任何镜像维护者认为合适的名字。启用第 6 章所述的 userns-remap 功能后，容器中的 UID 将被映射到主机上的非特权 UID。USR 命名空间重映射机制提供了完整的 UID 和 GID 隔离功能，即使对于 root 用户也是如此。但是，实际上能够依靠 userns-remap 功能吗？

镜像作者通常不知道镜像将在何处运行。即使 Docker 在默认配置中采用了 USR 命名空间重映射，镜像作者也很难知道哪个 UID/GID 适合使用。我们唯一可以确定的是，要避免使用通用或系统级 UID/GID。考虑到这一点，使用原始的 UID/GID 仍然很麻烦，因为这样做会使脚本和 Dockerfile 的可读性降低。出于这个原因，镜像作者通常会使用 RUN 指令创建用户和组。以下是 PostgreSQL Dockerfile 中的第二条指令：

```
# add our user and group first to make sure their IDs get assigned
# consistently, regardless of whatever dependencies get added
RUN groupadd -r postgres && useradd -r -g postgres postgres
```

RUN 指令仅创建了 postgres 用户和一个用户组，UID 和 GID 是自动分配的。由于 RUN 指令放置在 Dockerfile 中的前部位置，因此我们将始终在版本重建之间进行缓存，并且 ID 保持不变，而不管是否有其他用户加入镜像。接下来，postgres 用户和组可以在 USER 指令中使用，从而使镜像默认更为安全。但是 PostgreSQL 容器在启动过程中需要提升权限，镜像反而使用 su 或类似 sudo 的 gosu 程序以 postgres 用户身份启动 PostgreSQL 进程。这样做可以确保进程在运行时没有管理员权限。

在构建 Docker 镜像的过程中，用户权限需要仔细考虑。应该遵循的一般规则是，如果要构建的镜像旨在运行特定的应用程序，则默认情况下应尽快删除不必要的用户权限。

正常运行的系统应具有适当的安全性，并具有合理的默认设置。但是请记住，应用程序或代码很少是完美的，有可能还是恶意的。因此，应始终采取其他措施来减少镜像的受攻击面。

8.6.3 SUID 和 SGID 权限

最后讲述的加固操作是减小 setuid(SUID)或 setgid(SGID)的权限。常见的文件系统权限(读取、写入、执行)仅仅是 Linux 定义的权限集的一部分，除此之外，还有两个值得注意的特殊权限：SUID 和 SGID。

这两个权限在本质上是相似的。设置了 SUID 位的可执行文件将始终以其所有者身份执行。例如，/usr/bin/passwd 程序由 root 用户拥有并设置了 SUID 权限，如果以非 root 用户身份(例如 bob)执行这个程序，这个程序将以 root 用户身份执行。以下 Dockerfile 说明了这一点：

```
FROM ubuntu:latest
# Set the SUID bit on whoami RUN chmod u+s /usr/bin/whoami
# Create an example user and set it as the default
RUN adduser --system --no-create-home --disabled-password
--disabled-login \ --shell /bin/sh example USER example
# Set the default to compare the container user and
# the effective user for whoami
CMD printf "Container running as:%s\n" $(id -u -n) && \
    printf "Effectively running whoami as: %s\n" $(whoami)
```

创建上面的 Dockerfile 之后，构建镜像并在容器中执行以下默认命令：

```
docker image build -t dockerinaction/ch8_whoami .
docker run dockerinaction/ch8_whoami
```

以下结果将会被打印到终端：

```
Container running as:           example
Effectively running whoami as: root
```

输出显示，即使以 example 用户身份执行 whoami 命令，该命令也是在 root 用户
的上下文环境中执行的。

SGID 的工作方式与 SUID 类似。不同之处在于，前者将在所有者组而不是所有者
用户的上下文环境中执行。

通过在基础镜像上进行快速搜索，可以找到具有这些权限的文件有多少以及文件
分别是什么，命令如下所示：

```
docker run --rm debian:stretch find / -perm /u=s -type f
```

输出如下所示：

```
/bin/umount
/bin/ping
/bin/su
/bin/mount
/usr/bin/chfn
/usr/bin/passwd
/usr/bin/newgrp
/usr/bin/gpasswd
/usr/bin/chsh
```

以下命令能够找到所有拥有 SGID 权限的文件：

```
docker container run --rm debian:stretch find / -perm /g=s -type f
```

输出结果相比 SUID 的少了很多：

```
/sbin/unix_chkpwd
```

```
/usr/bin/chage
/usr/bin/expiry
/usr/bin/wall
```

上面列出的每个文件均设置有 SUID 或 SGID 权限，其中任何一个错误都可能影响容器内 root 账户的可靠性。好在具有这两种权限的文件通常在镜像构建期间很有用，而在应用程序运行时却很少用到。如果镜像要运行来自外部仓库的软件，最好妥善处置好用户权限，以减轻权限升级带来的风险。

为了解决此问题，可以采用以下操作：删除所有这些文件，或者取消这些文件的 SUID 和 SGID 权限。采取任何一种措施都会减少镜像的受攻击面。以下 Dockerfile 指令将取消镜像中所有文件的 SUID 和 GUID 权限：

```
RUN for i in $(find / -type f \( -perm /u=s -o -perm /g=s \)); \
    do chmod ug-s $i; done
```

加固镜像有助于用户构建强化的容器。尽管没有任何加固措施可以确保用户免于安全威胁，特别是容器自构建以来本身安全就很薄弱，但是这些措施仍然能够帮助那些不太关注安全的普通用户。

8.7   本章小结

大多数 Docker 镜像都是从 Dockerfile 自动构建的。本章介绍了从 Docker 和 Dockerfile 最佳实践中提取出的构建自动化知识。在继续后面章节的学习之前，请确保理解以下要点：

- Docker 提供了自动化的镜像构建器，用于从 Dockerfile 中读取指令。
- 每条 Dockerfile 指令都会创建一个镜像层级。
- 请合并指令以尽可能减小镜像的尺寸和层级数。
- Dockerfile 包含镜像元数据的设置指令，镜像元数据包括默认用户、开放端口、默认命令和入口点。
- 通过使用一些 Dockerfile 指令，可以将文件从本地文件系统或远程位置复制到生成的镜像中。

- 下游的构建版本继承了在上游 Dockerfile 中使用 ONBUILD 指令设置的构建触发器。

- 可以通过多阶段构建和 ARG 指令来改善 Dockerfile 维护工作。

- 在启动主应用程序之前，应使用启动脚本来验证容器的执行上下文。

- 有效的执行上下文应包括合适的环境变量集合、可用的网络依赖性以及适当的用户配置。

- 初始化程序可用于启动多个进程、监视进程、回收孤儿进程以及将信号转发给子进程。

- 增强镜像的有效途径包括构建内容可寻址的镜像标识符、创建非 root 用户的默认用户以及禁用或删除具有 SUID 或 SGID 权限的可执行文件。

第 **9** 章

公共和私有软件分发

当拥有自己编写、定制或直接从互联网上拉取的软件镜像，但却没有人能够安装时，镜像又有什么用呢？Docker 与其他容器管理工具不同，因为它提供了镜像分发功能。

有好几种方法可以分发镜像。本章将探讨这些分发方法，并提供一个镜像分发框架供你选择使用。

托管注册表为公共和私有仓库提供了自动构建工具。相比之下，私有注册表可以隐藏和自定义镜像分发架构。大量分发工作流程的定制化工作可能要求你放弃 Docker 提供的镜像分发工具而构建自己的工具。某些系统甚至完全放弃将镜像作为分发单元的方法，而改为分发镜像源代码。本章将教你甄别和使用镜像分发方法。

9.1 选择分发方法

选择分发方法最困难的地方在于为**特殊情况**选择合适的方法。为解决此问题，对于本章介绍的每种方法，我们均以相同的选择标准进行检验。

使用 Docker 分发软件时，你需要认识到的第一件事是没有通用的解决方案。分发需求因多种原因而各不相同，通常有多种方法可供选择。每种方法都以 Docker 工具作为支撑，因此可以方便地在方法之间转换。简略地浏览所有方法是学习的最好起点。

9.1.1　镜像分发频谱

镜像分发频谱是一组分发方法的集合，其提供了具有不同级别的灵活性和复杂性的镜像分发方法。通常，提供最大灵活性的分发方法使用起来最复杂，而使用起来最简单的分发方法往往限制又是最大的。图 9.1 显示了整个镜像分发频谱。

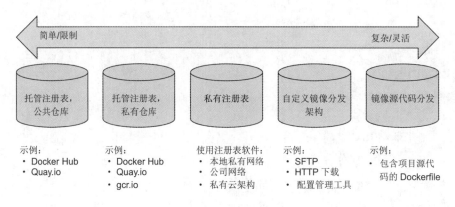

图 9.1　镜像分发频谱

镜像分发频谱中包括从左端以 Docker Hub 为代表的托管注册表到右端完全自定义的分发架构或源代码在内的各种分发方法。我们对这些分发方法并不一视同仁，而是重点介绍其中一部分。我们还将特别关注私有注册表，因为它在频谱的两端之间提供了最大的平衡。

有了镜像分发频谱后，你需要一套选择标准以甄别各种分发方法的特点和优劣。

9.1.2　选择标准

从众多分发方法中选出最能满足需求的那些有些让人望而生畏。在这种情况下，你应该花些时间了解它们，确定选择标准，避免仓促做出决定。

以下选择标准基于各个领域的差异以及常见的业务问题。做决定时，请仔细考虑每种情况的重要性：

- 成本
- 可见性
- 传输速度或带宽开销

- 生命周期控制
- 可用性控制
- 访问控制
- 工件完整性
- 工件机密性
- 必要的专业知识

本章后面将详细介绍每种分发方法与这些标准的匹配或抵触情况。

成本

成本是最明显的标准，在镜像分发频谱中，成本这项标准占据的范围很广，从免费到非常昂贵都有，而且成本的内涵"很复杂"。较低的成本通常更好，成本也是最灵活的标准。例如，如果情况需要，大多数人愿意以成本换取工件机密性。

可见性

可见性是分发方法的下一个最显而易见的标准。秘密项目或内部工具很难满足这个标准，即使经过授权的人也常常无法发现它们。另外，公共工程或开源项目为了促进采用率，应该尽可能增加可见性。

传输速度或带宽开销

传输速度或带宽开销是下一个最灵活的标准。当使用以下功能时，包括镜像层级、并发下载、预构建镜像、平面镜像文件、部署时镜像构建等，不同的方法受文件大小和镜像安装速度的影响程度也不同。对于采用即时部署方法以响应同步请求的系统而言，高传输速度或低安装延迟至关重要，而在开发环境或异步处理系统中情况则恰好相反。

生命周期控制

生命周期控制不仅是技术问题，更是业务问题。托管的分发方法会受到第三方或公司商业决策的影响。当一位管理人员面临是否采用托管注册表中的决策时，可能会问："如果托管方停业或不再提供仓库托管业务，对我们有什么影响？"这个问题可简化为："第三方的业务需求会在我们之前改变吗？"如果对此感到担忧，生命周期控制将变得很重要。Docker 的运用使方法之间的切换变得简单，对其他标准(如必要的专业知识或成本)的关注可能会胜过对生命周期的担忧。出于这些原因，生命周期控制是另一个灵活的标准。

可用性控制

可用性控制是指控制仓库可用性问题的能力。托管解决方案不提供可用性控制。

如果是付费客户，企业通常会提供关于可用性的服务级别协议(Service Level Agreement, SLA)，但是你无权直接解决问题。对于这一点，私有注册表或定制化解决方案将控制权和责任都交给了你。

访问控制

访问控制保护镜像免遭未经授权的修改或访问。当前存在不同程度的访问控制，一些系统仅提供对特定仓库修改的访问控制，而另一些系统则提供对整个注册表的访问控制，更有甚者包括付费墙或数字版权管理控制。通常，项目的访问控制需求由产品或业务规定，这使访问控制成为最不灵活且最重要的考虑因素之一。

工件完整性

工件完整性和工作机密性都属于较不灵活且技术含量更高的类型。工件完整性代表文件和镜像的可信赖性和一致性。违反工件完整性的行为包括中间人攻击，在这种攻击中，攻击者侵入镜像下载过程，并使用自己的内容替换镜像原来的内容。再比如，被恶意攻击的注册表将返回不真实的镜像大小。

工件机密性

工件机密性是开发商业机密或专有软件的公司的常见要求。例如，如果使用Docker分发加密材料，那么机密性将是重中之重。工件完整性和工件机密性在镜像分发频谱中的位置并不相同。总体而言，开箱即用的分发模式所提供的安全功能并不提供最严格的机密性或完整性。如果机密性是需求之一，那么信息安全专家有必要实施和审查专门针对这一点的解决方案。

必要的专业知识

选择分发方法时需要考虑的最后一件事是所需的专业知识水平。使用托管方法可能很简单，只需要对工具稍有了解即可。建立自定义镜像或镜像源代码分发管道则需要具备一系列相关专业知识。如果缺乏相关知识或者无法找到拥有这些知识的人，那么使用更复杂的解决方案将是你需要面临的挑战。在这种情况下，你也许需要投入额外的费用来弥补差距。

有了上面这套强大的选择标准，你就可以开始学习和评估各种分发方法了。下面将通过最差、差、好、更好和最佳五个等级对这些分发方法进行评估。

9.2　在托管注册表中发布镜像

提醒一下，Docker 注册表是系统服务，可使用 docker pull 命令通过注册表访问仓库。由于注册表托管仓库，因此最简单的镜像分发方法是使用托管注册表。

托管注册表是由第三方供应商持有和运营的 Docker 注册表服务。Docker Hub、Quay.io 和 Google Container Registry 都是托管注册表服务提供商。默认情况下，Docker 将镜像发布到 Docker Hub，而 Docker Hub 和其他大多数服务提供商都提供公共和私有注册表，如图 9.2 所示。

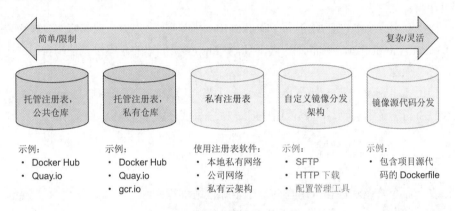

图 9.2　镜像分发频谱的最简单一侧

本书使用的示例镜像将与 Docker Hub 和 Quay.io 上托管的公共仓库一起分发。在本节的最后，你将了解如何使用托管注册表来发布自己的镜像，以及托管注册表如何满足选择标准。

9.2.1　在 Docker Hub 的公共仓库中发布镜像

将自有仓库推送到 Docker Hub 意味着开始使用托管注册表中的公共仓库。为此，你只需要一个 Docker Hub 账户和一个想要发布的镜像即可。如果还没有 Docker Hub 账户，现在就注册一个。

一旦有了 Docker Hub 账户，就需要创建镜像以便发布。创建一个名为 HelloWorld.df 的 Dockerfile 文件并添加以下指令：

```
FROM busybox:latest
```
来自 HelloWorld.df

```
CMD echo 'Hello World!'
```

第 8 章介绍了 Dockerfile 指令。提醒一下，FROM 指令用于告诉 Docker 镜像构建器使用哪个现有镜像作为起点。CMD 指令则为新镜像设置了默认命令。由这个镜像创建的容器将在显示"Hello World!"后退出。可使用以下命令构建新的镜像：

```
docker image build \
    -t <insert Docker Hub username>/hello-dockerfile \  ◁────┐
    -f HelloWorld.df \                                  插入用户名 ┘
    .
```

确保在以上命令中使用自己的 Docker Hub 用户名。仓库的访问和修改授权需要基于 Docker Hub 上仓库名称的用户名部分，因此，如果创建的仓库没有使用自己的用户名，你将无法发布仓库。

使用 docker 命令行工具在 Docker Hub 上发布镜像时，要求你与 Docker 客户端建立经过身份验证的会话。可以使用 docker login 命令执行此操作，如下所示：

```
docker login
```

以上命令将提示你输入用户名、电子邮件地址和密码，也可以使用--username、--email 和--password 选项将它们作为参数传递给命令。登录时，Docker 客户端会维护身份凭证和不同注册表之间的映射关系，并保存在文件中，注意文件中存储的是用户名和身份验证令牌而不是密码。

登录后，就可以将仓库推送到托管注册表。使用 docker push 命令完成操作，如下所示：

```
docker image push <insert Docker Hub username>/hello-dockerfile ◁────┐
                                                              插入用户名 ┘
```

输出如下：

```
The push refers to a repository
[dockerinaction/hello-dockerfile](len: 1)

  7f6d4eb1f937: Image already
  exists 8c2e06607696: Image successfully pushed
  6ce2e90b0bc7: Image successfully pushed
  cf2616975b4a: Image successfully pushed
```

```
Digest:
  sha256:ef18de4b0ddf9ebd1cf5805fae1743181cbf3642f942cae8de7c5d4e3
    75b1f20
```

以上输出包含了镜像的上传状态和结果仓库的内容摘要。注意，推送操作将在远程注册表上创建仓库，上传镜像的每个新层级，然后打上适当的标记。

推送完之后，你的公共仓库将对全世界可用。通过搜索用户名和仓库名，可以验证这一点。例如，可使用以下命令查找 dockerinaction 用户名之下的示例：

```
docker search dockerinaction
```

将用户名 dockerinaction 替换为你自己的用户名，就可以在 Docker Hub 上找到你的仓库了。也可以登录 Docker Hub 网站并查看你名下所有的仓库，接着找到并修改指定的仓库。

在 Docker Hub 上分发了第一个镜像之后，你应该考虑一下托管注册表这种方式的评估结果，参见表 9.1。

表 9.1　公共托管仓库的评估结果

标准	评价	说明
成本	最佳	托管注册表上的公共仓库几乎总是免费的，这是一项巨大的优势。当刚开始使用 Docker 或发布开源软件时，这个标准特别有用
可见性	最佳	托管注册表是著名的软件分发中心。如果希望项目对公众可见且为人熟知，采用托管注册表上的公共仓库进行分发是显而易见的最佳选择
传输速度或带宽开销	更好	托管注册表(如 Docker Hub)可感知层级，并且可与 Docker 客户端一起使用，仅传输客户端没有保存的层级。此外，当镜像拉取操作需要传输多个仓库时，托管注册表会并行执行。由于这些原因，从托管仓库分发镜像的速度很快，而造成的网络负载却很小
生命周期控制	好	你对托管注册表没有生命周期控制权，但是注册表都遵循 Docker 注册表 API，这使得从一台主机迁移到另一台主机的成本比较低廉
可用性控制	最差	你对托管注册表没有可用性控制权
访问控制	更好	公共仓库向公众开放读权限，而写入权限仍由仓库的提供方控制。可以通过两种方式控制 Docker Hub 上公共仓库的写入权限。首先，个人拥有的仓库只能由个人账户写入；其次，组织拥有的仓库可由组织内部的任何用户写入

(续表)

标准	评价	说明
工件完整性	最佳	当前版本的 Docker 注册表 API(V2 版)提供了内容可寻址的镜像,这使你可以请求具有特定加密签名的镜像。Docker 客户端将通过重新计算签名并将其与请求的签名做比较,来验证返回的镜像的完整性。不兼容 V2 版 Docker 注册表 API 的旧 Docker 版本不支持此功能,此时应使用 V1 版。在签名未知的情况下,主机提供的授权和静态安全功能将获得高度信任
工件机密性	最差	托管注册表和公共仓库永远都不适合存储和分发明文敏感信息或敏感代码。请记住,机密信息包括密码、API 密钥、证书等。任何人都可以访问这些信息
必要的专业知识	最佳	在托管注册表上使用公共仓库仅要求你对 Docker 有基本了解,并能够在 Docker Hub 网站上设置账户。任何 Docker 用户都可以使用此解决方案

对于开源项目的所有者或刚开始使用 Docker 的人员,使用托管注册表上的公共仓库是最佳选择。人们对从互联网下载运行的软件仍然持怀疑态度,因此,不公开资源的公共仓库对于某些用户而言是难以信任的。托管(受信任)在一定程度上解决了信任问题。

9.2.2　私有托管仓库

从操作和产品的角度看,私有托管仓库类似于公共仓库。大多数注册表提供商都提供了这两种选择,并且在网站上进行操作配置的差异非常小。由于 Docker 注册表 API 在访问这两种类型的仓库时没有差别,因此注册表提供商通常要求通过网站、应用程序或 API 来显式地配置私有注册表。

用于私有托管仓库的工具与公共仓库的相同,唯一的例外是:在使用 docker image pull 或 docker container run 命令从私有托管仓库安装镜像之前,需要在私有托管仓库的注册表中进行身份验证。为此,应使用 docker login 命令完成身份验证。

以下命令将提示你在 Docker Hub 和 Quay.io 提供的注册表中进行身份验证。创建账户并进行身份验证后,就可以访问三个注册表中的公共仓库和私有托管仓库了。docker login 子命令带有可选的服务器参数,如下所示:

```
docker login
```

```
# Username: dockerinaction
# Password:
# Email: book@dockerinaction.com
# WARNING: login credentials saved in /Users/xxx/.dockercfg.
# Login Succeeded

docker login quay.io
# Username: dockerinaction
# Password:
# Email: book@dockerinaction.com
# WARNING: login credentials saved in /Users/xxx/.dockercfg.
# Login Succeeded
```

在确定是否将私有托管仓库作为分发解决方案之前，请按照选择标准对它进行评估，参见表 9.2。

表 9.2　私有托管仓库的评估结果

标准	评价	说明
成本	好	私有托管仓库的成本通常根据所需仓库的数量而定。费用通常从 5 个仓库每月几美元到 50 个仓库每月约 50 美元不等。存储费用和虚拟服务器月度托管费用是这一标准的驱动因素。需要 50 个以上仓库的用户或组织可能会发现私有注册表的方式更适合自己
可见性	最佳	根据定义，私有托管仓库是私有的。在注册表中确认仓库存在之前，需要首先进行身份验证。对于不希望产生运行注册表开销的组织或小型私人项目而言，私有托管仓库是很好的工具。但是，私有托管仓库对于分发商业软件或开源镜像来说并不是好的选择
传输速度或带宽开销	更好	任何托管注册表(例如 Docker Hub)都致力于将用于镜像传输的带宽最小化，并使客户端并行下载镜像的层级。除了在 Internet 上传输文件导致的延迟，托管注册表始终比其他非注册表解决方案表现得更好
生命周期控制	好	你对托管注册表没有生命周期控制权。但是注册表都遵循 Docker 注册表 API，这使得从一台主机迁移到另一台主机的成本比较低廉
可用性控制	最差	托管注册表都不提供任何可用性控制。但是，与使用公共仓库不同，使用私有托管仓库将使你成为付费客户，而付费客户拥有更好的 SLA 保障和人员支持
访问控制	更好	对私有托管仓库的读写访问都仅限于授权用户

（续表）

标准	评价	说明
工件完整性	最佳	有理由期望所有托管注册表都支持 V2 版 Docker 注册表 API 和内容可寻址镜像
工件机密性	最差	尽管这些仓库提供了保密性，但它们始终不适合存储明文敏感信息或敏感代码。另外，尽管注册表要求进行用户身份验证以及对所请求资源的授权访问，但是这些机制仍存在一些潜在的问题。仓库的提供者可能使用弱证书存储、弱授权或丢失授权，甚至不加密资源。最后，注册表提供者的员工不应访问机密材料
必要的专业知识	最佳	与公共仓库一样，在托管注册表上使用私有托管仓库仅要求你对 Docker 有基本了解，并且能够在 Docker Hub 网站上设置账户。任何 Docker 用户都可以使用此解决方案

个人和小型团队将在私有托管仓库中找到最有用的工具。私有托管仓库的低成本和基本授权功能非常适合对安全性要求最低的低预算项目或私人项目。对保密性要求较高且预算足够的大型公司或项目，可能发现私有注册表的方式更能满足需求。

9.3　引入私有注册表

如果对可用性控制、生命周期控制或保密性有严格的要求，那么私有注册表方式将是最佳选择。这样既可以获得控制权，同时也不会牺牲与 Docker 拉取和推送机制的互操作性，更不会增加学习难度。人们与私有注册表交互的方式与托管注册表完全一样。

许多免费的以及拥有商业支持的软件包可用于运行 Docker 镜像注册表。如果你所在的组织已有用于操作系统或应用程序软件包的商业工件仓库，则很可能支持 Docker 镜像注册表 API。如果只运行非生产镜像注册表，那么 Docker 自身的注册表软件就足够了。Docker 注册表是开源软件，采用 Apache 2 许可发布。该软件的可用性和许可协议使运行私有注册表的工程成本非常低。私有注册表处于镜像分发频谱的中间位置，如图 9.3 所示。

如果拥有以下特殊的架构用例，则运行私有注册表是一种很好的分发方法：

- 区域镜像缓存。
- 团队专属的镜像分发，以获取局部性或可见性。
- 环境或特定部署阶段的镜像池。

- 核准镜像的公司流程。
- 外部镜像的生命周期控制。

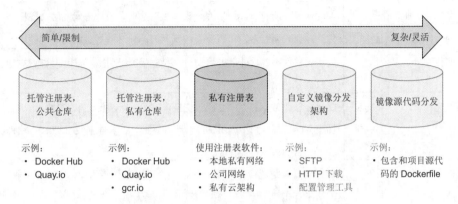

图 9.3　镜像分发频谱中的私有注册表

在确定私有注册表是最佳选择之前，请首先查看这种方式的评估结果，如表 9.3 所示。

表 9.3　私有注册表的评估结果

标准	评价	说明
成本	好	私有注册表至少会增加硬件开销、支持费用和失败风险，但是 Docker 社区通过构建开源软件，已经为部署私有注册表做了大量工作。其成本与托管注册表相比，在不同的维度上都有差异。私有托管仓库的成本取决于原始仓库的数量，而私有注册表的成本与事务处理速率和存储使用量成正比。为了构建交易量大的系统，需要扩大注册表主机的数量，以便能够处理大量请求；同样，如果注册表主要为小镜像提供服务，那么用于存储的成本将比那些为大镜像提供服务的注册表更低
可见性	好	私有注册表在创建时就可见。但是，即使拥有自己的注册表并向全世界开放，私有注册表也不会比 Docker Hub 之类广受欢迎的注册表更显眼
传输速度或带宽开销	最佳	任何客户端与注册表之间的操作延迟都取决于这两个节点之间的网络性能以及注册表上的负载。由于这些不确定因素，私有注册表可能比托管注册表更快或更慢。大多数操作大规模部署方案或内部架构的人会发现私有注册表更有吸引力。私有注册表消除了内部系统对 Internet 或数据中心间网络的依赖，并且改善了网络延迟情况。由于私有注册表解决方案使用 Docker 注册表，因此能与托管注册表解决方案在并发性方面保持一致

（续表）

标准	评价	说明
生命周期控制	最佳	作为注册表所有者，可以完全控制私有注册表解决方案的生命周期
可用性控制	最佳	作为注册表所有者，可以完全控制私有注册表解决方案的可用性
访问控制	好	注册表软件不包含即插即用的身份验证或授权功能。但是，实现这些功能只需要付出较少的工作量
工件完整性	最佳	Docker 注册表 API 的 V2 版本支持内容可寻址镜像，开源软件则支持可插拔存储后端。为了提供其他一致性保护，可以强制使用 TLS，并使用静态加密的后端存储
工件机密性	好	私有注册表是镜像分发频谱中第一个适用于存储商业秘密或机密材料的解决方案。你既能控制身份验证和授权机制，也能控制网络和传输中的安全性机制，最重要的是你还控制着静态存储。你将完全掌控系统，以保证机密数据的安全
必要的专业知识	好	入门和运行本地注册表只需要具备基本的 Docker 经验。但是，运行和维护高可用的生产系统私有注册表需要掌握多种技术，具体采用的技术取决于将要使用的功能。通常，为了构建代理程序，需要熟悉 NGINX；为了提供身份验证，需要 LDAP 或 Kerberos；使用缓存则涉及 Redis。许多商业产品解决方案均可用于私有 Docker 注册表，范围从 Artifactory 和 Nexus 等传统工件仓库到 GitLab 等软件交付系统

从托管注册表到私有注册表所做的最大权衡是为了获得灵活性和控制权，但同时需要具备更深、更广的工程经验以构建和维护解决方案。Docker 镜像注册表通常会占用大量存储空间，因此务必在分析中考虑到这一点。本节接下来将介绍实现最复杂的注册表部署设计所需的内容。

9.3.1   使用注册表镜像

无论出于何种原因，使用 Docker 注册表都很容易。Docker 注册表可从 Docker Hub 上名为 Registry 的仓库中获取。可以通过使用如下命令在容器中启动本地注册表：

```
docker run -d -p 5000:5000 \
    -v "$(pwd)"/data:/tmp/registry-dev \
    --restart=always --name local-registry registry:2
```

通过 Docker Hub 分发的镜像被配置为不安全的访问，意指从运行 Docker 守护进程的计算机到 Docker Hub 的网络路径并不安全。启动注册表后，可以将其与 docker pull、run、tag、push 命令一起使用。在上面的示例中，注册表的位置是 localhost:5000。系统的架构如图 9.4 所示。

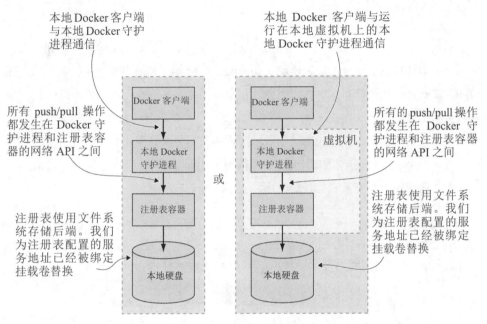

图 9.4 Docker 客户端、Docker 守护进程、注册表容器和本地存储之间的交互

当公司发现自身对外部镜像有依赖时，通常会对外部镜像进行严格的版本控制，并将从外部源(例如 Docker Hub)提取的镜像复制到自己的注册表中。这样做可以确保当镜像作者更新或删除源镜像时，你不会遭受意外的更改或丢失。为了了解注册表的使用方式，下面浏览一下将镜像从 Docker Hub 复制到注册表中的工作流程：

```
docker image pull dockerinaction/ch9_registry_bound
```
从 Docker Hub 中拉取示例镜像

```
docker image ls -f "label=dia_excercise=ch9_registry_bound"
```
检查镜像是否能被过滤标签发现

```
docker image tag dockerinaction/ch9_registry_bound \

    localhost:5000/dockerinaction/ch9_registry_bound
```

```
docker image push localhost:5000/dockerinaction/ch9_registry_bound
```
推送示例镜像到注册表中

上述命令可将示例仓库从 Docker Hub 复制到本地仓库。如果从启动注册表的同一位置执行这些命令，那么创建的数据子目录中将包含新的注册表数据。

9.3.2   从注册表中消费镜像

通过与 Docker 生态系统进行紧密集成，你可以感觉到正在使用的软件仿佛一直就存在于本地计算机上一样。如果消除了 Internet 时延，例如使用本地注册表，那么真实的感觉就像在使用分布式组件。因此，将数据推送到本地仓库本身并不是一件很令人兴奋的事情。

接下来的一组命令更加让你印象深刻，因为它们将操作真正的注册表。这些命令首先将从 Docker 守护进程的本地缓存中删除示例仓库，接着证明它们已不存在，最后从私有注册表中重新安装它们，如下所示：

```
docker image rm \
    dockerinaction/ch9_registry_bound \              删除被打过标签
    localhost:5000/dockerinaction/ch9_registry_bound◄──的引用

docker image ls -f "label=dia_excercise=ch9_registry_bound"
                                                      从注册表中再次拉取镜像
docker image pull localhost:5000/dockerinaction/ch9_registry_bound ◄─

docker image ls -f "label=dia_excercise=ch9_registry_bound" ◄──显式地证明镜
                                                           像已重新安装
docker container rm -vf local-registry ◄───
                                        清理本地注册表
```

虽然可以尽量在本地使用私有注册表，但是默认配置并不安全，并且将阻止远程 Docker 客户端使用私有注册表(除非它们明确允许不安全的访问)。这是在生产环境中部署私有注册表之前需要解决的几个问题之一。

这是关于 Docker 注册表的最灵活的分发方法。如果对传输、存储和工件管理需要有更大的控制权，则应考虑使用手动分发系统分发镜像。

9.4　手动发布和分发镜像

镜像是文件,因此可以像分发文件一样分发它们。通常可以从网站、文件传输协议(File Transfer Protocol,FTP)服务器、公司存储网络或对等网络上下载软件,也可以将这些分发渠道用于分发镜像。如果认识镜像接收者,甚至可以通过电子邮件或 USB 驱动器直接将镜像发送给他们。手动分发镜像具有最大的灵活性,支持各种用例和场景。例如,既可以将镜像同时分发给多人,也可以将镜像分发给安全的隔离网络。

将镜像作为文件使用时,Docker 就像管理文件一样管理本地镜像。其他的问题都将留给你自己解决。功能上的这部分缺失也是手动发布和分发镜像的特点之一。自定义镜像分发架构在镜像分发频谱中的位置如图 9.5 所示。

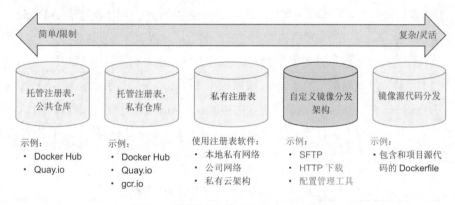

图 9.5　通过自定义架构分发 Docker 镜像

我们已经介绍了将镜像作为文件使用的方法。第 3 章阐述了将镜像加载到 Docker 并将镜像保存到硬盘的方法。第 7 章介绍了将完整的文件系统导出和导入为展平的镜像的知识。这些技术是构建图 9.6 所示分发流程的基础。

图 9.6 概述了如何使用 Docker 创建镜像并分发镜像。你应该熟悉如何使用 docker image build 命令创建镜像,以及如何使用 docker image save 或 docker container export 命令创建镜像文件。这些操作的每一步都对应单个命令。

镜像以文件格式保存后,就可以像任何文件一样进行传输。图 9.6 中未显示镜像上传机制。该机制可能是文件共享工具(例如 Dropbox)监视的文件夹;也可能是一段自定义代码,定期运行或每当有新文件产生时都给予响应,然后使用 FTP 或 HTTP 将文件推送到远程服务器。无论采用哪种机制,都需要做一些集成工作。

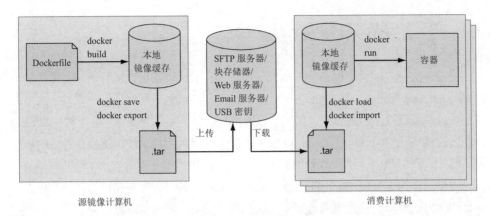

图9.6 具有生产者、运输者和消费者的手动分发流程

图 9.6 还显示了客户端在分发镜像之后如何拉取镜像并用于构建容器。Docker 客户端需要一种方法或机制来了解镜像的位置，然后从远程服务器获取镜像。一旦客户端下载镜像文件后，就可以使用 docker image load 或 import 命令完成导入。

在不了解分发问题细节的情况下，很难根据选择标准来评估手动分发方法的优劣。使用非 Docker 分发通道可以赋予你完全的控制权，从而可以处理特殊需求。所以对于手动分发方法，最好由你自己决定如何评估。表 9.4 探索了如何根据选择标准评估手动分发方法，结果仅供参考。

表 9.4 自定义镜像分发架构的评估结果

标准	评价	说明
成本	好	分发成本由带宽、存储和硬件需求决定。 托管分发解决方案(例如云存储)将捆绑这些成本，通常随着使用量的增加单位价格会降低。但是，托管解决方案将人员成本和你可能不需要的其他功能捆绑在了一起，因而与私有机制相比，价格会更高
可见性	差	大多数手动分发方法都有些特殊，与公共或私有注册表方式相比，需要更多的广告宣传费用和使用成本，示例甚至可能包括使用流行的网站或其他知名的文件分发中心
传输速度或带宽开销	好	传输速度取决于传输设施，而文件大小取决于使用层级镜像还是展平镜像。请记住，层级镜像将保留镜像的历史记录、容器的元数据以及可能已被删除或覆盖的旧文件，而展平镜像仅包含文件系统中的当前文件集

(续表)

标准	评价	说明
生命周期控制	差	使用既不开放也不在你控制之下的专有协议、工具或其他技术会影响你对生命周期的控制。例如,你对通过托管的文件共享服务(例如 Dropbox)分发镜像文件显然没有生命周期控制权。另外,如果你和朋友交换 USB 闪存盘(俗称 U 盘)以传递镜像,那么只要你们愿意,你们就可以一直进行下去
可用性控制	最佳	如果可用性控制是将要考虑的主要因素,那么应该使用自己拥有的传输机制
访问控制	差	可以将传输与所需的访问控制功能一起使用,或使用文件加密。如果构建了使用密钥对镜像文件进行加密的系统,则可以确保只有知道正确密钥的人才能访问镜像
工件完整性	差	完整性验证是为进行大量分发而开发的昂贵功能。至少,你需要一条受信任的渠道来发布加密文件的签名并创建档案,以维护使用 docker images save 和 load 命令生成的镜像和层级签名
工件机密性	好	可以使用便宜的加密工具来加密内容。如果除了加密内容之外还需要加密元数据(信息交换本身是秘密进行的),则应避免使用托管工具,并确保传输协议是支持加密的(HTTPS、SFTP、SSH 或脱机)
必要的专业知识	好	托管工具通常被设计成易于使用,并且不需要很多知识与经验就能与工作流集成。但是,大多数情况下也可以使用自己的工具

所有相同的标准都适用于手动分发,但是如果不结合具体的传输方法,就很难讨论它们。

基于 FTP 的分发架构示例

一个功能完备且能够工作的示例将有助于你准确理解手动分发架构。下面以文件传输协议(FTP)为基础构建一个手动分发架构。

FTP 不如以前流行。原因在于 FTP 协议不提供保密性,并且为了进行身份验证,可直接在网络上传输凭证信息。但 FTP 软件是免费的,而且绝大多数平台都有客户端。这使 FTP 成为构建自己的分发架构的最佳工具。图 9.7 说明了我们将要构建的内容。

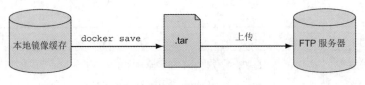

图 9.7   FTP 发布架构

我们的示例将使用两个现有镜像。第一个镜像是 dockerinaction/ch9_ftpd，它是 centos:6 镜像的专业版本；vsftpd(FTP 守护进程)已安装并配置为匿名写访问。第二个镜像是 dockerinaction/ch9_ftp_client，它是当前流行的最小化 Alpine Linux 镜像的特别版本，名为 LFTP 的 FTP 客户端就安装在该镜像中，并被设置为镜像的入口点。

为了准备实验，请从 Docker Hub 中提取将要分发的镜像。在本例中，使用的是 registry:2 镜像：

```
docker image pull registry:2
```

一旦将要分发的镜像准备好之后，就可以开始了。第一步是构建镜像分发架构。在本例中，这意味着运行 FTP 服务器，并在专用网络上执行如下命令：

```
docker network create ch9_ftp
docker container run -d --name ftp-server--network=ch9_ftp -p 21:21 \
    dockerinaction/ch9_ftpd
```

以上命令将启动一个 FTP 服务器，并在 TCP 端口 21(默认端口)上接收 FTP 连接请求。千万不要在任何生产环境中使用此镜像，因为服务器已配置为允许匿名连接在 pub/incoming 文件夹下进行写入操作。你的分发架构将使用该文件夹作为镜像分发点。

接下来将镜像导出为文件格式。执行以下命令：

```
docker image save -o ./registry.2.tar registry:2
```

以上命令会将 registry:2 镜像导出为当前目录中的结构化镜像文件，其中将保留镜像的所有元数据和历史记录。此时，可以注入各种操作，例如生成的校验和或加密文件。由于此例中的分发架构没有这样的要求，因此可以继续向前进入发行步骤。

dockerinaction/ch9_ftp_client 镜像已安装 FTP 客户端，可用于将新的镜像文件上传到 FTP 服务器。请记住，你是在名为 ftp-server 的容器中启动 FTP 服务器的。ftp-server 容器已连接到名为 ch9_ftp 的用户定义的桥接网络(参见第 5 章)，其他连接到 ch9_ftp 网络的容器也可以连接到 ftp-server。现在可以通过 FTP 客户端上传 registry 镜像文件了，如下所示：

```
docker container run --rm -it --network ch9_ftp \
    -v "$(pwd)":/data \
    dockerinaction/ch9_ftp_client \
    -e 'cd pub/incoming; put registry.2.tar; exit' ftp-server
```

以上命令将创建一个新的容器，将这个容器的卷绑定到本地目录，并加入 FTP 服务器容器连接到的 **ch9_ftp** 网络。接下来使用 LFTP 将名为 registry.2.tar 的镜像文件上载到 ftp_server 容器。可以列出 FTP 服务器文件夹的内容以验证镜像是否上传，命令如下所示：

```
docker run --rm -it --network ch9_ftp \
  -v "$(pwd)":/data \
  dockerinaction/ch9_ftp_client \
  -e "cd pub/incoming; ls; exit" ftp-server
```

现在注册表镜像已经在 FTP 服务器上可下载了。任何知道 FTP 服务器地址的 FTP 客户端都可以通过网络连接来下载镜像。但是，镜像文件在当前的 FTP 服务器上可能并不会被覆盖。鉴于此，如果要在生产环境中使用类似的工具，则需要准备版本控制方案。

当镜像文件可用后，如何将这个状态通知出去？在本例中，客户端需要使用文件列出命令来定期轮询服务器。另外，也可以建立网站或发送电子邮件以通知客户关于镜像的信息，但这一切操作都在标准 FTP 传输流程之外。

在根据选择标准评估分发方法之前，请使用 FTP 服务器上的注册表镜像来了解客户端如何集成。

首先从本地镜像缓存中删除注册表镜像，并从本地目录中删除文件：

```
rm registry.2.tar
docker image rm registry:2        ◁────┤ 需要首先删除注册表镜像
docker image ls registry   ◁────  确认注册表镜像已被删除
```

然后使用 FTP 客户端从 FTP 服务器下载镜像文件：

```
docker container run --rm -it --network ch9_ftp \
  -v "$(pwd)":/data \
  dockerinaction/ch9_ftp_client \
```

```
-e 'cd pub/incoming; get registry.2.tar; exit' ftp-server
```

此时,你应该再次在本地目录中找到registry.2.tar文件。接下来可以使用docker load命令将该镜像重新加载到本地缓存中:

```
docker image load -i registry.2.tar
```

可以使用 docker image ls registry 命令再次列出仓库中的注册表镜像,以确认镜像已从存档中加载。

这是关于构建手动镜像发布和分发架构的最小示例。只需要稍作扩展,就可以构建生产级别的、基于FTP的分发中心。在当前配置下,按照选择标准进行评估后,结果如表9.5所示。

表9.5 基于 FTP 的分发架构示例的评估结果

标准	评价	说明
成本	好	这是一种低成本方案。所有相关软件都是免费的。带宽和存储成本与托管镜像的数量和客户端数量呈线性关系
可见性	最差	FTP 服务器运行在没有标准集成工作流的环境中,服务地址也不可知。这种方案的可见性非常低
传输速度或带宽开销	差	所有传输都发生在同一台计算机上的容器之间,因此所有命令都会快速完成。如果客户端通过网络连接到 FTP 服务,则速度会直接受到上传速度的影响。这种分发方法将下载多余的工件,并且不会并行下载镜像。总体而言,这种方案的带宽使用效率不高
生命周期控制	最佳	只要有必要,就可以创建 FTP 服务器
可用性控制	最佳	你将完全控制 FTP 服务器。如果不可用,你将是唯一可以恢复服务的人
访问控制	最差	不提供访问控制
工件完整性	最差	网络传输层确实提供了端点之间文件的完整性,但却很容易被拦截攻击,并且在文件创建和上传之间以及在文件下载和导入之间不存在一致性保护
工件机密性	最差	不提供机密性
必要的专业知识	好	此处提供了实现此解决方案的所有必要经验。如果有兴趣将本例扩展到生产环境,则需要熟悉 vsftpd 配置选项和 SFTP

简而言之，几乎没有实际情况适用于这种传输配置。但是，它有助于说明在将镜像作为文件使用时这种分发方法的关注点和基本流程。试想一下，如果使用基于 SSH 协议的 rsync 工具，或者使用 scp 替换 FTP，将大大提高系统中工件的一致性和保密性。9.5 节将讨论最后一种镜像分发方法：分发镜像源代码，这种方法的特点是既灵活又复杂。

9.5 镜像源代码分发流程

当分发镜像源代码而不是镜像本身时，将剪切掉所有 Docker 分发工作流程，并且仅仅依赖 Docker 镜像构建器。与手动发布和分发镜像一样，镜像源代码分发流程的效果应在具体实现中进行评估。

与使用文件备份工具(例如 rsync)相比，在 GitHub 上使用托管的源代码控制系统(例如 Git)将极为不同。从某种意义上说，源代码分发工作流程相比手动镜像发布和分发工作流程的关注点更多。你必须构建自己的工作流程，但不能借助 docker save、load、export 或 import 命令。生产者需要确定如何打包镜像源代码，而消费者也需要了解镜像源代码是如何打包的，以及如何从中构建镜像。扩展的界面使镜像源代码分发成为最灵活也可能最复杂的分发方法。图 9.8 显示了镜像分发频谱中最复杂一端的镜像源代码分发方法。

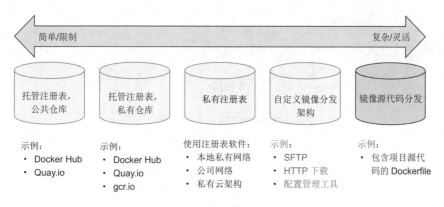

图 9.8 使用现有架构分发镜像源代码

尽管镜像源代码分发方法存在潜在的复杂度，但它却是最常见的分发方法之一。主流的版本控制软件都能够处理源代码分发扩展界面的许多复杂问题。

在 GitHub 上使用 Dockerfile 分发项目

当使用 Dockerfile 和 GitHub 分发镜像源代码时，镜像使用者可直接复制 GitHub 仓库，并使用 docker image build 命令在本地构建镜像。通过分发源代码，发布者甚至不需要在 Docker Hub 或其他的 Docker 注册表中拥有账户即可发布镜像。

假设生产者拥有项目、Dockerfile 和 GitHub 仓库，那么项目的分发流程将如下所示：

```
git init
git config --global user.email "you@example.com"
git config --global user.name "Your Name"
git add Dockerfile
# git add *whatever other files you need for the image*
git commit -m "first commit"
git remote add origin https://github.com/<your username>/<your
      repo>.git
git push -u origin master
```

同时，镜像消费者将使用如下命令集：

```
git clone https://github.com/<your username>/<your repo>.git
cd <your-repo>
docker image build -t <your username>/<your repo> .
```

这些是普通 Git 或 GitHub 用户都已十分熟悉的步骤，评估结果参见表 9.6。

表 9.6　通过 GitHub 分发镜像源代码的评估结果

标准	评价	说明
成本	最佳	如果使用公共 GitHub 仓库，那么无须付费
可见性	最佳	GitHub 是用于开源工具的最流行的公共仓库，提供了出色的社交和搜索组件，使项目更容易被搜索到
传输速度或带宽开销	好	通过分发镜像源代码，可以将其他注册表用于基础层级，这样便能够减轻传输和存储负担。GitHub 还提供了内容交付网络(Content Delivery Network，CDN)，用于确保世界各地的客户都能够以低网络延迟访问 GitHub 上的项目

（续表）

标准	评价	说明
生命周期控制	差	尽管 Git 是一种流行的工具，并且已经存在较长时间，但你仍可以通过与 GitHub 或其他托管的版本控制提供者集成来放弃生命周期控制
可用性控制	最差	依靠 GitHub 或其他托管的版本控制程序将导致失去可用性控制
访问控制	好	GitHub 或其他托管的版本控制提供者确实为私有托管仓库提供了访问控制工具
工件完整性	好	对于作为构建过程一部分的镜像以及克隆到客户端计算机后的源代码来说，此解决方案不提供完整性。但完整性是版本控制系统的重点，任何完整性问题都将显而易见，并且可以通过标准 Git 流程来解决
工件机密性	最差	公共项目不提供源代码保密
必要的专业知识	好	镜像的作者和消费者需要熟悉 Dockerfile、Docker 构建器和 Git 工具

　　镜像源代码的分发与所有 Docker 分发工具都脱离了。仅仅依靠镜像构建器，就可以自由选择任何可用的分发工具集。如果你被限制为只能使用某类分发工具或源代码控制工具，那么这种方案可能是唯一选择。

9.6　本章小结

　　本章介绍了各种软件分发机制以及 Docker 在每种机制中的作用。人们最近已经开发了多种分发渠道，你可能会对自己的解决方案有更多见解，其他读者则可能想进一步深入学习。无论属于哪种情况，在继续学习之前，请确保已掌握以下内容：

- 熟悉镜像分发频谱。
- 应该使用一组一致的选择标准，以便评估分发方法并从中选择。
- 托管的公共仓库提供了出色的项目视图，它们是免费的，并且使用它们时几乎不需要经验。
- 消费者更加信任自动构建的镜像，因为它们通常由受信任的第三方构建。
- 私有托管仓库对于小型团队具有成本效益优势，并且能够提供令人满意的访问控制。
- 运行自己的注册表，这使你既可以构建适合自己的架构，也无须放弃 Docker 分发工具。
- 可使用文件共享系统将镜像作为文件分发。
- 镜像源代码分发方案比较灵活，但不要过于复杂，应尽量使用主流的源代码分发工具和模式。

第*10*章

镜像构建管道

本章内容如下:
- Docker 镜像构建管道的目标
- 构建镜像与使用元数据的模式,以帮助消费者使用镜像
- 测试镜像配置正确且安全的常用方法
- 标记镜像的模式,以便识别它们并将其交付给消费者
- 用于将镜像发布到运行时环境和注册表的模式

在第 8 章,我们学习了使用 Dockerfile 和 docker build 命令自动构建 Docker 镜像的方法。但是,构建镜像只是交付功能正常且安全可信的镜像过程中的关键一步,镜像发布者还需要执行测试以验证镜像在预期条件下能正常工作。通过测试后,消费者对镜像才更有信心。测试完之后,还需要对镜像打标签并发布到注册表供后续使用。由于已经过大量验证,因此消费者可以放心地部署这些镜像。

这些步骤(准备镜像材料、构建镜像、测试、发布镜像到注册表)总称为镜像构建管道。管道可帮助软件作者向消费者快速发布更新和修复项。

10.1 镜像构建管道的目标

管道使构建、测试和发布镜像的过程完全自动化,其目标是将镜像自动部署到运行时环境。图 10.1 展示了在管道中构建软件及其他组件的简略过程。使用持续集成(Continuous Integration,CI)的人都熟悉这一过程,这一过程并不仅限于 Docker 镜像,在一般的软件集成中也已得到广泛应用。

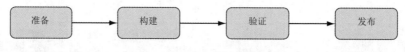

图 10.1　通用的工件构建管道

人们通常使用诸如 Jenkins、Travis CI 或 Drone 的持续集成系统来自动构建管道。不管使用哪种具体的管道建模技术,构建管道的真正目标都是在从定义源代码到部署工件的过程中应用一套一致的严格实践方法。用于构建管道的具体工具之间只有实现细节上的微小差异,而 Docker 镜像的持续集成流程与其他软件也非常相似,如图 10.2 所示。

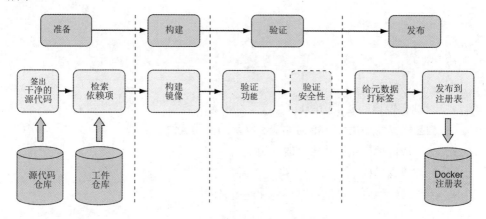

图 10.2　Docker 镜像的构建管道

当构建 Docker 镜像时,具体包括以下步骤:

(1) 签出镜像和脚本构建源代码的干净副本,作为后续镜像构建流程的起点。

(2) 检索或生成将要包含在镜像中的工件,例如应用程序包和运行时库文件。

(3) 使用 Dockerfile 构建镜像。

(4) 验证镜像的结构和功能是否正常。

(5) 验证镜像不包含已知漏洞(可选)。

(6) 给镜像打标签,以便使用。

(7) 将镜像发布到注册表或其他分发渠道。

应用程序工件是指软件作者生成的运行时脚本、二进制文件(.exe、.tgz、.zip 文件)和配置文件。镜像构建过程假定应用程序工件已被构建、测试并发布到工件仓库中,以用于后续镜像的构建。应用程序工件可以在容器内部构建,这正是许多现代的持续集成系统所要做的事情。本章中的练习将演示利用容器构建应用程序,以及将构建好的应用程序工件打包到 Docker 镜像中的过程。我们将使用类 UNIX 环境中的一套轻量级通用工具来实现构建过程。镜像构建管道的概念和基本命令集应该能够比较容易地应用或集成到工具集中。

10.2 构建镜像的模式

使用容器构建应用程序和镜像时存在几种可选模式。我们将在这里讨论以下三种最受欢迎的模式。

- 多合一镜像：你将使用多合一镜像来构建和运行应用程序。
- 构建加运行时版本：将构建的镜像与单独的、更小的运行时镜像一起使用以生成容器化的应用程序。
- 构建加多运行时版本：在多阶段构建中，使用一个小型的运行时镜像，但辅之以多个不同版本，以用于调试和各种不同的补充用例。

针对特定使用场景中的镜像，已演化出多种构建模式。图 10.3 中的模式成熟度是指构建镜像的设计方法和流程，而不是应用这些模式的组织。当将镜像用于内部实验或便携式开发环境时，多合一镜像模式最合适。相反，当分发拥有商业许可和支持的服务器时，构建加运行时版本模式极有可能最合适。独立软件发布组织则通常使用多种模式来构建镜像。值得注意的是，通过应用并修改此处描述的模式，可以解决自身的镜像构建和交付问题。

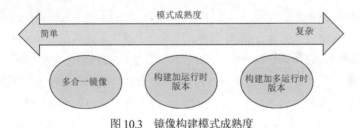

图 10.3 镜像构建模式成熟度

10.2.1 多合一镜像

多合一镜像包含构建和运行应用程序所需的全部工具。这些工具包括软件开发工具包(Software Development Kits，SDK)、程序包管理器、共享链接库、具体语言的构建工具或其他二进制工具。通常这种类型的镜像还包括默认的应用程序运行时配置项。多合一镜像是开始将应用程序容器化的最简单方法。尤其在对开发环境或具有许多依赖项的"旧版"应用程序进行容器化时，它们特别有用。

让我们使用多合一镜像模式通过流行的 Spring Boot 框架构建一个简单的 Java Web 服务器。以下是一个将应用程序与构建工具合在一起构建为镜像的多合一

Dockerfile 文件：

```
FROM maven:3.6-jdk-11

ENV WORKDIR=/project
RUN mkdir -p ${WORKDIR}
COPY . ${WORKDIR}
WORKDIR ${WORKDIR}
RUN mvn -f pom.xml clean verify
RUN cp ${WORKDIR}/target/ch10-0.1.0.jar /app.jar
ENTRYPOINT ["java","-jar","/app.jar"]
```

复制 https://github.com/dockerinaction/ch10_patterns-for-building-images.git 仓库，然后按以下方式构建项目：

```
docker image build -t dockerinaction/ch10:all-in-one \
    --file all-in-one.df .
```

在以上 Dockerfile 文件中，源镜像是社区版 Maven 3.6 镜像，该镜像同时还包括 OpenJDK 11。以上 Dockerfile 文件将构建一个简单的 Java Web 服务器，并将应用程序添加到镜像中。镜像的定义最后以 ENTRYPOINT 命令结尾，入口点则通过调用 Java 启动镜像中的应用程序来运行 Web 服务。这是一个能实际运行的最简单的例子，也是一次很好的演示，它传递出这样的信息："看，我们可以容器化应用程序！"

然而多合一镜像也有缺点。由于它们包含的工具数量大大超过了运行应用程序所需的工具数量，因此黑客在攻击应用程序时将拥有更多选择，并且镜像需要更频繁地更新，以容纳数量巨大的来自开发和业务部门的更改需求。此外，多合一镜像的尺寸很大，通常为 500 MB 以上。以上示例中使用的 maven：3.6-jdk-11 基础镜像最初为 614 MB，构建结束后为 708 MB。大镜像给镜像分发机制带来更大的压力，当发布大规模版本或者频繁发行版本时，这个问题将更加明显。

尽管如此，这种模式仍非常适合创建可移植的应用程序镜像或开发环境镜像。接下来将讨论另一种模式：通过分离应用程序构建和运行时的关注点来改善运行时镜像的许多特性。

10.2.2　分离构建时和运行时镜像

通过创建单独的构建时和运行时镜像，可以改善多合一镜像模式。具体地说，在这种改善方法中，所有用于应用程序构建和测试的工具都被包含在一个镜像中，而另一个镜像仅包含应用程序运行时所需的内容。

可以使用 Maven 容器构建应用程序，如下所示：

```
docker container run -it --rm \
  -v "$(pwd)":/project/ \
  -w /project/ \
  maven:3.6-jdk-11 \
  mvn clean verify
```

Maven 负责将应用程序编译并打包到项目的 target 目录中：

```
$ ls -la target/ch10-0.1.0.jar
-rw-r--r-- 1 user group 16142344 Jul 2 15:17 target/ch10-0.1.0.jar
```

在这种方式下，应用程序由公共 Maven 镜像创建的容器进行构建。最终，生成的应用程序工件经由挂载卷输出到主机文件系统中，而不像多合一镜像模式那样存储在镜像中。运行时镜像则是使用简单的 Dockerfile 文件创建的，Dockerfile 文件会将应用程序工件复制到一个基于 OpenJDK 10 的镜像中，如下所示：

```
FROM openjdk:11-jdk-slim

COPY target/ch10-0.1.0.jar /app.jar

ENTRYPOINT ["java","-jar","/app.jar"]
```

构建运行时镜像，如下所示：

```
docker image build -t dockerinaction/ch10:simple-runtime \
    --file simple-runtime.df .
```

现在启动 Web 服务器镜像：

```
docker container run --rm -it -p 8080:8080
dockerinaction/ch10:simple-runtime
```

应用程序的运行效果与之前的多合一镜像示例中的应用程序相同。通过使用这种方法，运行时镜像不再包含用于构建镜像的工具(例如 Maven 和中间过渡工件)。现在，运行时镜像的尺寸相比之前要小很多(401 MB 相比 708 MB 小了不少)，相应的受攻击面也更小了。

如今，许多持续集成工具都支持和鼓励这种模式。具体如何支持呢？一是在集成过程中的某一步将 Docker 镜像用作干净的执行环境，二是运行容器化的构建代理程序并执行一些集成步骤。

10.2.3 通过多阶段构建来更改运行时镜像

随着构建和运营经验日益丰富，你可能会发现，创建应用程序镜像的多种小型版本以支持各种不同用例(例如调试、专用测试或性能分析)是非常有用的做法。这些用例通常需要添加专门的工具或更改应用程序的镜像。多阶段构建可用于使专用镜像与应用程序镜像保持同步，并避免重复定义。下面我们将重点介绍如何通过第 8 章引入的 FROM 指令的多阶段功能来创建专用镜像。

我们首先根据应用程序镜像构建 app-image 的调试版本，层级结构类似于图 10.4。

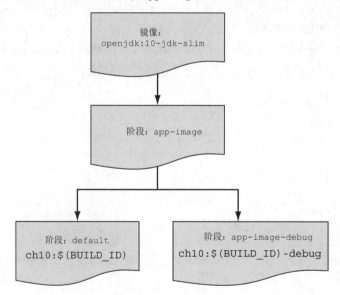

图 10.4   用于多阶段构建示例的镜像层级结构

本章示例仓库中的 multi-stage-runtime.df 文件定义了图 10.4 所示的镜像层级结构，如下所示:

```
# The app-image build target defines the application image
FROM openjdk:11-jdk-slim as app-image        ←── app-image 构建阶段
                                                  从 openjdk 开始
```

```
ARG BUILD_ID=unknown
ARG BUILD_DATE=unknown
ARG VCS_REF=unknown

LABEL org.label-schema.version="${BUILD_ID}" \
      org.label-schema.build-date="${BUILD_DATE}" \
      org.label-schema.vcs-ref="${VCS_REF}" \
      org.label-schema.name="ch10" \
      org.label-schema.schema-version="1.0rc1"

COPY multi-stage-runtime.df /Dockerfile

COPY target/ch10-0.1.0.jar /app.jar

ENTRYPOINT ["java","-jar","/app.jar"]
```

app-image-debug 镜像继承自
app-image 镜像并且增加了一
些内容

```
FROM app-image as  app-image-debug
#COPY needed debugging tools into image
ENTRYPOINT ["sh"]
```

default 阶段保证了 app-image
镜像被构建为默认镜像.

```
FROM app-image as default
```

主应用程序镜像的构建阶段被声明为从 openjdk:11-jdk-slim 开始，并且被命名为 app-image，如下所示：

```
# The app-image build target defines the application image
FROM openjdk:11-jdk-slim as app-image
...
```

命名构建阶段有两个重要目的。首先，名称使 Dockerfile 中的其他构建阶段能够容易地引用已命名的阶段；其次，构建过程可以将阶段名称指定为构建目标。请注意，构建阶段的名称仅限定于 Dockerfile 的上下文中，并不影响镜像的标签。

下面我们通过在 Dockerfile 中添加一个支持调试的构建阶段来创建应用程序镜像的调试版本，如下所示：

```
FROM app-image as  app-image-debug
#COPY needed debugging tools into image
ENTRYPOINT ["sh"]
```

将 app-image 镜像用作 app-image-
debug 镜像的基础版本

应用程序镜像的调试版本将应用程序镜像指定为基础镜像，并对镜像内容进行微小的更改，在本例中就是将镜像的入口点重新配置为 shell 程序而不是运行应用程序，但在其他方面，调试镜像与主应用程序镜像完全一致。

无论 Dockerfile 定义了多少个构建阶段，docker image build 命令都只会生成一个镜像。可以使用构建命令的--target 选项来指定具体的阶段镜像。当在 Dockerfile 中定义多个构建阶段时，最好明确地指明要构建的镜像。例如，要构建调试镜像，请调用 docker build 命令并明确采用--target app-image-debug 选项，如下所示：

```
docker image build -t dockerinaction/ch10:multi-stage-runtime-debug \
  -f multi-stage-runtime.df \
  --target=app-image-debug .
```

构建过程将执行 app-image-debug 阶段的构建，该阶段依赖于 app-image 阶段，并且最终会生成调试镜像。

请注意，当从定义了多个阶段的 Dockerfile 生成镜像但并未明确指定构建目标时，Docker 将根据 Dockerfile 定义的最后一个阶段的名称生成镜像。可以在 Dockerfile 的末尾添加一个简单的构建阶段，用于为主要构建阶段构建默认镜像，如下所示：

```
# Ensure app-image is the default image built with this Dockerfile
FROM app-image as default
```

上面这条 FROM 语句基于 app-image 镜像定义了一个名为 default 的构建阶段。default 阶段不会对 app-image 镜像生成的最后一个层级做改动，它们是完全相同的。

目前我们已经介绍了几种生成镜像或镜像系列的模式，下面我们讨论应该捕获哪些镜像元数据，以促进后续的交付和操作流程。

10.3　在构建镜像时记录元数据

如第 8 章所述，LABEL 指令用于操作元数据对镜像进行注释，而这些元数据对于镜像的使用者和操作员来说都很有用。你应该至少捕获镜像中的以下数据：

- 应用程序名称
- 应用程序版本
- 构建日期和时间
- 版本控制提交标识符

除了上面提到的镜像标签之外，还需要考虑将用于构建镜像和软件包清单的 Dockerfile 添加到镜像文件系统中。

当协调部署和调试问题时，所有这些信息都很有价值。比如，编排人员将元数据记录到审核日志中，以追溯问题；部署工具使用构建时间或版本控制系统(VCS)的提交标识符来展示服务部署项的组成；将源 Dockerfile 加入镜像可以为调试人员提供容器内导航的快速参考；编排人员和安全人员会发现用以描述镜像的架构角色或安全配置项的元数据，这对确定容器运行的环境和权限很有用。

Docker 社区标签模式项目在 http://label-schema.org/ 上定义了常用标签。这些标签代表推荐的元数据，实现方式通常为 Dockerfile 中使用的标签模式和构建参数，如下所示：

```
FROM openjdk:11-jdk-slim

ARG BUILD_ID=unknown
ARG BUILD_DATE=unknown
ARG VCS_REF=unknown

LABEL org.label-schema.version="${BUILD_ID}" \
      org.label-schema.build-date="${BUILD_DATE}" \
      org.label-schema.vcs-ref="${VCS_REF}" \
      org.label-schema.name="ch10" \
      org.label-schema.schema-version="1.0rc1"

COPY multi-stage-runtime.df /Dockerfile

COPY target/ch10-0.1.0.jar /app.jar

ENTRYPOINT ["java","-jar","/app.jar"]
```

现在，构建过程变得更加复杂，这是因为增加了以下步骤：收集元数据、构建应用程序工件、构建镜像。接下来我们使用经久不衰的构建工具 make 来完成构建过程。

使用 make 工具进行构建

make 是一个已被广泛使用的用于构建应用程序的工具，它了解构建过程中各步骤之间的依赖关系。构建过程的作者在 Makefile 文件中描述构建的每个步骤，然后 make 程序对 Makefile 进行解释执行并最终完成构建。make 工具提供了类似于 shell 的灵活执行环境，因此你几乎可以实现任何类型的构建步骤。

　　与标准 shell 脚本相比，make 工具的主要优点在于用户是声明步骤之间的依赖关系，而不是直接实现步骤之间的控制流。这些步骤称为规则，每条规则由目标名称标识。以下是规则的一般形式：

target 用于标记规则，可使用逻辑名或由
规则产生的文件名作为 target 的名字

前提条件是可选目标的列表，它们需要在
目标前被构建

```
target … : prerequisites …
recipe command 1
recipe command 2
…
```

recipe 部分包括用于构建目标的命令列表

　　执行 make 命令时，可根据为每条规则声明的前提条件构造依赖关系图。make 命令使用这张依赖关系图来确定构建目标的步骤顺序。make 工具具有许多功能和特殊用法，但我们不会在此处详尽描述，你可以在 https://www.gnu.org/software/make/manual/ 上找到更多信息。值得一提的是，make 工具以对空格字符的敏感性而闻名，尤其是缩进制表符和变量声明周围的空格。使用本章的源仓库(https://github.com/dockerinaction/ch10_patterns-for-building-images.git)提供的 Makefile 而不是自己手动输入是最简单的。在简单阐述了 make 工具之后，让我们返回到对构建 Docker 镜像的讨论上来。

在 Windows 操作系统上进行构建

　　如果使用的是 Windows 操作系统，你会发现本例中使用的 make 工具和其他几个命令在环境中不可用。最简单的解决方案是在本地或云端使用 Linux 虚拟机。如果计划在 Windows 操作系统上使用 Docker 开发软件，那么需要将你为 Linux 准备的 Windows 子系统(WSL 或 WSL2)与 Windows Docker 一起使用。

　　下面的 Makefile 用于收集元数据，然后构建、测试和标记应用程序工件与镜像：

```
# if BUILD_ID is unset, compute metadata that will be used in builds
ifeq ($(strip $(BUILD_ID)),)
    VCS_REF := $(shell git rev-parse --short HEAD)
    BUILD_TIME_EPOCH := $(shell date +"%s")
    BUILD_TIME_RFC_3339 := \
        $(shell date -u -r $(BUILD_TIME_EPOCH) '+%Y-%m-%dT%I:%M:%SZ')
    BUILD_TIME_UTC := \
        $(shell date -u -r $(BUILD_TIME_EPOCH) +'%Y%m%d-%H%M%S')
    BUILD_ID := $(BUILD_TIME_UTC)-$(VCS_REF)
endif
```

```
ifeq ($(strip $(TAG)),)
    TAG := unknown
endif

.PHONY: clean
clean:
    @echo "Cleaning"
    rm -rf target

.PHONY: metadata
metadata:
    @echo "Gathering Metadata"
    @echo BUILD_TIME_EPOCH IS $(BUILD_TIME_EPOCH)
    @echo BUILD_TIME_RFC_3339 IS $(BUILD_TIME_RFC_3339)
    @echo BUILD_TIME_UTC IS $(BUILD_TIME_UTC)
    @echo BUILD_ID IS $(BUILD_ID)

target/ch10-0.1.0.jar:
    @echo "Building App Artifacts"
    docker run -it --rm -v "$(shell pwd)":/project/ -w /project/ \
    maven:3.6-jdk-11 \
    mvn clean verify

.PHONY: app-artifacts
app-artifacts: target/ch10-0.1.0.jar

.PHONY: lint-dockerfile
lint-dockerfile:
    @set -e
    @echo "Linting Dockerfile"
    docker container run --rm -i hadolint/hadolint:v1.15.0 < \
            multi-stage-runtime.df

.PHONY: app-image
app-image: app-artifacts metadata lint-dockerfile
    @echo "Building App Image"
    docker image build -t dockerinaction/ch10:$(BUILD_ID) \
    -f multi-stage-runtime.df \
    --build-arg BUILD_ID='$(BUILD_ID)' \
```

app-image 目标首先需要构建 app-artifacts、metadata 和 lint-dockerfile 这三个目标

```
    --build-arg BUILD_DATE='$(BUILD_TIME_RFC_3339)' \
    --build-arg VCS_REF='$(VCS_REF)' \
    .
    @echo "Built App Image. BUILD_ID: $(BUILD_ID)"


.PHONY: app-image-debug
app-image-debug: app-image
    @echo "Building Debug App Image"
    docker image build -t dockerinaction/ch10:$(BUILD_ID)-debug \
    -f multi-stage-runtime.df \
    --target=app-image-debug \
    --build-arg BUILD_ID='$(BUILD_ID)' \
    --build-arg BUILD_DATE='$(BUILD_TIME_RFC_3339)' \
    --build-arg VCS_REF='$(VCS_REF)' \
    .
    @echo "Built Debug App Image. BUILD_ID: $(BUILD_ID)"


.PHONY: image-tests
image-tests:
    @echo "Testing image structure"
    docker container run --rm -it \
    -v /var/run/docker.sock:/var/run/docker.sock \
    -v $(shell pwd)/structure-tests.yaml:/structure-tests.yaml \
    gcr.io/gcp-runtimes/container-structure-test:v1.6.0 test \
    --image dockerinaction/ch10:$(BUILD_ID) \
    --config /structure-tests.yaml


.PHONY: inspect-image-labels
inspect-image-labels:
    docker image inspect --format '{{ json .Config.Labels }}' \
        dockerinaction/ch10:$(BUILD_ID) | jq


.PHONY: tag
tag:
    @echo "Tagging Image"
    docker image tag dockerinaction/ch10:$(BUILD_ID)\
        dockerinaction/ch10:$(TAG)


.PHONY: all
all: app-artifacts app-image image-tests
```

可以使用 make all 命令
构建所有目标

上面这个 Makefile 为我们讨论的每个构建步骤定义了一个目标：收集元数据、构建应用程序以及构建、测试和标记镜像。类似于 app-image 这样的目标依赖于其他目标，以确保构建步骤以正确的顺序执行。由于构建元数据对于所有步骤都是必不可少的，因此除非提供了 BUILD_ID，否则会自动生成。Makefile 实现了一条镜像管道，既可以在本地运行这条镜像管道，也可以在持续集成或持续交付系统(CI/CD)中集成它。可以通过将 app-image 作为目标来构建相应的应用程序工件和镜像，如下所示：

```
make app-image
```

由于依赖关系会被检索出来并被编译，生成应用程序工件这一步骤将产生大量输出。当应用程序构建成功时，系统会显示以下消息：

```
[INFO]------------------------------------------------------------
[INFO] BUILD SUCCESS
[INFO]------------------------------------------------------------
```

之后，你将立即看到一条"收集元数据"的消息以及构建需要的元数据，如下所示：

```
BUILD_TIME_EPOCH IS 1562106748
BUILD_TIME_RFC_3339 IS 2019-07-02T10:32:28Z
BUILD_TIME_UTC IS 20190702-223228
BUILD_ID IS 20190702-223228-ade3d65
```

接下来是进行镜像质量保证的第一个步骤。你应该能看到以下消息：

```
Linting Dockerfile
docker container run --rm -i hadolint/hadolint:v1.15.0 < multi-stage-
    runtime.df
```

在构建镜像之前，使用工具 hadolint(https://github.com/hadolint/hadolint)对 Dockerfile 进行分析。该工具验证 Dockerfile 是否遵循最佳实践原则并能识别出常见错误。与其他质量保证做法一样，可以选择在 hadolint 报告问题时停止镜像构建管道的运行。hadolint 是可用于检查 Dockerfile 的几种工具之一，由于会将 Dockerfile 解析为抽象的语法树，因此与基于正则表达式的方法相比，使用 hadolint 可以进行更为深入和复杂的分析。hadolint 能够识别不正确或不建议使用的 Dockerfile 指令、FROM 指令中被省

略的标签、使用 apt/apk/pip/npm 包管理器时的常见错误以及 RUN 指令中指定的其他
命令。

一旦 Dockerfile 分析完毕，app-image 镜像中的目标就会被执行并开始构建应用程
序镜像。docker image build 命令将显示执行成功并输出以下内容：

```
Successfully built 79b61fb87b96
Successfully tagged dockerinaction/ch10:20190702-223619-ade3d65
Built App Image. BUILD_ID: 20190702-223619-ade3d65
```

在构建过程中，每个应用程序镜像都被标记了 BUILD_ID，这个 ID 经由两个参数
(构建时间和当前 Git 提交动作的哈希值)计算出来。新的 Docker 镜像会使用仓库和
BUILD_ID(20190702-223619-ade3d65)进行标记。现在，20190702-223619-ade3d65 标
签可用于在 dockerinaction/ch10 镜像仓库中标识 ID 为 79b61fb87b96 的镜像。这种
BUILD_ID 样式可以根据时间和版本历史记录精确地识别镜像。捕获镜像构建的时间
信息非常重要，因为人们能够很好地识别时间，并且许多镜像构建过程会执行软件包
管理器更新或其他操作等，这些更新在不同的构建过程中可能会产生不同的结果。
BUILD_ID 包含版本控制 ID，如 7c5fd3d，从而提供了一个方便的指示符，可追溯到
构建镜像的原始材料。

接下来的步骤将使用 BUILD_ID。可以从终端的 app-image 构建输出日志的最后
一行复制 BUILD_ID，然后将其作为 shell 变量导出，从而顺利访问 BUILD_ID，如下
所示：

```
export BUILD_ID=20190702-223619-ade3d65
```

为了检查添加到镜像的元数据，执行以下命令以检查标签：

```
make inspect-image-labels BUILD_ID=20190702-223619-ade3d65
```

如果使用 shell 变量导出了 BUILD_ID 标签，则可以执行以下命令：

```
make inspect-image-labels BUILD_ID=$BUILD_ID
```

以上命令将使用 docker image inspect 来显示镜像的标签：

```
{
    "org.label-schema.build-date": "2019-07-02T10:36:19Z",
```

```
"org.label-schema.name": "ch10",
"org.label-schema.schema-version": "1.0rc1",
"org.label-schema.vcs-ref": "ade3d65",
"org.label-schema.version": "20190702-223619-ade3d65"
}
```

现在，应用程序镜像已准备好进行下一步的测试和打标签过程，再往后就可以发布了。由于具有唯一的 BUILD_ID，在后续交付过程中，镜像很容易被识别。在 10.4 节中，我们将使用多种方法测试镜像，以确认镜像被正确构建且可以部署。

10.4　在镜像构建管道中测试镜像

镜像发布者可以在镜像构建管道中使用多种技术来保障质量。之前介绍的 Dockerfile 分析步骤是其中之一，但我们还有更多选择。

Docker 镜像格式的一大优点是可以通过工具分析镜像元数据和文件系统。例如，镜像可以被测试是否包含应用程序所需的文件，以及这些文件是否具有适当的权限，也可以通过执行关键程序来验证镜像是否能正常运行。与此同时，Docker 镜像也需要被检查是否增加了用于追溯历史和部署设置的元数据。具有安全意识的用户还可能扫描镜像以发现漏洞。只要这些步骤中的任何一个失败，发布者就可以停止镜像的发布，因而这些步骤大大提高了所发布镜像的质量。

谷歌的容器结构测试工具(Container Structure Test，CST)是一种用于验证 Docker 镜像内部构造的流行工具(https://github.com/GoogleContainerTools/container-structure-test)。使用该工具，镜像作者可以验证镜像(或镜像压缩文件)是否包含具有所需访问权限和所有权的文件，命令是否正常运行以产生预期的输出结果，以及镜像是否包含特定的元数据(例如标签或命令)。这些检查中的大部分都可以通过传统的系统配置检查工具(例如 Chef Inspec 或 Serverspec)来完成。但是，CST 更适合容器，因为该工具可以在任意镜像上运行，而无须镜像包含其他工具或库文件。下面使用配置项执行 CST 以验证应用程序工件是否具有正确的权限，以及验证适当的 Java 版本是否已安装：

```
schemaVersion: "2.0.0"

# Verify the expected version of Java is available and executable
commandTests:
    - name: "java version"
    command: "java"
```

```
    args: ["-version"]
    exitCode: 0
    # OpenJDK java -version stderr will include a line like:
    # OpenJDK Runtime Environment 18.9 (build 11.0.3+7)
    expectedError: ["OpenJDK Runtime Environment.*build 11\\..*"]

# Verify the application archive is readable and owned by root
fileExistenceTests:
    - name: 'application archive'
    path: '/app.jar'
    shouldExist: true
    permissions: '-rw-r--r--'
    uid: 0
    gid: 0
```

首先，配置项告诉 CST 调用 Java 并输出版本信息。OpenJDK Java 在运行时会打印版本信息到 stderr，因此将 CST 配置成将版本信息与正则表达式 OpenJDK Runtime Environment.* build 11\\.*进行匹配。如果需要确保应用程序基于某个特定版本的 Java 运行，则可以将正则表达式写得更具体，并更新基本镜像。

其次，CST 将验证应用程序归档文件为 app.jar、拥有者为 root 账户并且所有人均可读取。验证文件所有权和权限看似属于过于基本的操作，但实际上有助于防止程序不可执行、不可读或因为不在可执行路径中而导致的"不可见"错误。使用以下命令对之前构建的镜像进行测试：

```
make image-tests BUILD_ID=$BUILD_ID
```

上面这条命令将产生如下结果：

```
Testing image structure
docker container run --rm -it \
    -v /var/run/docker.sock:/var/run/docker.sock \
    -v /Users/dia/structure-tests.yaml:/structure-tests.yaml \
    gcr.io/gcp-runtimes/container-structure-test:v1.6.0 test \
    --image dockerinaction/ch10:20181230-181226-61ceb6d \
    --config /structure-tests.yaml


============================================
====== Test file: structure-tests.yaml ======
```

```
================================================

INFO: stderr: openjdk version "11.0.3" 2019-04-16
OpenJDK Runtime Environment 18.9 (build 11.0.3+7)
OpenJDK 64-Bit Server VM 18.9 (build 11.0.3+7, mixed mode)

=== RUN: Command Test: java version
--- PASS
stderr: openjdk version "11.0.3" 2019-04-16
OpenJDK Runtime Environment 18.9 (build 11.0.3+7)
OpenJDK 64-Bit Server VM 18.9 (build 11.0.3+7, mixed mode)
INFO: File Existence Test: application archive
=== RUN: File Existence Test: application archive
--- PASS

================================================
================= RESULTS =================
================================================
Passes:2
Failures:0
Total tests: 2
PASS
```

许多镜像作者希望在发布镜像之前扫描它们以确认是否存在漏洞，并且如果存在重大漏洞，就终止发布过程。我们将概述扫描系统的工作方式以及通常它们如何被集成到镜像构建管道中。另外，商业公司和软件社区提供了几种用于镜像漏洞扫描的解决方案。

通常，镜像漏洞扫描解决方案依赖于镜像构建管道中运行的轻量级客户端扫描程序。该扫描程序将检查镜像的内容，并将软件包元数据、文件系统内容与你从集中式数据库中取出或通过 API 检索出的漏洞数据做比较。由于这些扫描系统大多需要在向供应商注册后才能使用，因此我们不会将它们集成到镜像构建流程中。选择镜像扫描工具后，将很容易在构建过程中增加其他的目标。

常规漏洞扫描和流程修复

使用扫描工具识别镜像中的漏洞是发布镜像的第一步，也是最关键的一步。领先的容器安全系统将比镜像构建管道提供更多的扫描和修复用例。

这些系统结合了可靠性很高的漏洞源，并与组织的 Docker 注册表集成，以识别已发布或由外部来源构建的镜像中的问题，并将漏洞通知基本镜像或层级的维护者以加快修复。当评估容器安全系统时，应特别注意这些功能以及每个解决方案与交付和操作流程集成的方式。

10.5　标记镜像的模式

一旦镜像测试通过，并被认为可以在下一个交付阶段进行部署，镜像就应被打上标签，以便消费者找到并使用。标记镜像的方案有多种，并且在某些情况下，有的方案比其他方案好。请注意，最重要的镜像标记功能如下所示：

- 标签是可读的字符串，指向特定的内容可寻址镜像的ID。
- 多个标签可能指向同一个镜像ID。
- 标签是可变的，可以在仓库中的镜像之间移动或被完全删除。

你可以使用所有这些功能来构建适合于组织的方案，但请谨记于心，没有哪个方案可以一直有效，也没有哪个方案可以从头到尾都适用。某些标记方案只对特定的消费模式有效，而对其他的消费模式没有效果。

10.5.1　背景

Docker 镜像标签是可变的。镜像仓库所有者可以将镜像 ID 的标签删除，也可以将标签从一个镜像 ID 移到另一个镜像 ID。镜像标签的变化通常用于识别系列中的最新镜像，有鉴于此，latest 标签在 Docker 社区中被广泛使用，以标识镜像仓库的最新版本。

但是，latest 标签引起很多混乱，因为各方对其含义并没有达成共识。对于不同的镜像仓库或组织，latest 标签用于标识什么？这个问题可能有多种不同的答案，比如：

- 持续集成系统构建的最新镜像，与源代码控制分支无关。
- 持续集成系统从主发行分支构建的最新镜像。
- 从稳定版本分支构建的最新镜像，并且通过镜像作者的所有测试。
- 从活跃开发分支构建的最新镜像，并且通过镜像作者的所有测试。
- 什么也没有标识！因为镜像作者从未推送过标记为 latest 的镜像，并且最近也没有这样做过。

即使试图定义 latest 标签，也会出现许多问题。在采用某种镜像发布的标签方案时，请在自己的上下文中明确标签的含义。因为标签可以更改，所以还需要确定消费者是否以及何时应拉取镜像以接收镜像标签的更新。

常见的标签和部署方案包括以下几种：

- 带有唯一标签的持续交付。管道在交付的不同阶段通过唯一的标签来推送某个镜像。
- 带有具体环境工件的持续交付。管道生成具体环境工件，并通过开发、部署和生产对其进行推送。
- 语义版本控制。使用 Major.Minor.Patch 格式标记和发布镜像，以传递版本中的级别更改信息。

10.5.2　带有唯一标签的持续交付

如图 10.5 所示，这是支持应用程序持续交付的一种通用而简单的方案。在这种方案中，可通过使用唯一的 BUILD_ID 标签将镜像构建并部署到环境中。当发布人员确定该版本的应用程序可以推送到下一环境时，他们将使用唯一的标签在新环境中进行部署。

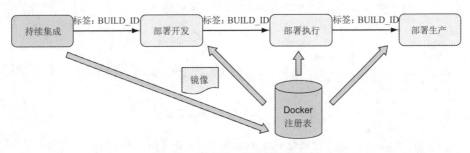

图 10.5　带有唯一标签的持续交付

这种方案易于实现，并且适用于使用线性而不是分支的发布模型进行持续交付的应用程序。这种方案的主要缺点是使用者必须使用精确的构建标识符(如 BUILD_ID)，而不能用 latest 或 dev 标签来代替。由于镜像可能会被标记多次，因此许多团队选择采用额外的标签(例如 latest)，从而为使用最新镜像提供方便。

10.5.3　带有具体环境工件的持续交付

一些组织将软件版本打包到每个部署阶段的不同工件中，然后将这些程序包部署到内部专用环境以进行集成测试，并使用诸如 dev 和 stage 的名称。一旦在内部环境中对软件进行测试后，生产包将被部署到生产环境中。我们可以为每个环境创建一个 Docker 镜像，并且每个 Docker 镜像都包括应用程序工件和特定环境的配置。但是，这样做是反模式的，因为主要的部署工件被多次构建并且通常在发布到生产环境之前未经过测试。

支持多环境部署的更好方法是创建以下两种镜像：

● 通用且与环境无关的应用程序镜像。

● 一组和具体环境相关的配置镜像，每个镜像都包含与环境相关的配置文件，如图 10.6 所示。

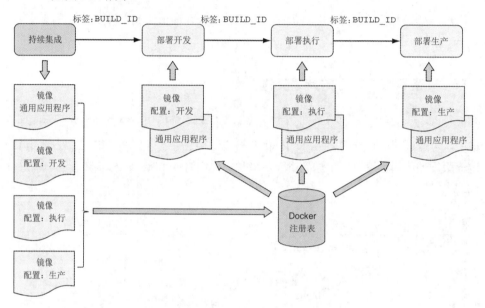

图 10.6 具体环境相关的配置镜像

通用的应用程序镜像和具体环境相关的配置镜像应同时构建，并使用相同的 BUILD_ID 进行标记。部署过程则使用 BUILD_ID 搜索想要部署的软件和配置，正如持续交付示例中描述的那样。在部署时，两个容器被创建。首先，从具体环境相关的配置镜像创建配置容器；其次，从通用的应用程序镜像创建应用程序容器，并将应用程序容器作为卷挂载到配置容器的文件系统。

访问配置容器的文件系统中的与环境相关的文件是一种流行的应用程序编排模式，也是"12 要素应用程序"原理的一种变体(具体请访问 https://12factor.net/)。在第 12 章，你将了解 Docker 如何在不使用辅助镜像的情况下支持特定环境的配置服务，这同样也是业务流程编排的首要功能。

这种方法使软件作者和操作人员能够更好地适应不同环境的镜像变体，同时既能追溯到镜像的源头，也能保留简单的部署工作流。

10.5.4　语义版本控制

语义版本控制(参见 https://semver.org/)是一种流行的方案,用于对应用程序工件进行版本控制,版本号的格式为 Major.Minor.Patch。语义版本控制的规范定义了如下版本号变更规则:

- 进行不兼容的 API 更改时变更 Major 版本号。
- 以向后兼容的方式增加功能时变更 Minor 版本号。
- 进行向后兼容的错误修复时变更 Patch 版本号。

语义版本控制可帮助发布者和使用者管理对版本的期望,当版本更新时,通过版本号的变更,使用者可以获知本次更新的类型。向大量用户发布镜像或者维护多个发布版本的镜像作者会发现语义版本控制或类似的方案很有吸引力。对于那些作为基本操作系统、运行时语言或数据库的镜像,语义版本控制是不错的选择。

假设在部署的开发阶段和执行阶段测试镜像之后,想要将示例应用程序的最新版本作为 1.0.0 版本发布给客户,那么可以使用 BUILD_ID 识别镜像并使用 1.0.0 标记镜像,如下所示:

```
make tag BUILD_ID=$BUILD_ID TAG=1.0.0
```

将镜像标记为 1.0.0 版表示你已经准备好在软件的运营中保持向后兼容性。现在既然已经标记了镜像,因而可以将镜像推送到注册表中进行分发,甚至还可以将镜像发布到多个注册表。多注册表的好处在于可以区分私有注册表和公共注册表,那些供内部使用的私有镜像应被推入私有注册表,而需要正式发布给客户使用的公共镜像则被推送到公共注册表中,如图 10.7 所示。

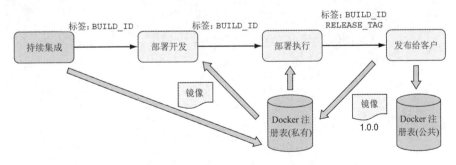

图 10.7　使用语义版本控制标记和发布镜像

无论采用哪种方案来识别镜像并为后续推送做准备,一旦做出推送镜像的决定,推送管道就应该将语义标签(latest、dev、7)解析为唯一的标签或内容可寻址的标识符,

然后再部署镜像。这确保了即使要推送的标签被转移到另一个镜像上，原来要推送的
镜像也一定会被部署，而不是仅仅部署与标签关联的镜像。

10.6 本章小结

本章介绍了用于在 Docker 镜像中构建和发布应用程序的目标、模式和技术。本章
介绍的内容展示了当创建镜像交付过程时可用的选项范围，基于此，就能浏览、选择
和定制这些用于交付应用程序的选项，就像交付 Docker 镜像一样。本章涵盖的核心思
想和功能如下：

- 与其他软件和架构的构建管道相比，用于构建镜像的管道具有与确保镜像质
  量相一致的结构和目标。
- 用于检测错误、安全性问题和其他镜像构建问题的工具，可以很容易地合并
  到镜像构建管道中。
- 通过使用构建工具(例如 make)可以对镜像构建过程进行标准化，并且在本地
  开发和持续集成/持续部署(Continuous Integration/Continuous Deployment，
  CI/CD)过程中运用构建过程。
- 可用来组织 Docker 镜像定义的模式有多种。这些模式提供了在管理应用程序
  构建和部署方面的折中方案，例如攻击面、镜像大小与复杂性的比较。
- 有关镜像源代码和构建过程的信息应记录为镜像的元数据，以支持部署镜像
  时的追溯、调试和编排活动。
- Docker 镜像标签为软件交付提供了重要基础，标签支持的风格涵盖从私有服
  务部署中的持续交付模式到向公众发布长生命周期软件的不同版本。

第III部分

更高层次的抽象与编排

本书第III部分重点介绍如何使用容器管理组件系统。最有价值的组件系统通常包含两个或两个以上的组件。只有少量组件的系统无须进行太多自动化管理，但随着系统的扩大，没有自动化管理将很难实现一致性和可重复性。

现代服务架构的管理非常复杂，需要借助自动化工具。本书第III部分将深入探讨更高层次的抽象，例如服务、环境和配置。你将学习如何使用 Docker 来提供自动化工具。

第 *11* 章

Docker 和 Compose 服务

本章内容如下：
- 了解服务及其与容器的关系
- 使用 Docker Swarm 管理基本服务
- 使用 Docker Compose 和 YAML 构建声明式环境
- 使用 Compose 和 deploy 命令迭代项目
- 扩展服务和执行清理工作

如今，我们运行的大多数软件都旨在与其他程序(而非人类用户)进行交互。由此产生的相互依赖的进程网络服务于某个共同的目的，例如处理支付、运行游戏、促进全球通信或发布内容等。若仔细观察该网络，就会发现其中很多进程运行在容器环境中。这些进程被分配了内存和 CPU 时间，还被绑定到网络，并侦听特定端口上来自其他进程的请求。它们的网络接口和端口已注册到命名系统中，以便能够在网络上被发现。当扩大视野并检视更多进程时，你会注意到其中大多数进程具有共同的特征和目标。

任何必须在网络上被发现和利用的进程、功能或数据，都称为服务。服务是一个抽象的概念。通过将这些目标编码为抽象的术语，可以简化理解这些目标的模式。当谈论具体的服务时，我们不需要明确声明这个服务可以通过 DNS 或某环境的服务发现机制被发现，也不需要声明当客户端需要连接时这个服务应该正在运行。服务的这些特点已经被背后的抽象概念覆盖。抽象使我们可以专注于具体服务的特殊部分，而不必再去关心共同的部分。

同样，我们也可以在工具领域体现出相同的优势。Docker 已经为容器实现了这些。

在第 6 章，容器被描述为这样一类进程：它们使用特定的 Linux 命名空间，拥有不同的文件系统视图，并被分配单独的资源。我们不必在每次提到容器时都描述这些细节，也不必自己创建这些命名空间，因为 Docker 都已经帮我们处理好了。Docker 也为其他的抽象概念提供配套的工具，包括服务。

本章将介绍 Docker 提供的用于 Swarm 集群服务的基本工具，内容包括服务生命周期、编排器的角色以及如何与编排器交互以部署和管理服务。本书的剩余部分都将使用本章介绍的工具，包括 Kubernetes 在内的所有容器编排系统也都提供了相同的概念、问题和基本工具。

11.1 "Hello World!" 服务

相较于容器，了解服务也很容易。在本节中，只需要执行以下两条命令就可以启动 "Hello World!" Web 服务器：

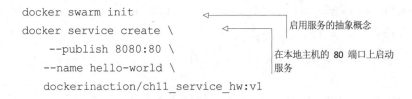

与容器不同，Docker 服务仅在 Docker 以集群模式运行时才可用。当初始化 Docker 的 Swarm 集群模式时，需要同时启动一个内部数据库，并且激活 Docker 引擎中的服务编排逻辑，如图 11.1 所示。另外，本书后面还将介绍 Swarm 集群提供的其他功能。

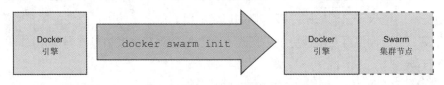

图 11.1 初始化集群节点

在前面的代码中，执行 init 命令后将启用服务管理子命令。

service create 子命令定义了名为 hello-world 的服务，该服务在端口 8080 上可用，并且使用了镜像 dockerinaction/ch11_service_hw:v1，如图 11.2 所示。

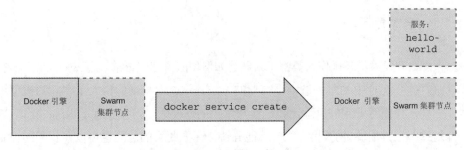

图 11.2　创建第一个服务

　　在执行这两个命令后，你应该可以看到描述服务状态的进度条。当进度条显示完毕后，服务将被标记为"正在运行"，并且命令正常退出。此时，你应该可以打开 http://localhost:8080 并能看到一条消息"Hello，World！--ServiceV1"，此外还将显示提供服务的任务 ID(即容器 ID)。

　　任务是代表工作单元的集群概念。每个任务都有关联的容器。尽管可能有些任务不使用容器，但那不是本章要讨论的主题。集群仅仅和任务一起工作，下层的基础组件会将任务的定义转换为容器。本书不介绍 Docker 内部的实现，就我们的目的而言，可以认为任务和容器是相同的概念。

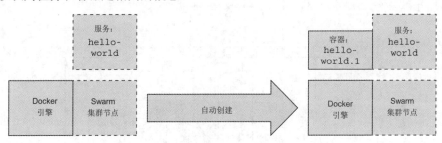

图 11.3　集群节点自动创建用于运行服务的容器

　　就像运行类似的容器一样。与其关注服务和容器之间的相似性，还不如关注它们之间的区别。首先，你要认识到服务的负载是通过容器实现的。在服务运行的情况下，执行 docker container ps 命令可以输出容器列表，并根据名称找到容器，例如 hello-world.1.pqamgg6bl5eh6p8j4fj503kur。这个容器并无特别之处，检查后也不会出现令人感兴趣的结果，最多包含一些用于 Swarm 集群的标签。但如果删除容器，就会发生一些有趣的事情。本节的其余部分将描述一些更高级别的属性、服务的生命周期以及 Swarm 集群如何使用这些属性来执行一些自动化操作，例如服务的复活。

11.1.1   自动复活和复制

大多数开发人员和操作人员都不太熟悉如何使服务重回正常状态。对于他们来说，手动强行停止运行中的服务进程是唯一的方法。这就像早期的带人工智能的模型机器人一样，我们感觉到的风险比我们愿意承担的还要大。但只要有了正确的工具(以及针对这些工具的验证方法)，我们就能确认，诸如此类的风险也可以在我们的控制之下。

如果删除提供 hello-world 服务的唯一容器，容器将被停止并移除，但是片刻后又会回到运行状态，或至少有另一个配置类似的容器出现。请尝试以下操作：找到运行服务的容器 ID(使用 docker ps 命令)；使用 docker container rm –f 命令删除容器；然后发出 docker container ps 命令，验证容器已被删除，同时也观察一下替换容器是否会出现。接下来，使用 service 子命令深入研究容器复活场景，如图 11.4 所示。

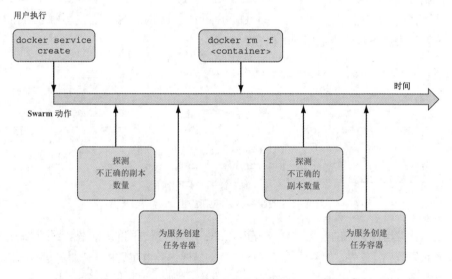

图 11.4   Swarm 将对服务规范和状态变化做出反应

首先，使用 docker service ls 命令列出正在运行的服务。列表中包括 hello-world 服务，并且有一个副本正在运行(在命令输出的 REPLICAS 列中以 1/1 表示)，这可以在重新运行的容器中得到证明。接下来执行 docker service ps hello-world 命令，列出与具体服务(在本例中为 hello-world 服务)关联的容器状态。输出的列表中包括两个条目，第一个条目显示期望状态为"运行"，而当前状态为"在×分钟前运行"。第二个条目则分两列显示为"关机"和"失败"。查看以下从 docker service ps 命令的输出中摘录的部分日志：

```
NAME                    DESIRED STATE    CURRENT STATE
hello-world.1           Running          Running less than a second ago
\_ hello-world.1        Shutdown         Failed 16 seconds ago
```

自主编排器(例如 Docker 中的 Swarm 组件)负责跟踪期望状态和当前状态。期望状态指用户希望系统处于的状态，或指系统原本就应该处于的状态；而当前状态描述了系统当前实际在做什么。编排器会跟踪这两个状态，并通过更改系统来协调它们两者。

在本例中，集群编排器注意到 hello-world 服务的容器出现了问题。此时可以终止进程。接下来编排器探测到进程已失败，但是服务的期望状态是"运行"。集群知道如何重启流程，因而会启动 hello-world 服务的容器。

由于自主编排器对服务操作流程进行了抽象定义，因此对于 Docker 来说，自主编排器更像是合作伙伴，而不仅仅是工具。自主编排器会记住系统的操作步骤并且可以在没有用户干预的情况下自动完成操作。因此，为了有效地使用自主编排器，你需要深入理解系统的描述和操作。通过检查 hello-world 服务，你可以学到很多关于管理服务的知识。

当执行 docker service inspect hello-world 命令时，Docker 将输出 hello-world 服务的当前期望状态的定义。输出的 JSON 文档包括以下内容：

- 服务名称
- 服务 ID
- 版本号和时间戳
- 容器工作量的模板
- 复制模式
- 上线参数
- 回滚参数
- 服务端点的描述

以上列表中的前几项用于识别服务及其更改历史。复制模式、上线参数和回滚参数这三项则很容易引起人们的兴趣。回想一下我们对服务的定义：任何必须在网络上被发现和使用的进程、功能或数据，称为服务。根据定义，运行服务最困难的地方在于管理网络上组件的可用性。因此，对于服务定义的范围主要是关于如何运行程序副本、管理软件更改以及路由请求到具体服务端点，也就不足为奇了。这些是与服务抽象概念唯一关联的更高层级属性。下面进行更深入的研究。

复制模式用于告诉 Swarm 集群如何运行服务的副本。目前有两种模式：已复制模式和全局模式。已复制模式下的服务将创建并维护固定数量的副本，并且这是默认模式，可以使用 docker service scale 命令进行验证。如果想要通知 Swarm 集群运行 hello-world 服务的三个副本，则可以使用以下命令：

```
docker service scale hello-world=3
```

容器启动后，可以使用 docker container ps 或 docker service ps hello-world 命令列出相应的容器(现在应该有三个)。注意，容器命名约定对服务的副本进行了编码，例如 hello-world.3.pqamgg6bl5eh6p8j4fj503kur 这样的名称。有意思的是，如果缩减服务规模，编号较高的容器会首先被移除。因此，如果执行 docker service scale hello-world = 2 命令，将删除名为 hello-world.3.pqamgg6bl5eh6p8j4fj503kur 的容器，但是 hello-world.1 和 hello-world.2 将被保留。

在全局模式下，Docker 将在 Swarm 集群的每个节点上运行服务的一个副本。使用全局模式进行试验比较困难，因为目前仅仅运行单节点群集(除非跳过此步)。全局模式对于维护一组通用的架构服务很有用，因为这些架构服务必须在 Swarm 集群的每个节点上都可用。

到目前为止，你还不需要对 Docker 集群中复制的工作方式了解很深。但至关重要的是，为了保持服务的高可用性，我们需要运行服务的副本。使用副本可以替换或更改副本集的一部分，抑或即使有故障时也不会影响服务的可用性。当拥有软件的副本时，某些操作案例会变得更加复杂。例如，升级软件并不像停止旧版本并启动新版本那样简单，一些属性会影响变更管理和部署过程。

11.1.2   自动推出

推出新版本的服务复制软件并不复杂，但是在使整个过程自动化时，需要考虑一些重要的参数。你必须清楚地描述部署的特征，包括操作顺序、批次大小和延迟等。在具体操作上，这些特征项将被配置为集群编排器的约束和参数，并在部署过程中得以体现。图 11.5 展示了 Docker 集群在部署更新时发生的动作。

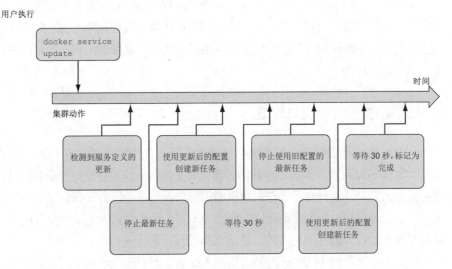

图 11.5　将更新后的服务定义自动部署到 Docker 集群中

使用以下命令更新本章前面创建的 hello-world 服务：

```
docker service update \
--image dockerinaction/ch11_service_hw:v2 \    ◁——— 新的镜像
--update-order stop-first \
--update-parallelism 1 \
--update-delay 30s \
hello-world                                    待更新的服务
```

以上命令告诉 Docker 更改 hello-world 服务，使用标记为 v2 的镜像。这进一步限定了以下部署特征：一次只能更新一个副本；在更新每批副本之间等待 30 秒；并且每个副本都应在新副本替换它之前停止。当执行以上命令时，Docker 会报告每个副本的部署进度以及整体的更改状态。如果一切顺利，以上命令将发出消息 Service Converged 然后退出。Converged 是技术术语，用于表明服务的当前状态与命令描述的期望状态相一致。

更新服务后，就可以在浏览器中重新加载应用程序，你会看到签名已变为 --ServiceV2。这样的示例看上去有点平淡，因为一切正常，而在现实世界中，事情并非如此简单。我们使用并行机制更新服务，这样既能缩短更新所需的时间，又可以尽量使用户免受服务失败的困扰。可在更新批次之间引入延迟，以允许新的服务实例在启动之前变得稳定(同时也确保基础平台保持稳定)。实际上，30 秒可能还不够，具体的延迟时长取决于应用程序。

Docker 及其 Swarm 集群组件并不知晓应用程序的运行状态和相关细节。比如，它们永远无法预测应用程序的行为，也不知道在运行时应用程序会出现什么问题。取而代之的是，Docker 命令行和 API 提供了相应的方法，以帮助用户发现问题并管理部署失败的操作行为。

11.1.3　服务运行状况与回滚

与编排器一起工作意味着需要清楚地将关于工作负载的要求和行为传达给编排器。尽管 Docker 可以识别出已停止的容器是不正常的，但是并没有普遍而精确的关于服务正常的定义，这种情况让任何编排器都无法做出关于服务运行状况以及服务部署成功与否的可靠假设。除非你在这方面经验丰富，否则如何确定服务负载的运行状况以及服务启动行为的正确与否等，这些都将比预计的困难得多。

我们先从一个简单的例子开始，再深入细节。新容器无法启动，这是最明显的服务运行问题，如下所示：

```
docker service update \
    --image dockerinaction/ch11_service_hw:start-failure \
    hello-world
```

当执行以上命令时，Docker 将在 hello-world 服务上启动部署，与其他命令不同，这种更改将失败。默认情况下，在第一个副本启动失败后，Docker 会暂停部署，命令会退出，然而以上命令会继续尝试启动容器。如果执行 docker service ps hello-world 命令，你将看到 hello-world 服务的两个副本仍然为旧版本，而另一个副本在启动状态和失败状态之间来回切换。

在这种情况下，部署无法继续，新版服务永远无法启动。结果就是，能够正常工作的服务副本减少，并且需要人工干预才能修复。通过在 docker service update 命令中使用--rollback 选项可以解决这个问题，如下所示：

```
docker service update \
    --rollback \
    hello-world
```

以上命令请求 Docker 将服务的当前状态与期望状态做对比。Docker 确定只需要更改三个副本之一(启动失败的副本)，并且知道服务当前处于暂停部署状态，只有一个副本在转换为服务期望的状态，其他副本将继续运行。

既然回滚适用于 hello-world 服务(不存在不兼容的应用程序状态更改风险)，因而可以配置部署失败时的自动化回滚策略。可通过--update-failure-action 选项告诉 Swarm 集群，部署一旦失败，就自动回滚。但是，你还需要明确告诉 Swarm 集群，哪些条件应视为部署失败。

假设正在一个大型计算机集群上运行一个服务的 100 个副本。某些条件可能会阻止副本正确启动，但是只要有一定数量的副本可以运行，就能够继续部署。例如，在下面的部署中，Swarm 集群容忍启动失败的情况是：只要全部副本的三分之一处于运行状态即可。方法是使用--update-max-failure-ratio 选项并指定为 0.6，如下所示：

```
docker service update \
    --update-failure-action rollback \
    --update-max-failure-ratio 0.6 \
    --image dockerinaction/ch11_service_hw:start-failure \
    hello-world
```

运行时，你会看到 Docker 尝试一次部署一个副本。第一个副本将在延迟时间结束之前重试几次，然后开始下一个副本的部署。第二个副本失败后，整个部署过程将立即被标记为失败，并引起回滚。输出日志如下所示：

```
hello-world
overall progress: rolling back update: 2 out of 3 tasks
1/3: running    [>                              ]
2/3: starting   [=====>                         ]
3/3: running    [>                              ]
rollback: update rolled back due to failure or early termination of
          task tdpv6fud16e4nbg3tx2jpikah
service rolled back: rollback completed
```

命令执行完之后，服务将处于与更新之前相同的状态。通过 docker service ps hello-world 命令可以验证这一点。注意，有一个副本没有改动，而其他两个副本则是在最近的同一时间启动的。此时，服务的所有副本都是从 dockerinaction/ch11_service_hw:v2 镜像中运行的。

如前所述，运行状态与服务运行状况不是一回事。程序有很多种运行方式，但是可能运行状态不正确。就像其他编排器一样，Docker 能将运行状况与进程状态区分开，并提供了一些配置选项，用于确定服务运行状况。

Docker 不知道应用程序的运行状态。相比针对如何确定某个具体任务是否运行正常做出假设，Docker 更倾向于让你自行指定状况检查命令，状况检查命令将在每个服务副本的容器中执行。Docker 按照设定的时间表，从任务容器内部定期执行状况检查命令，就像执行 docker exec 命令一样。状况检查命令及其相关参数可以在服务创建时指定，也可以在服务更新时更改或设置，甚至可以通过 HEALTHCHECK 指令指定为镜像元数据。

　　每个服务副本的容器(任务)将从服务定义中继承运行状况和运行状况检查配置项的定义。注意，当需要手动检查 Docker 中某具体任务的运行状况时，需要检查的是容器而不是服务本身。服务的第 1 版和第 2 版均在镜像中指定了运行状况检查的配置项。一个名为 httpping 的小型自定义程序用于验证服务在本地主机上是否有响应，并且验证发送到根目录的请求是否都能收到 HTTP 200 响应码。Dockerfile 包含以下指令：

```
HEALTHCHECK --interval=10s CMD ["/bin/httpping"]
```

　　执行 docker container ps 命令，查看 hello-world 服务的每个副本在状态列中是否被标记为正常。你还可以通过检查镜像或容器来进一步检查配置。

　　对于包含服务软件的镜像，容纳一些默认的运行状况检查配置项是个好主意，但这种方法并非始终可用。查看下面这个例子，镜像 dockerinaction/ch11_service_hw:no-health 的 v1 和 v2 版本基本相同，但是不包含任何运行状况检查的元数据。更新 hello-world 服务，如下所示：

```
docker service update \
    --update-failure-action rollback \
    --image dockerinaction/ch11_service_hw:no-health \
    hello-world
```

　　部署后，再次执行 docker container ps 命令，可以看到容器不再被标记为正常。没有用于运行状况检查的元数据，Docker 就无法确定服务是否正常，而只知道软件是否正在运行。接下来，从命令行向服务添加用于运行状况检查的元数据并更新服务，如下所示：

```
docker service update \
    --health-cmd /bin/httpping \
    --health-interval 10s \
    hello-world
```

　　为了运行状况检查，需要进行持续性评估。此处指定的时间间隔用于告诉 Docker

多久检查一次每个服务实例的运行状况。当手动执行命令时，可以再次验证服务副本是否运行正常。

现在，在报告服务不正常、启动延迟以及状况检查命令运行超时之前，还可以通知 Docker 配置状况检查命令的重试次数。这些参数用于调整 Docker 的行为以满足大多数场景的要求。有时，服务默认的或当前的运行状况检查方式可能不符合要求，在这些情况下，可以在创建或更新服务时使用--no-healthcheck 选项来禁用运行状况检查。

在部署期间，新容器可能不会启动，也可能启动后无法工作(不正常状态)。但是，到底如何定义服务运行状况？时间问题可能会让这些定义变得含糊，比如，需要多长时间等待实例恢复正常？一些(但不是全部)服务副本可能会失败或变得不正常，你的服务又能容忍多少比例的副本部署失败？一旦可以回答这些问题，就能配置相应的阈值，并对编排器进行调整。在部署的同时，还可以删除 hello-world 服务，如下所示：

```
docker service rm hello-world
```

从命令行管理服务时，设置这些参数很麻烦。特别是当管理多个服务时，就更加捉襟见肘了。在 11.2 节中，你将学习如何使用 Docker 提供的声明式工具来管理服务。

11.2　使用 Compose V3 的声明式服务环境

到目前为止，你已经使用 Docker 命令行练习了如何创建、更改、删除容器，还与容器、镜像、网络和卷进行了交互。我们认为这样的系统遵循命令式模式。命令式工具执行用户发出的命令，而这些命令的功能可能是检索信息或描述更改。通常，编程语言和命令行工具都遵循命令式模式。

命令式工具的好处在于，它们允许用户利用原始命令来描述复杂的流程和系统行为，但是必须严格按照命令的顺序严格执行，从而保证对系统状态的独占控制权。如果不这样做，当同时有另一个用户或进程更改系统状态时，则可能会产生系统无法检测到的冲突。

命令式系统存在一些问题。用户需要仔细规划并且排序为了实现目标需要执行的所有命令，这通常是十分沉重的负担。另外，很多时候，这些命令计划难以审核或测试，导致在部署之前很难发现时间或共享状态类问题。就像大多数程序员告诉你的那样，即使小的或看上去无害的错误也可能从根本上改变结果。

假设你正在负责构建和维护一个包含 10、100 或 1000 个逻辑服务的系统，每个服务都有自己的状态、网络连接和资源需求。现在，假设你使用原始容器来管理服务的副本，而管理原始容器比管理 Docker 服务要困难得多。

Docker 服务是声明式抽象，如图 11.6 所示。创建服务时，我们声明服务的副本数量，而 Docker 负责处理维护服务的各个命令。声明式工具只需要让用户关注和描述系统的新状态，而不用说明从当前状态更改为新状态所需的详细步骤。

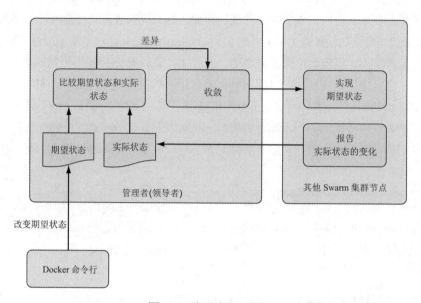

图 11.6　声明式处理流程

Swarm 编排系统是状态协调循环控制系统，可用来对用户期望的系统声明状态与系统当前状态持续进行比较。当检测到差异时，就使用一组规则来更改系统，以使实际状态与期望状态匹配。

声明式工具使用命令式模式来解决问题。声明式接口通过对系统的操作方式施加约束来简化系统配置，这使声明的策略可以经由一个或几个经过良好测试的引擎来实现，而这些引擎的功能在于将系统收敛到声明的状态。这些策略更容易编写、审核和理解。声明式的策略或文档可与版本控制系统完美地结合在一起，从而帮助我们对策略描述的系统状态进行有效的版本控制。

命令式工具和声明式工具之间并不会产生竞争。人们几乎不会只使用其中一个而不使用另一个。例如，当我们创建或更新 Docker 服务时，可使用命令式工具对系统进行更改，发出 docker service create 命令，但命令会在后台创建声明式抽象，并汇总用于创建和删除容器、评估运行状况、提取镜像、管理服务发现机制以及网络路由的低层级管理命令。

当构建更复杂的包含服务、卷、网络和配置的系统时，为了实现目标，需要运行的命令数量会比较大，这时就应该采用更高级别的声明式抽象了。一般来说，使用

Docker Compose 工具描述的栈或完整环境便是这样的声明式抽象。

当需要为服务的整体环境建模时，应使用 Docker 栈。栈描述了服务、卷、网络和其他抽象配置的集合。Docker 命令行提供了用于部署、移除和检查栈的命令，而栈是根据整个环境的声明式描述创建的。通常，我们使用 Docker Compose V3 文件格式来描述这些环境信息。作为示例，之前的 hello-world 服务的环境描述用的 Compose 文件如下所示：

```
version: "3.7"
services:
  hello-world:
    image: dockerinaction/ch11_service_hw:v1
    ports:
      - 8080:80
    deploy:
      replicas: 3
```

Compose 文件使用的语言是 YAML(Yet Another Markup Language)，但并非所有人都熟悉 YAML。由于很多架构和工作负载管理工具基于 YAML，使得 YAML 也成为你的学习障碍之一。幸运的是，人们很少使用 YAML 的独特功能，大多数情况下基本功能就已足够。

本章并不准备对 Compose 及其管理服务的属性进行详尽介绍。Docker 官方文档中有相关的内容，你甚至能找到 Compose 的每一个命令行功能的详细说明。接下来我们简要介绍 YAML 和 Compose 文件。

11.2.1　YAML 入门

YAML 用于描述由结构、列表、映射和标量值组成的结构化文档。这些功能被定义为连续的块，而每个块的子结构又是嵌套的块定义，这种样式是大多数高级语言程序员都非常熟悉的。

一份 YAML 文档默认只包含一个文件或一份流式信息，但 YAML 提供了在同一文件中指定多个文档的机制。通常，Docker 仅使用 Compose 文件中的第一个文档。Compose 文档的标准文件名是 docker-compose.yml。

对注释的支持是如今 YAML 比 JSON 更受欢迎的最主要原因之一。YAML 可以在文档中任何行的末尾添加注释，注释由空格和井号(#)标记，标记之后直到行尾的所有字符都将被解析器认为是注释。元素之间的空行对文档结构没有影响。

YAML 使用三种类型的数据以及如下两种描述数据的样式：块和流。其中，流样式类似于 JavaScript 和其他语言中的集合文字。例如，以下是流样式的字符串列表：

```
["PersonA","PersonB"]
```

块样式更为常见，除非特殊说明，本节将使用块样式。三种类型的数据是映射、列表和标量值。

映射就是一组属性的定义，这些属性以使用冒号和空格(:)分隔的键/值对的形式展现。属性名必须是字符串，而属性值可以是任何 YAML 数据类型(文档除外)。单一数据类型下的同一属性不能具有多重定义。块样式的示例如下所示：

```
image: "alpine"
command: echo hello world
```

以上示例包含具有如下两个属性的映射数据：image 和 command。image 属性具有标量字符串值"alpine"，而 command 属性具有标量字符串值 echo hello world。

在以上示例中，image 属性的值以双引号样式指定，通过使用\转义字符，可以表示任意字符串。大多数程序员都很熟悉这种字符串样式。

command 属性的值以普通文本样式编写。普通文本(无引号)样式没有用于识别的指示符，也不提供任何转义形式。因此，这是最易读但也最受限制且最上下文相关的样式。人们定义了很多规则用于普通文本样式的标量，比如普通文本样式的标量

- 不能为空。
- 不得包含前导或尾随空格字符。
- 在可能引起歧义的地方，不得以指示符(例如-或:)开头。
- 绝对不能包含使用冒号(:)和井号(#)的字符组合。

列表(或块序列)是一系列数据块，其中每个数据块都由前导连字符(-)表示数据块的开始。例如：

```
item 1
item 2
item 3
# an empty item
item 4
```

最后，YAML 使用缩进来指示内容的范围。范围决定了每个元素属于哪个数据块。以下是一些规则：

- 只能将空格用于缩进。
- 缩进的空格数没有限制，但是
  - ➢ 所有对等元素(在相同范围内)具有相同的缩进量。
  - ➢ 任何子元素都会进一步缩进。

下面的文件是等效的：

```
top-level:
   second-level:        # three spaces
    third-level:        # two more spaces
    "list item"          # single additional indent on items in this list
    another-third-level: # a third-level peer with the same two spaces
        fourth-level: "string scalar" # 6 more spaces
   another-second-level:  # a 2nd level peer with three spaces
            -a list item # list items in this scope have
                         # 15 total leading spaces
            -a peer item # A peer list item with a gap in the list
---
# every scope level adds exactly 1 space
top-level:
  second-level:
  third-level:
  - "list item"
  another-third-level:
    fourth-level: "string scalar"
  another-second-level:
   -a list item
   -a peer item
```

完整的 YAML 1.2 规范可从 http://yaml.org/spec/1.2/2009-07-21/spec.html 获得，并且可读性较强。在掌握了 YAML 的基本知识之后，下面可以使用 Compose 进行基本的环境建模了。

11.2.2　Compose V3 的服务集合

Compose 文件描述了各种一级的 Docker 资源类型：服务、卷、网络、密钥和配置。考虑一个包含以下三个服务的集合：一个 PostgreSQL 数据库、一个 MariaDB 数据库以及一个用于管理这些数据库的 Web 界面。可以使用下面的 Compose 文件表示这些服务：

```
version: "3.7"
services:
  postgres:
    image: dockerinaction/postgres:11-alpine
    environment:
      POSTGRES_PASSWORD: example
  mariadb:
    image: dockerinaction/mariadb:10-bionic
    environment:
      MYSQL_ROOT_PASSWORD: example

  adminer:
    image: dockerinaction/adminer:4
    ports:
      - 8080:8080
```

　　记住，这部分内容位于 YAML 文件中，并且所有缩进相同的属性都属于同一映射。这个 Compose 文件有两个顶级属性：version 和 services。version 属性告诉 Compose 解释器将要处理的字段和结构。services 属性是服务名称到服务定义的映射。每个服务定义都是下一级属性的映射数据的集合。

　　在这种情况下，services 映射有三个下级条目：postgres、mariadb 和 adminer。这三个条目中的每一个都通过使用一小组服务属性(例如 image、enviroment 和 ports)来定义服务。声明式文档简化了服务定义的过程。既可以减少对默认值的隐式依赖，又可以节省团队成员的培训费用。在声明式文档中，如果省略某个属性，系统将使用该属性的默认值(就像使用命令行界面一样)。每个服务都定义了容器的镜像，postgres 和 mariadb 这两个服务还额外指定了环境变量。adminer 服务使用 ports 属性将请求从主机端口 8080 路由到服务容器的端口 8080。

创建和更新栈

　　现在使用 Compose 文件创建栈。你需要牢记：Docker 栈是服务、卷、网络、密钥和配置的命名集合。docker stack 子命令用于管理栈。在一个空目录中创建一个名为 databases.yml 的文件，并将前面那个 Compose 文件的内容添加到这个文件中。接下来，使用以下命令创建新栈并部署服务：

```
docker stack deploy -c databases.yml my-databases
```

执行完以上命令后，Docker 会显示以下信息：

```
Creating network my-databases_default
Creating service my-databases_postgres
Creating service my-databases_mariadb
Creating service my-databases_adminer
```

此时，可以通过使用浏览器访问本地网址 http://localhost:8080 来测试服务。通过服务名称可以在 Docker 网络中发现服务，当使用 adminer 服务界面连接 postgres 和 mariadb 服务时，请牢记这一点。docker stack deploy 子命令用于创建和更新栈，并且总是采用代表栈的期望状态的 Compose 文件，只要使用的 Compose 文件中的服务定义与当前栈中使用的服务定义不同，Docker 就会确定两者的区别并进行适当的更改。

你可以尝试告诉 Docker 创建 adminer 服务的三个副本。具体方法是在 adminer 服务的 deploy 属性下指定 replicas 子属性的值。此时 database.yml 文件如下所示：

```
version: "3.7"
services:
  postgres:
    image: dockerinaction/postgres:11-alpine
    environment:
      POSTGRES_PASSWORD: example

  mariadb:
    image: dockerinaction/mariadb:10-bionic
    environment:
      MYSQL_ROOT_PASSWORD: example

  adminer:
    image: dockerinaction/adminer:4
    ports:
      - 8080:8080
    deploy:
      replicas: 3
```

更新 Compose 文件后，重复执行之前的 docker stack deploy 命令：

```
docker stack deploy -c databases.yml my-databases
```

这一次，以上命令将显示一条消息，指出服务正在被更新而不是被创建：

```
Updating service my-databases_mariadb (id: lpvun5ncnleb6mhqj8bbphsf6)
Updating service my-databases_adminer (id: i2gatqudz9pdsaoux7auaiicm)
Updating service my-databases_postgres (id: eejvkaqgbbl35glatt977m65a)
```

显示的消息似乎表明所有服务都正在被更改，但事实并非如此。可以使用 docker stack ps 命令列出所有的任务及其存在时间：

```
docker stack ps \
    --format '{{.Name}}\t{{.CurrentState}}' \          指定列出哪一个栈
    my-databases
```

以上命令会筛选出我们感兴趣的列(任务名和状态)，并输出如下内容：

```
my-databases_mariadb.1 Running 3 minutes ago
my-databases_postgres.1 Running 3 minutes ago
my-databases_adminer.1 Running 3 minutes ago
my-databases_adminer.2 Running about a minute ago
my-databases_adminer.3 Running about a minute ago
```

以上输出表明在部署期间，原始的服务容器没有发生更改。仅有的新任务是增加 adminer 服务的副本，这也是当前版本的 database.yml 文件中描述的期望状态。如果仔细观察，你可以发现当运行多个副本时，adminer 服务确实无法正常运行。我们在此之所以运行 adminer 服务的多个副本，只是出于说明和演示目的。

缩小和删除服务

当使用 Docker 和 Compose 重新部署或进行更改时，无须拆除部分栈的内容或删除整个栈，让 Docker 自动识别差异并处理变更即可。但有一种情况比较棘手，就是当使用声明式表述(例如 Compose:deletion)时。

当缩减服务的规模时，Docker 将自动删除服务的副本，而且在顺序上始终从编号最高的副本开始删除。例如，假设正在运行 adminer 服务的三个副本，它们被命名为 my-databases_adminer.1、my-databases_adminer.2 和 my-databases_adminer.3。如果缩小到两个副本，Docker 将首先删除名为 my-databases_adminer.3 的副本。但是当尝试删除整个服务时，事情将会变得复杂。

编辑 database.yml 文件，删除 mariadb 服务的定义，并将 adminer 服务的副本数量设置为 2。database.yml 文件现在如下所示：

```
version: "3.7"
services:
  postgres:
    image: dockerinaction/postgres:11-alpine
    environment:
      POSTGRES_PASSWORD: example

  adminer:
    image: dockerinaction/adminer:4
    ports:
      - 8080:8080
    deploy:
      replicas: 2
```

现在，当执行 docker stack deploy -c database.yml my-databases 命令时，将输出以下信息：

```
Updating service my-databases_postgres (id: lpvun5ncnleb6mhqj8bbphsf6)
Updating service my-databases_adminer (id: i2gatqudz9pdsaoux7auaiicm)
```

此时提供给 docker stack deploy 命令的 Compose 文件不包括 mariadb 服务部分，因此 Docker 不会对该服务进行更改。当再次在栈中列出任务时，你会注意到 mariadb 服务仍在运行，如下所示：

```
docker stack ps \
  --format '{{.Name}}\t{{.CurrentState}}' \      指定列出哪一个栈
  my-databases
```

执行上面这条命令后，输出结果如下：

```
my-databases_mariadb.1 Running 7 minutes ago
my-databases_postgres.1 Running 7 minutes ago
my-databases_adminer.1 Running 7 minutes ago
my-databases_adminer.2 Running 5 minutes ago
```

从上面的输出中可以看出，adminer 服务的第三个副本已被删除，但是 mariadb 服务仍在运行。这样的结果是符合预期的。另外，也可以使用多个 Compose 文件创建和管理 Docker 栈，但是这样做有可能引入一些错误，因此一般不推荐。删除服务或其他对象的方法有两种。

第一种是使用 docker service remove 命令手动删除服务。这种方法虽然有效，但缺点是无法获得声明式策略的益处。由于这样的手动更改并未反映在 Compose 文件中，当下一次执行 docker stack deploy 命令时，服务将再次被创建。第二种方法是彻底删除栈中的服务，可以从 Compose 文件中删除服务的定义，然后使用--prune 选项再次执行 docker stack deploy 命令。除删除服务外，不对 database.yml 文件做更多的改动。执行以下命令：

```
docker stack deploy \
  -c databases.yml \
  --prune \
  my-databases
```

以上命令将报告由 databases.yml 描述的服务已更新，同时也会报告 my-databases_mariadb 服务已被删除。当再次列出任务时，你会看到如下输出结果：

```
my-databases_postgres.1 Running 8 minutes ago
my-databases_adminer.1 Running 8 minutes ago
my-databases_adminer.2 Running 6 minutes ago
```

添加了--prune 选项的 docker stack deploy 命令会强制清除栈中的资源，前提是这类资源不在命令指定的 Compose 文件中被明确引用。因此，维护一个完整的代表整个环境的 Compose 文件很重要。否则，你可能会意外删除 Compose 文件中缺失的那些服务、卷、网络、密钥和配置等。

11.3　带有状态的服务和保留的数据

Docker 栈提供了数据库服务。第 4 章曾经介绍过如何使用卷将容器的生命周期与容器使用的数据的生命周期分开，这对于数据库尤其重要。如前所述，每次替换容器时(无论出于何种原因)，栈都会为 postgres 服务创建一个新的卷，甚至为每个副本创建一个新的卷。这将在现实系统中引发问题，因为实际存储的数据是服务的重要组成部分。

解决问题的最佳方法是在 Compose 文件中对卷也进行建模。Compose 文件使用另一个名为 volumes 的顶级属性。像服务一样，volumes 是一组卷定义的映射。其中映射的键是卷的名称，值是定义卷属性的结构。无须为每个卷属性指定值，对于被忽略的卷属性，Docker 会自动使用默认值。volumes 顶级属性定义了 Compose 文件中服务可以使用的卷，此外，你还需要明确指定服务和卷的依赖关系。

　　Compose 文件中的服务定义可以包含 volumes 属性。volumes 属性表示一个列表，其中包含卷的一系列规格，它们分别对应于 Docker 命令行支持的卷和挂载的语法。我们将使用长格式的 database.yml 文件，并增加一个卷来存储 postgres 数据，如下所示：

```
version: "3.7"
volumes:
  pgdata: # empty definition uses volume defaults
services:
  postgres:
    image: dockerinaction/postgres:11-alpine
    volumes:
      - type: volume
        source: pgdata # The named volume above
        target: /var/lib/postgresql/data
    environment:
      POSTGRES_PASSWORD: example
adminer:
    image: dockerinaction/adminer:4
    ports:
      - 8080:8080
    deploy:
      replicas: 1 # Scale down to 1 replica so you can test
```

　　在以上示例中，database.yml 文件定义了一个名为 pgdata 的卷，postgres 服务则将该卷挂载到/var/lib/postgresql/data 中。PostgreSQL 软件将在这个挂载点存储数据库结构和数据。部署这个栈并检查输出的日志，如下所示：

```
docker stack deploy \
  -c databases.yml \
  --prune \
  my-databases
```

　　应用部署后，执行 docker volume ls 命令以验证操作是否成功，输出如下所示：

```
DRIVER  VOLUME NAME
```

```
local    my-databases_pgdata
```

注意，对于创建的所有资源(例如服务或卷)，系统都加了栈名作为前缀。例如，Docker 使用前缀 my-databases 加 pgdata 作为新创建的卷的名称。你可以花些时间进一步检查服务或容器的配置，但是执行功能测试会更加直接有效。

打开网址 http://localhost:8080 并使用 adminer 服务界面来管理 postgres 数据库。首先选择 PostgreSQL 数据库驱动程序，将 postgres 选作主机名，接着将 postgres 用作数据库用户名，将 example 用作密码。登录后，创建一些表并插入一些数据。完成后，删除 postgres 服务，如下所示：

```
docker service remove my-databases_postgres
```

接着使用 Compose 文件恢复 postgres 服务：

```
docker stack deploy \
  -c databases.yml \
  --prune \
  my-databases
```

由于数据存储在卷中，因此 Docker 能够将新的数据库服务副本附加到原始的 pg-data 卷。如果数据未存储在卷中，而仅仅存储在第一个服务副本中，那么在删除服务后，数据也将一起丢失。再次使用 adminer 服务界面登录数据库(请记住，用户名是 postgres，密码是 example(在 Compose 文件中指定))，检查数据库并查找所做的更改。如果按照这些步骤进行操作，那么所做的更改和数据都不会丢失。

本例使用两个级别的命名间接寻址来定位服务，这使得实际场景有点复杂。浏览器指向本地主机的 adminer 服务，但是 adminer 管理界面又使用 postgres 主机名访问数据库。11.4 节将介绍这种间接寻址方式，并描述内置的 Docker 网络增强功能以及如何将其与服务一起使用。

11.4　使用 Compose 进行负载均衡、服务发现和联网

从 Web 浏览器访问 adminer 界面时，实际上访问的是 adminer 服务上开放的端口。服务的端口发布与容器的不同，容器直接将主机网络上的端口映射到具体容器的网络接口，而服务可能由许多副本容器组成，端口的映射相对就要更复杂一些。

容器的网络 DNS 服务面临类似的挑战。当解析命名容器的网络地址时，获得的是容器的网络地址，但是服务可能有多个副本。

Docker 提供的解决方法是：针对服务创建虚拟 IP(VIP)地址，将来自外部的请求，在服务的所有副本之间进行负载均衡。当连接到 Docker 网络的程序按照服务名称查找同一网络中的服务时，Docker 内置的 DNS 解析器将以虚拟 IP 作为服务地址响应请求。图 11.7 描述了解析服务名称和 IP 地址的逻辑流程。

同样，当请求进入主机接口的发布端口时，或者当请求来自内部服务时，它们都将被路由到目标服务的虚拟 IP 地址。

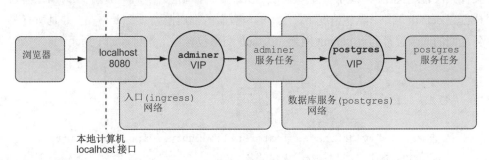

图 11.7 Docker 网络拓扑、服务的虚拟 IP 地址以及负载均衡

请求从入口的虚拟 IP 开始，被转发到服务的副本之一。这意味着 Docker 网络内部还有更多的分发机制。当使用服务时，我们至少在同时使用两个 Docker 网络。

第一个网络名为 ingress，这个网络在以集群模式初始化 Docker 时被创建，用于处理从主机接口到服务的所有转发请求。在整个栈中，只有 adminer 服务带有转发端口。如下所示，你可以清楚地看到 ingress 网络中的关联接口：

```
"Containers": {
  "6f64f8aec8c2...": {
    "Name": "my-databases_adminer.1.leijm5mpoz8o3lf4yxd7khnqn",
    "EndpointID": "9401eca40941...",
    "MacAddress": "02:42:0a:ff:00:22",
    "IPv4Address": "10.255.0.34/16",
    "IPv6Address": ""
  },
  "ingress-sbox": {
    "Name": "ingress-endpoint",
    "EndpointID": "36c9b1b2d807...",
    "MacAddress": "02:42:0a:ff:00:02",
```

```
      "IPv4Address": "10.255.0.2/16",
      "IPv6Address": ""
  }
}
```

　　每个使用端口转发的服务在 ingress 网络中都有一个接口，ingress 网络对于 Docker 服务的正常运行至关重要。

　　另一个网络可在栈中的所有服务之间共享。用来创建 my-databases 栈的 Compose 文件并没有定义任何网络，但是如果在初次部署时仔细观察，就能够发现 Docker 会为栈创建 default 网络。默认情况下，栈中的所有服务都连接到 default 网络，并且所有服务之间的通信也都通过 default 网络。default 网络包含三个条目，如下所示：

```
"Containers": {
    "3e57151c76bd...": {

    "Name": "my-databases_postgres.1.44phu5vee7lbu3r3ao38ffqfu",
    "EndpointID": "375fe1bf3bc8...",
    "MacAddress": "02:42:0a:00:05:0e",
    "IPv4Address": "10.0.5.14/24",
    "IPv6Address": ""
},
"6f64f8aec8c2...": {
    "Name": "my-databases_adminer.1.leijm5mpoz8o3lf4yxd7khnqn",
    "EndpointID": "7009ae008702...",
    "MacAddress": "02:42:0a:00:05:0f",
    "IPv4Address": "10.0.5.15/24",
    "IPv6Address": ""
},
"lb-my-databases_default": {
    "Name": "my-databases_default-endpoint",
    "EndpointID": "8b94baa16c94...",
    "MacAddress": "02:42:0a:00:05:04",
    "IPv4Address": "10.0.5.4/24",
    "IPv6Address": ""
  }
}
```

　　前两个接口由运行 postgres 和 adminer 服务的各个容器使用。如果将 postgres 服务名称解析为 IP 地址，则返回的 IP 地址是 10.0.5.14。但你希望得到的并不是这个 IP 地址，此处列出的是容器地址。换言之，此处列出的是内部负载均衡器将请求转发到的地址，而你期望获得的是在 postgres 服务规范的端点中定义的地址。当执行 docker service inspect my-databases_postgres 命令时，期望的 IP 地址就在返回的结果中，如下所示：

```
"Endpoint": {
  "Spec": {
    "Mode": "vip"
  },
  "VirtualIPs": [
    {
        "NetworkID": "2wvn2x73bx55lrr0w08xk5am9",
        "Addr": "10.0.5.11/24"
    }
  ]
}
```

上面的虚拟 IP 地址由 Docker 内部的负载均衡器负责提供。发送到该虚拟 IP 地址的请求都将被转发到 postgres 服务副本之一的地址。

可以使用 Compose 更改服务网络连接以及 Docker 为栈创建的网络。Compose 可以创建具有特定名称、类型、驱动程序选项及其他属性的网络，使用方法类似于卷。有两部分网络设置需要考虑：一是包含网络定义的顶级属性 networks，二是有关服务的网络连接属性。以下是本章将要介绍的最后一个示例：

```
version: "3.7"
networks:
   foo:
     driver: overlay
volumes:
   pgdata: # empty definition uses volume defaults
services:
  postgres:
     image: dockerinaction/postgres:11-alpine
     volumes:
         -type: volume
           source: pgdata # The named volume above
           target: /var/lib/postgresql/data
```

```
networks:
    -foo
environment:
    POSTGRES_PASSWORD: example
adminer:
    image: dockerinaction/adminer:4
    networks:
        -foo
    ports:
        - 8080:8080
    deploy:
        replicas: 1
```

以上示例将 my-databases_default 网络替换为名为 foo 的网络。这两种配置在功能上是等效的。

使用 Compose 对网络进行建模的情况分好几种。例如，如果正在管理多个栈并且希望在共享网络上进行通信，则可以声明网络，但是相较于指定驱动程序，最好使用 external:true 属性和网络名称来替代。再比如，假设有多组相关服务，但这些服务应该独立运行、互不干扰。在这种情况下，就需要在栈的顶层定义网络，并使用不同的网络连接来隔离不同的组。

11.5 本章小结

本章引入了更高级别的 Docker 抽象并介绍如何使用 Docker 的声明式工具，以及如何利用 Compose 为多服务应用程序建模。Compose 和声明式工具减少了很多烦琐的管理工作，特别是与容器的命令行管理相比而言。本章涵盖的重点内容如下：

- 服务是必须能在网络上可发现且可用的进程、功能或数据。
- 诸如 Swarm 的编排器会跟踪并自动协调用户提供的期望状态和 Docker 对象的当前状态之间的差别，包括服务、卷和网络。
- 编排器可以使服务的复制、复活、部署、状况检查和回滚自动化。
- 期望状态是用户希望系统执行的操作或者系统应该执行的操作。人们可以使用 Compose 文件以声明式风格描述期望状态。
- Compose 文件是使用 YAML 语言表示的结构化文档。
- Compose 实现的声明式环境描述可实现环境版本的控制、共享、迭代和一致性。
- Compose 可以对服务、卷和网络进行建模。请查阅官方的 Compose 文件参考资料，从而了解更多功能。

第*12*章

一流的配置

本章内容如下：

- 配置和机密信息的问题解决方案及模式
- 建模与解决 Docker 服务的配置问题
- 向应用程序传递机密信息时面临的挑战
- 为 Docker 服务建模并传递机密信息
- 在 Docker 服务中使用配置和机密信息的方法

应用程序通常在多个环境中运行，并且必须适应这些环境。一般来说，应用程序首先在本地计算机上运行，接下来会在集成了协作程序和数据的测试环境中运行，最后才在生产环境中运行。你可能会为每个客户部署应用程序实例，以便将每个客户的体验与他人的隔离开。通常，你会通过配置来区分各种不同的部署，这也是更具适应性和专业性的做法。配置是指被应用程序解释的数据，以支持不同场景下的应用程序行为。

配置数据的常见示例如下：

- 启用或禁用的功能。
- 应用程序依赖的服务位置。
- 对内部应用程序资源和活动的限制，例如数据库连接池大小和连接超时设置等。

本章将展示如何使用 Docker 中的配置和机密信息，根据不同的需求调整 Docker 服务的部署。当 Docker 部署服务时，会根据具体部署的不同目标环境，对资源中的配置和机密信息进行建模。你将看到，如果使用过于简单的方法来命名配置资源，将会带来麻烦，你还将学习如何解决此类问题。最后，你将学习如何在 Docker 服务中安全地管理和使用机密信息。掌握了这些知识后，你将能够把示例 Web 应用程序部署到带有 TLS 证书的 HTTPS 服务器上。

12.1   配置的分发和管理

大多数应用程序的作者都不希望每次更改应用程序的行为时，都必须更改程序的源代码并重建应用程序。相反，他们希望应用程序在启动时读取配置数据，并在运行时自动地调整行为。

首先，通过命令行或环境变量可以实现这种程序的自动调整行为。然而随着程序配置需求的增长，基于文件的解决方案变得更合适，因为配置文件可以容纳更多的配置和更复杂的结构。应用程序可以从诸如 JSON、YAML、TOML、属性文件或其他格式的文件中读取配置，也可以从网络上的配置服务器中读取配置。还有不少应用程序使用混合策略来读取配置，例如，应用程序可以先从文件中读取配置，再将某些环境变量的值合并到组合配置中。

配置应用程序是一个由来已久的问题，并且已经有很多解决方案。Docker 直接支持其中一些配置模式。在讨论这些模式之前，首先探讨一下配置变更的生命周期如何匹配应用程序变更的生命周期。配置控制着应用程序的大量行为，因此可能由于多种原因而发生变化，如图 12.1 所示。

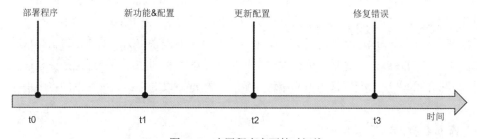

图 12.1   应用程序变更的时间线

下面研究一些导致配置变更的事件。首先，配置可能会随着应用程序功能的增强而发生变更。例如，当开发人员添加新功能时，他们会使用功能标志来控制对功能的访问权。接下来，当应用程序控制范围之外的事物发生变更时，应用程序可能需要重新部署以应对变化。例如，服务依赖的另一台主机名可能从 cluster-blue 变更为 cluster-green。当然，应用程序也可以更改代码而不必更改配置。针对程序内部或外部的不同原因，这些更改也会呈现出不同的形式。最后，无论变更的原因是什么，应用程序的交付过程都必须安全地纳入并部署这些更改。

如图 12.2 所示，Docker 服务对配置资源的依赖，就像对包含应用程序的 Docker 镜像的依赖一样。如果缺少配置或机密信息，应用程序就无法启动或正常运行。同样，一旦应用程序显式定义了对配置资源的依赖关系，依赖关系就必须稳定存在。如果应用程序依赖的配置在程序启动时丢失，则应用程序会崩溃或出现异常错误。而如果配置的值被意外更改，也可能造成应用程序中断。例如，重命名或删除配置文件中的条目会使应用程序无法识别配置项的格式。因此，配置项的生命周期必须确保现有部署能够向后兼容。

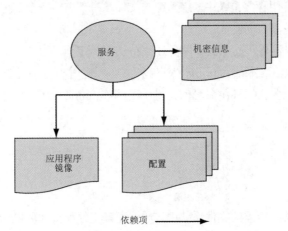

图 12.2　应用程序依赖于配置

如果将软件和配置的更改分别放入不同的管道中进行处理，这些管道之间将存在同步的问题。通常应用程序的交付通道围绕应用程序来建模，因而会有如下假设：所有的变更都会通过应用程序的源仓库对外分发。由于应用程序外部的原因，配置可能发生变更，并且应用程序通常并不关注为了保持向后兼容性而做的配置更改，因此为了避免破坏应用程序，我们需要对配置的变更进行建模、集成和排序。在 12.2 节中，我们将配置与应用程序分开以解决部署变更问题。接着，我们会在部署时对正确的配置与服务进行关联。

12.2　分离应用程序和配置

我们首先解决如下问题：如何将配置的变更部署到不同环境的 Docker 服务上。这里的示例程序是一个名为 greetings 的服务，它能使用不同的语言输出"Hello World！"问候语。开发人员设计的场景为：当用户请求时，服务返回一条问候语。当本地使用

者验证问候语是否被正确翻译时，它们将被添加到 config.common.yml 文件的问候语
列表中，如下所示：

```
greetings:
    -'Hello World!'
    -'Hola Mundo!'
    -'Hallo Welt!'
```

在构建应用程序镜像的过程中，可以使用 Dockerfile 的 COPY 指令将公共配置项
复制到 greetings 应用程序镜像中。缘于配置文件没有部署时需要变更的数据或其他敏
感信息，这么做是没有问题的。

除标准的问候语外，greetings 服务还支持加载特定于环境的问候语，这使开发团
队可以更改和测试在三种环境(开发、部署和生产环境)中显示的不同问候语。不同环
境的问候语将被配置在以环境命名的文件中，例如 config.dev.yml，如下所示：

```
# config.dev.yml
greetings:
    -'Orbis Terrarum salve!'
    -'Bonjour le monde!'
```

在 greetings 服务容器的文件系统中，通用配置文件和具体环境的配置文件都必须
可以访问，如图 12.3 所示。

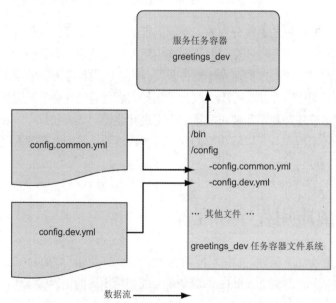

图 12.3   greetings 服务支持通用和特定环境的配置文件

因此，我们需要解决以下问题：如何仅仅使用部署描述符就将特定环境的配置文件放入容器中。你可以参考并学习源仓库中的示例，详见 https://github.com/dockerinaction/ch12_greetings.git。

greetings 应用程序的部署过程是由 Docker Compose 文件定义的，并且按照栈的方式被部署到 Docker Swarm 集群中。第 11 章介绍了这些概念。greetings 应用程序有三个 Compose 文件，在所有环境中都通用的部署配置项位于 docker-compose.yml 文件中，部署环境和产品环境中也都有特定的 Compose 文件(例如产品环境中的 docker-compose.prod.yml 文件)。特定环境中的 Compose 文件定义了服务在这些环境中使用的特殊配置和机密资源。

以下是 docker-compose.yml 文件中的共享部署描述符：

```
version: '3.7'

configs:
  env_specific_config:
    file: ./api/config/config.${DEPLOY_ENV:-prod}.yml      使用特定于环境的
                                                           配置文件来定义配
                                                           置资源
services:

  api:
    image: ${IMAGE_REPOSITORY:-dockerinaction/ch12_greetings}:api
    ports:
      - '8080:8080'
      - '8443:8443'
    user: '1000'
    configs:
      - source: env_specific_config
        target: /config/config.${DEPLOY_ENV:-prod}.yml     将 env_specific_config
                                                           配置资源映射到容器
        uid: '1000'                                        中的文件
        gid: '1000'
        mode: 0400 #default is 0444 - readonly for all users
    secrets: []
    environment:
      DEPLOY_ENV: ${DEPLOY_ENV:-prod}
```

上面这个 Compose 文件会将 greetings 应用程序针对特定环境的配置文件加载到名为 api 的服务容器中，这对于内置在应用程序镜像中的通用配置文件而言是很好的补充。DEPLOY_ENV 环境变量用于为服务部署的参数化定义提供参数值，方式有两种。

首先，当 Docker 引入 DEPLOY_ENV 环境变量时，部署描述符将产生不同的部署定义。例如，当把 DEPLOY_ENV 设置为 dev 时，Docker 将引用并加载 config.dev.yml 文件。

其次，可以将部署描述符的 DEPLOY_ENV 变量的值通过环境变量定义传递给 greetings 服务。环境变量用于让服务知道自己正在哪个环境中运行，从而使其能够读取并执行与环境相关的配置。现在，让我们仔细看看 Docker 的配置资源及其如何管理环境相关的配置文件。

12.2.1 使用配置资源

Docker 配置资源是 Swarm 集群对象，部署的作者可以利用这种对象存储应用程序需要的运行时数据。每个配置资源都有唯一的名称，最大存储容量为 500 KB。当 Docker 服务使用配置资源时，Swarm 会在服务的容器文件系统中挂载一个文件，并把配置资源的内容填充到这个文件中。

配置文件中最高层级的 configs 键定义了专用于应用程序部署的 Docker 配置资源。configs 键定义了配置资源 env_specific_config 的映射关系，如下所示：

```
configs:
  env_specific_config:
    file: ./api/config/config.${DEPLOY_ENV:-prod}.yml
```

完成部署后，Docker 将把 DEPLOY_ENV 环境变量的值插入文件名中，读取文件的内容，并将它们存储在 Swarm 集群内部名为 env_specific_config 的配置资源中。

在部署中定义配置资源并不会把对配置的访问权限自动授予服务。要授予服务访问配置的权限，就必须将配置映射到服务自己的 configs 键下。通过配置映射，可以在服务容器的文件系统中自定义结果文件的位置、所有权和权限，如下所示：

```
# ...snip...
services:
  api:
    # ...snip...
    user: '1000'
    configs:
      - source: env_specific_config
        target: /config/config.${DEPLOY_ENV:-prod}.yml
```

覆盖默认的目标文件路径/env_specific_config

覆盖文件的默
认模式 0444,
使得对于所有
用户都只读

```
      uid: '1000'
   gid: '1000'
   mode: 0400
```

覆盖默认 uid 和 gid,以
匹配服务用户的 uid

在以上示例中,env_specific_config 配置资源被映射到 greetings 服务容器。默认情况下,配置资源可通过 /<config_name> 挂载到容器文件系统中,例如 /env_specific_config。以上示例将 env_specific_config 映射到了目标位置 /config/config.${DEPLOY_ENV:-prod}.yml。因此,对于开发环境而言,配置文件就是 /config/config.dev.yml,并且这个配置文件的所有权被设置为 userid=1000 和 groupid=1000,但在默认情况下,配置文件由用户 ID 和组 ID 为 0 的用户拥有。同时,文件的访问权限也被缩小为 0400,这意味着文件仅可由文件所有者读取,而默认情况下文件可由所有者、群组和其他用户共同读取(权限为 0444)。

上面对默认配置所做的更改在应用程序中并不是严格必需的,因为尚在我们的控制之下,即使把配置设为 Docker 的默认值,这个应用程序也可以正常使用。但是,其他的应用程序就不一定这么灵活了,它们可能有不能更改的特殊启动脚本。特别是,可能需要控制配置文件名和所有权,以适应需要以特定用户身份运行并从预定位置读取配置文件的程序。Docker 的服务配置资源映射可以满足这些需求。如果需要,甚至可以将一个配置资源映射到多个服务定义。

设置好配置资源和服务定义后,就可以部署应用程序了。

12.2.2 部署应用程序

为了使用开发环境中的配置来部署 greetings 应用程序,执行以下命令:

```
DEPLOY_ENV=dev docker stack deploy \
    --compose-file docker-compose.yml greetings_dev
```

栈部署完毕后,就可以将 Web 浏览器指向位于 http://localhost:8080/ 的服务,并且你将看到以下欢迎消息:

```
Welcome to the Greetings API Server!
 Container with id 642abc384de5 responded at 2019-04-16 00:24:37.0958326
+0000 UTC
 DEPLOY_ENV: dev
```

从环境变量中读取 dev 的值

当执行 docker stack deploy 命令时,Docker 会读取应用程序与环境相关的配置文件，并将其存储为 Swarm 集群中的配置资源。然后，当 api 服务启动时，Swarm 在临时的只读文件系统中创建这些文件的副本，即使将文件模式设置为可写(例如 rw-rw-rw-)，它们也会被忽略。Docker 会将这些文件挂载到配置中设定的目标位置。配置文件的目标位置几乎可以指向任何地方，包括指向应用程序镜像的常规文件目录。例如，greetings 服务的通用配置文件(已复制到应用程序镜像中)和特定环境中的配置文件(Docker 配置资源)都位于/config 目录下。应用程序容器在启动时可以读取这些文件，并且这些文件在容器的整个生命周期内均可用。

启动时，greetings 应用程序使用 DEPLOY_ENV 环境变量获取特定环境中配置文件的名称，例如/config/config.dev.yml。接下来，greetings 应用程序读取两个配置文件并合并问候语列表。你可以通过阅读源仓库中的 api/main.go 文件来查看 greetings 服务的工作方式。现在，向 http://localhost:8080/greeting 端点发出一些请求，然后查看服务返回的多种问候语，这些问候语来自通用配置和特定于环境的配置，如下所示：

```
Hello World!
Orbis Terrarum salve!
Hello World!
Hallo Welt!
Hola Mundo!
```

配置资源与配置镜像

你是否还记得第 10 章中 10.5.3 节描述的镜像配置模式。在这种模式下，特定于环境的配置项内置在作为容器运行的镜像中，并且在运行时会挂载到"真实"服务容器的文件系统中。Docker 配置资源可自动执行这种模式下的大部分操作，使用配置资源将导致文件被挂载到服务任务容器中，而无须创建和跟踪额外的用于配置的镜像。Docker 配置资源模式还允许将单个配置文件挂载到文件系统中的任意位置，而在容器镜像模式下，最好挂载整个目录，以避免区分不同文件来自不同镜像的情况。

不管采用哪种方式，你都希望使用唯一的配置或镜像名称。但是，镜像名称可以在 Docker Compose 应用程序的部署描述符中使用变量进行替换，这也避免了资源命名问题。

到目前为止，我们采用的是通过 Docker Compose 部署定义的方式管理配置资源。在 12.2.3 节中，我们将降低抽象级别，使用 docker 命令行工具直接检查和管理配置资源。

12.2.3　直接管理配置资源

docker config 命令提供了另一种管理配置资源的方法。config 命令有几个用于创建、检查、列表和删除配置资源的子命令，它们分别是 create、inspect、ls 和 rm。可以使用这些子命令直接管理 Docker Swarm 集群的配置资源。下面我们就开始吧！

首先检查一下 greeting 服务的 env_specific_config 配置资源，如下所示：

```
docker config inspect greetings_dev_env_specific_config
```
　　　　　　　　　　　　Docker 自动在配置资源的名称前加
　　　　　　　　　　　　上栈名，将 greetings_dev 作为前缀

上面这条命令将产生以下输出：

```
[
    {
        "ID": "bconc1huvlzoix3z5xj0j16u1",
        "Version": {
          "Index": 2066
        },
        "CreatedAt": "2019-04-12T23:39:30.6328889Z",
        "UpdatedAt": "2019-04-12T23:39:30.6328889Z",
        "Spec": {
            "Name": "greetings_dev_env_specific_config",
            "Labels": {
                "com.docker.stack.namespace": "greetings"
            },
            "Data":
                "Z3JlZXRpbmdzOgogIC0gJO9yYmlzIFRlcnJhcnVtIHNhbHZlISCkI
                CAtICdCb25qb3VyIGxlIG1vbmRlISCK"
        }
    }
]
```

inspect 子命令用于报告与配置资源和配置值相关的元数据。配置值可作为 Base64 编码的字符串在 Data 字段中返回，数据未经加密，因此这里不提供机密性保证。Base64 编码的使用仅限于方便数据在 Docker Swarm 集群内的传输和存储。当服务引用配置资源时，Swarm 从集群的中心存储目录中检索出数据并将它们放入具体的服务任务容器的文件系统的某个文件中。

Docker 配置资源是不可变的，在创建后就无法更新。对于集群的配置资源，docker config 命令仅支持创建和删除操作。如果尝试使用相同的名字多次创建配置资源，Docker 将返回错误，并指出配置资源已存在，如下所示：

```
$ docker config create greetings_dev_env_specific_config \
    api/config/config.dev.yml
Error response from daemon: rpc error: code = AlreadyExists
    desc = config greetings_dev_env_specific_config already exists
```

同样，当更改源配置文件并尝试使用相同的配置资源名称重新部署栈时，Docker 也会返回以下错误：

```
$ DEPLOY_ENV=dev docker stack deploy \
    --compose-file docker-compose.yml greetings_dev
failed to update config greetings_dev_env_specific_config:

Error response from daemon: rpc error: code = InvalidArgument
desc = only updates to Labels are allowed
```

可以使用有向图来展示 Docker 服务与其依赖项之间的关系，如图 12.4 所示。

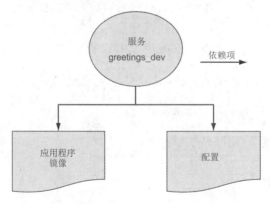

图 12.4   Docker 服务依赖于配置资源

Docker 总是试图维护服务与其依赖的配置资源之间的稳定关系。如果 greetings_dev_env_specific_config 资源被更改或删除，用于 greetings_dev 服务的新任务可能无法启动。下面让我们看看 Docker 如何跟踪这些依赖关系。

每个配置资源均由唯一的 ConfigID 标识。在以上示例中，资源

greetings_dev_env_specific_config 由 ConfigID bconc1huvlzoix3z5xj0j16u1 标识，这个
ConfigID 在 docker config inspect 命令的输出中可见。greetings 服务的定义也使用 ConfigID
引用相同的配置资源。

现在，使用 docker service inspect 命令验证一下上面的描述。该命令仅打印 greetings
服务对配置资源的引用信息，如下所示：

```
docker service inspect \
    --format '{{ json .Spec.TaskTemplate.ContainerSpec.Configs }}' \
    greetings_dev_api
```

输出如下所示：

```
[
  {
    "File": {
      "Name": "/config/config.dev.yml",
      "UID": "1000",
      "GID": "1000",
      "Mode": 256
    },
    "ConfigID": "bconc1huvlzoix3z5xj0j16u1",

    "ConfigName": "greetings_dev_env_specific_config"
  }
]
```

有几点需要注意。首先，ConfigID 引用了 greeetings_dev_env_specific_config 配置
资源的唯一配置 ID——bconc1huvlzoix3z5xj0j16u1。其次，特定于服务的目标文件配
置已包含在服务的定义中。最后，如果配置资源的名称已经存在，则无法再次创建配
置，也无法删除使用中的配置。如果 docker config 命令不提供 update 子命令，该如何
更新配置呢？图 12.5 给出了这一问题的解决方案。

答案是不更新 Docker 配置资源。相反，当配置文件发生变更时，在部署过程中创
建一个不同名的新资源，然后在服务的部署中引用新的名称。关于名称的通用约定是
在原来的名称后附加版本号。为 greetings 应用程序的部署进程定义名为
env_specific_config_v1 的资源。当配置更改时，可以生成名为 env_specific_config_v2
的新资源。通过更新对配置资源名称的引用，服务可以采用新的配置。

配置资源不可变的实现方式给自动化部署管道带来了挑战。GitHub 上的

moby/moby 35048 主题对此问题进行了详细讨论。主要挑战是配置资源的名称不能直接以 YAML Docker Compose 部署定义格式进行参数化。自动化部署过程可以通过定制化脚本来解决此问题，该脚本在部署之前会将配置资源的唯一版本替换为 Compose 文件。

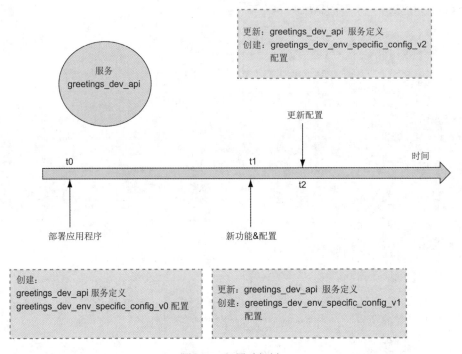

图 12.5　部署时复制

例如，假设部署描述符定义了配置资源 env_specific_config_vNNN。自动构建过程可以搜索_vNNN 字符串，并使用唯一的部署标识符进行替换。部署标识符可以是部署任务的 ID 或版本控制系统中应用程序的版本号。例如，任务 ID 为 3 的部署作业可以将配置 env_specific_config_vNNN 的所有实例重写为 env_specific_config_v3。

下面尝试配置资源的版本控制方案。首先向 config.dev.yml 文件添加一些问候语。然后将 docker-compose.yml 中的 env_specific_config 资源重命名为 env_specific_config_v2。注意，确保对最高层级配置映射中的键名以及 api 服务的配置列表中的键名进行更新。现在，再次部署应用程序栈，Docker 应该打印出一条消息，说明正在创建 env_specific_config_v2 配置并更新服务。接下来，当你向 greetings 服务端点发送请求时，可以看到配置中添加的问候语已混合到响应信息中。

这种方法对于某些人是可接受的，但有一些缺点。比如，对于某些人来说，从与版本控制不匹配的文件中部署资源会带来一些潜在的问题。只有通过存档部署文件的副本，才能缓解这些问题。此外，这种方法会为每个部署创建一组配置资源，并且旧的资源需要使用另一个单独的进程进行清除。这个进程会定期检查每个配置资源，以确定配置是否在使用，如果不再使用，就将其删除。

至此，greetings 应用程序在开发环境中的部署已经完成。现在清理这些资源，并删除栈，以避免与后面的示例程序发生冲突，命令如下所示：

```
docker stack rm greetings_dev
```

接下来，我们将研究 Docker 支持的一种特殊配置：机密信息。

12.3　一种特殊的配置：机密信息

机密信息看起来很像配置，但也有重要区别。机密信息的值很重要，并且之所以具有很高的价值，原因在于机密信息是用来验证身份或保护数据的。机密信息通常以密码、API 密钥或私有加密密钥的形式展现。如果这些机密信息泄露，得到机密信息的人就能执行需要授权的操作或访问未经授权的数据。

此外，还存在更复杂的情况。在诸如 Docker 镜像或配置文件的工件中分发机密信息时，涉及控制机密信息的访问权问题，影响广泛，难度很大。分发链条中的每个点都必须具有健壮、有效的访问控制手段，以防止信息泄露。

大多数组织不会通过常规的应用程序交付渠道来传递机密信息，这是因为整个交付管道通常有多个访问点，并且从刚开始的设计或配置，这些点就不能完全确保数据的机密性。为了规避这些问题，企业将机密信息存储在安全金库中，并在应用程序交付的最后关头使用专用工具将其注入。这些工具使应用程序只能在运行环境中访问其机密信息。

图 12.6 展示了应用程序工件、应用程序配置和机密信息之间的数据流向。

如果应用程序在启动时没有密码之类的机密信息用于安全金库的身份验证，那么安全金库能否对应用程序的机密信息进行访问授权呢？答案是不能授权。这是第一个机密信息问题(First Secret Problem)。应用程序需要自行引导建立信任链，以允许检索机密信息。幸运的是，Docker 对集群、服务和机密信息管理所做的设计能够解决这一问题，如图 12.7 所示。

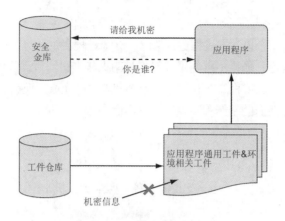

图 12.6 第一个机密信息问题

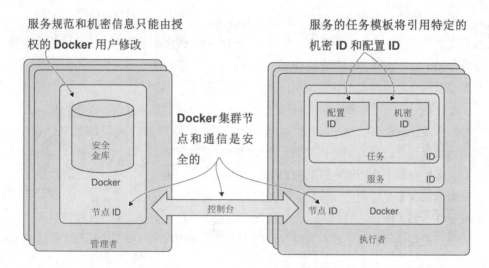

图 12.7 Docker Swarm 集群的信任链

第一个机密信息问题的核心是身份。为了使安全金库对机密信息的访问进行授权，必须首先对请求者的身份进行验证。幸运的是，Docker Swarm 集群本身就包含安全金库，并且能够解决信任引导问题。Swarm 安全金库与使用安全通信渠道的集群身份和服务管理功能紧密集成在一起。Docker 的服务 ID 可直接用作应用程序的身份，Swarm 集群也使用服务 ID 来确定服务任务应该访问哪些机密信息。当使用 Swarm 安全金库管理应用程序的机密信息时，可以确信，只有具有 Swarm 集群管理权限的人员或进程才能拥有对机密信息的访问权限。

用于 Docker 部署和运营服务的解决方案建立在强大且彻底加密功能的基础之上。

每个 Docker 服务都有标识，支持 Docker 服务的每个任务容器也都有标识。所有这些任务都在具有唯一标识的 Swarm 集群节点上运行。Docker 的机密信息管理功能就建立在这样的身份认证基础之上。每个任务都有与服务关联的身份，而服务的定义会引用服务和任务都需要的机密信息。由于服务的定义只能由 Docker 授权用户在集群的管理者节点上进行修改，因此 Swarm 知道某个服务被授权使用的机密信息。之后，Swarm 可以将这些机密信息传送给服务任务的各个节点。

注意

Docker 集群技术通过高级且安全的设计，维护着安全、高可用且性能最佳的控制台，可以通过访问 https://www.docker.com/blog/least-privilege-container-orchestration/ 了解更多信息。

Docker 服务是通过以下方式来解决"第一个机密信息问题"的：使用 Swarm 的内置身份管理功能建立信任关系，而不是依靠从另一条渠道传递过来的机密信息来验证应用程序对自身机密信息的访问权限。

使用 Docker 机密信息

使用 Docker 机密信息类似于使用 Docker 配置资源，但也有一些区别。

再一次，Docker 将提供给应用程序的机密信息作为文件挂载到容器特定的、常驻内存的、只读的 tmpfs 文件系统中。默认情况下，机密信息将被放入容器文件系统的 /run/secrets 目录下。这种传递方法避免了一些固有的泄露问题，而这些问题在将机密信息作为环境变量提供给应用程序时经常出现。

下面研究如何告诉应用程序机密文件或配置文件在容器中的存放位置，如图 12.8 所示。

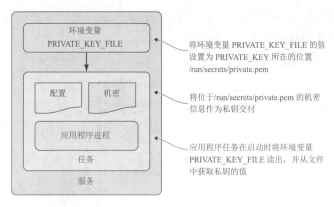

图 12.8　提供想要读取的机密文件的位置作为环境变量

将环境变量用作机密信息的传输机制时存在的问题

将环境变量用作机密信息的传输机制时，一些常见的最重要的问题如下：

- 不能将访问控制机制分配给环境变量。
- 这意味着由应用程序执行的任何进程都可以访问这些环境变量。为了说明这一点，考虑如下场景：应用程序通过 ImageMagick 工具调整镜像大小，并是在包含父应用程序机密信息的环境中使用不安全的输入值调整镜像大小。如果在众所周知的位置存放 API 密钥(云服务商经常这么做)，则这些机密信息很容易被窃取。一些语言和程序库可以提供安全的进程执行环境，但是工作量会增加。
- 许多应用程序在调试或崩溃时会将所有环境变量打印到标准输出设备，这意味着很有可能会在日志中公开机密信息。

当应用程序从文件中读取机密信息时，我们通常需要在启动时指出文件的位置。解决这个问题的方法是将包含机密信息(例如密码)的文件位置作为环境变量传递给应用程序。机密信息的位置在容器中并不是敏感信息，并且在文件权限允许的情况下，只有容器内运行的进程才能访问文件。应用程序在获取文件位置后，会打开文件并加载其中的机密信息。这种模式对于传递配置文件的位置信息也一样有效。

下面介绍一个示例：我们将为 greetings 服务提供 TLS 证书和私钥，以便能够启动安全的基于 HTTPS 的侦听器。我们将证书的私钥存储为 Docker 机密信息，并将公钥存储为配置信息。然后，将这些资源提供给 greetings 服务的生产服务配置进程。最后，我们将通过环境变量指定文件的位置，并告知 greetings 服务以便它知道从何处加载这些文件。

现在，我们将按照为生产环境配置的栈信息部署 greetings 服务的新实例。部署命令类似于先前执行的命令，但是，我们在生产部署过程中增加了--compose-file 选项，从而与 docker-compose.prod.yml 文件中的配置项协作。另一处更改是使用名称 greetings_prod(而不是 greetings_dev)部署栈。

现在执行 docker stack deploy 命令：

```
DEPLOY_ENV=prod docker stack deploy --compose-file docker-compose.yml \
    --compose-file docker-compose.prod.yml \
    greetings_prod
```

输出如下所示：

```
Creating network greetings_prod_default
```

```
Creating config greetings_prod_env_specific_config
service api: secret not found: ch12_greetings-svc-prod-TLS_PRIVATE_KEY_V1
```

由于未找到 ch12_greetings-svc-prod-TLS_PRIVATE_KEY_V1 这份机密资源，因此部署失败。现在我们检查 docker-compose.prod.yml 文件并试着找出失败的原因。该文件中的内容如下：

```
version: '3.7'
configs:
  ch12_greetings_svc-prod-TLS_CERT_V1:
    external: true

secrets:
  ch12_greetings-svc-prod-TLS_PRIVATE_KEY_V1:
    external: true

services:

  api:
    environment:
      CERT_PRIVATE_KEY_FILE: '/run/secrets/cert_private_key.pem'
      CERT_FILE: '/config/svc.crt'
    configs:
      - source: ch12_greetings_svc-prod-TLS_CERT_V1
      target: /config/svc.crt
        uid: '1000'
        gid: '1000'
        mode: 0400

    secrets:
      - source: ch12_greetings-svc-prod-TLS_PRIVATE_KEY_V1
      target: cert_private_key.pem
        uid: '1000'
        gid: '1000'
        mode: 0400
```

其中，最高层级的 secrets 键定义了名为 ch12_greetings-svc-prod-TLS_PRIVATE_KEY_V1 的机密资源，与错误报告中的信息相同。机密信息的定义中有一个我们之前未曾看到的键值对——external:true，这意味着在此并未定义机密信息的值。实际上，如果在此定义了机密信息的值，反而容易泄露。取而代之的是，机密资源 ch12_greetings-svc-prod-TLS_PRIVATE_KEY_V1 必须由 Swarm 集群管理员使用 docker 命令行工具创建。机密信息一旦被定义后，应用程序的部署进程即可引用。

现在我们通过以下命令来定义机密信息：

```
$ cat api/config/insecure.key | \
    docker secret create ch12_greetings-svc-prod-TLS_PRIVATE_KEY_V1 -
vnyy0gr1a09be0vcfvvqogeoj
```

docker secret create 命令需要两个参数：机密信息的名称和值。有两种方式可以用来提供机密信息的值：一是通过提供文件的位置；二是使用 - (连字符)指示机密信息的值将通过标准输入提供。以上命令演示了后一种方式，也就是将示例 TLS 证书的私钥 insecure.key 的内容打印到 docker secret create 命令中。该命令将执行成功并打印密钥的 ID：vnyy0gr1a09be0vcfvvqogeoj。

警告

除了在示例中进行操作之外，请勿将证书和私钥用于其他地方。私钥并没有被保密，因此不能有效地保护数据。

使用 docker secret inspect 命令可查看 Docker 创建的机密资源的详细信息，如下所示：

```
$ docker secret inspect ch12_greetings-svc-prod-TLS_PRIVATE_KEY_V1
[
  {
    "ID": "vnyy0gr1a09be0vcfvvqogeoj",
    "Version": {
        "Index": 2172
    },
    "CreatedAt": "2019-04-17T22:04:19.3078685Z",
    "UpdatedAt": "2019-04-17T22:04:19.3078685Z",
    "Spec": {
        "Name": "ch12_greetings-svc-prod-TLS_PRIVATE_KEY_V1",
        "Labels": {}
    }
  }
]
```

　　注意，在机密资源中，并没有像配置资源那样的 Data 字段。机密信息的值无法通过 Docker 工具或 Docker 引擎的 API 获得。机密信息的值受 Docker Swarm 集群的控制台严密保护，一旦将机密信息加载到 Swarm 后，就无法使用 docker 命令行工具检索了。此时机密信息仅对相关的服务可用。你可能还会注意到，机密信息的规范也不包含任何标签键值，这是因为机密信息本身是在 Docker 的栈体系之外进行管理的。

　　当 Docker 创建用于 greetings 服务的容器时，机密信息将以和配置资源的过程几乎相同的方式映射到容器中。下面是 docker-compose.prod.yml 文件中的相关部分：

```
services:
  api:
    environment:
      CERT_PRIVATE_KEY_FILE: '/run/secrets/cert_private_key.pem'
      CERT_FILE: '/config/svc.crt'
    secrets:
      - source: ch12_greetings-svc-prod-TLS_PRIVATE_KEY_V1
        target: cert_private_key.pem
        uid: '1000'
        gid: '1000'
        mode: 0400
    # ... snip ...
```

　　ch12_greetings-svc-prod-TLS_PRIVATE_KEY_V1 代表的机密信息将被映射到容器内的文件 cert_private_key.pem 中。机密信息文件的默认存放位置是/run/secrets/。应用程序还会在环境变量中查找私钥和证书的位置，因此需要使用文件的完整路径来定义。例如，CERT_PRIVATE_KEY_FILE 环境变量的值被设置为/run/secrets/cert_private_key.pem。

　　生产环境中的 greetings 应用程序还依赖于 ch12_greetings_svc-prod-TLS_CERT_V1 配置资源。该配置资源包含公共、非敏感的符合 x.509 规范的证书，greetings 应用程序以此提供安全的 HTTPS 服务。x.509 证书的私钥和公钥需要一起更改，这也是这些机密资源和配置资源总是成对创建的原因。现在，执行以下命令，定义证书的配置资源：

```
$ docker config create \
    ch12_greetings_svc-prod-TLS_CERT_V1 api/config/insecure.crt
5a1lybiyjnaseg0jlwj2s1v5m
```

　　docker config create 命令的工作方式类似于机密资源的创建命令，特别是，可以通过指定文件的路径来创建配置资源，就像以上示例中使用 api/config/insecure.crt 那样。以上命令执行成功后，将会打印新配置资源的唯一 ID，也就是类似 5a1lybiyjnaseg0jlwj2s1v5m 这样的字符串。

　　现在，重新执行部署命令：

```
$ DEPLOY_ENV=prod docker stack deploy \
    --compose-file docker-compose.yml \

    --compose-file docker-compose.prod.yml \
    greetings_prod
Creating service greetings_prod_api
```

　　部署成功了。执行 docker service ps greetings_prod_api 命令并验证有一个任务正在运行：

```
ID          NAME        IMAGE       NODE
DESIRED STATE      CURRENT STATE       ERROR       PORTS
93fgzy5lmarpgreetings_prod_api.1 dockerinaction/ch12_greetings:api
docker-desktop                  RunningRunning 2 minutes ago
```

　　既然已经部署了生产栈，下面检查一下服务日志，验证是否能找到 TLS 证书和私钥，命令如下：

```
docker service logs --since 1m greetings_prod_api
```

　　以上命令将打印 greetings 服务的日志，如下所示：

```
Initializing greetings api server for deployment environment prod
Will read TLS certificate private key from
    '/run/secrets/cert_private_key.pem'
chars in certificate private key 3272
Will read TLS certificate from '/config/svc.crt'
chars in TLS certificate 1960
Loading env-specific configurations from /config/config.common.yml
Loading env-specific configurations from /config/config.prod.yml
Greetings: [Hello World! Hola Mundo! Hallo Welt!]
```

```
Initialization complete
Starting https listener on :8443
```

实际上，greetings 应用程序在/run/secrets/cert_private_key.pem 文件中找到了私钥，并报告该文件包含 3272 个字符。证书则包含 1960 个字符。最终，greetings 应用程序报告已在容器的 8443 端口启动了 HTTPS 流量监听器。

使用 Web 浏览器打开网址 https://localhost:8443。由于以上示例中的证书不是由受信任的证书颁发机构颁发的，因此你将收到警告信息。忽略警告信息并继续执行，你将看到来自 greetings 服务的响应，如下所示：

```
Welcome to the Greetings API Server!
Container with id 583a5837d629 responded at 2019-04-17 22:35:07.3391735
+0000 UTC DEPLOY_ENV: prod
```

如你所见，greetings 服务现在能够正常运行了！它使用 Docker 的机密信息管理工具提供的 TLS 证书来处理 HTTPS 流量和请求。与之前一样，可以向位于 https://localhost:8443/greeting 的服务请求问候语。注意，仅来自公共配置的三句问候语是可用的，这是因为 greetings 应用程序针对生产环境的配置文件 config.prod.yml 并没有添加任何问候语。

greetings 服务现在使用了 Docker 支持的所有配置方式，包括应用程序镜像中的配置文件、环境变量、配置资源和机密信息资源。你了解了如何结合所有这些方法，在多种环境中安全地改变应用程序的行为。

12.4　本章小结

本章描述了 Docker 面临的一大核心挑战：在部署时(而非构建时)改变应用程序的行为。我们探讨了如何利用 Docker 的配置方法对程序变更进行建模。本章示例中的应用程序演示了如何使用 Docker 的配置资源和机密资源来应对跨环境的行为改变，并最终以 Docker 服务利用特定于环境的配置数据来处理 HTTPS 安全流量结束本章。本章中的关键知识点如下：

- 应用程序的行为通常必须适应想要部署到的目标环境。
- Docker 的配置资源和机密资源可用于对各种部署需求进行建模并调整应用程序的行为。

- 机密信息是一种特殊的配置数据，想要安全地处理很具有挑战性。
- Docker Swarm 建立了信任链，并利用 Docker 服务内置的身份，确保将机密信息正确、安全地交付给应用程序。
- Docker 以文件的形式将配置资源和机密信息提供给服务，这些资源和信息存放在特定容器的 tmpfs 文件系统中，供应用程序在启动时读取。
- 部署过程必须对配置资源和机密信息使用命名方案，以便自动化更新服务。

## 第13章

使用 Swarm 在 Docker 主机集群上编排服务

本章内容如下：

- Docker 应用程序部署的工作方式和选项
- 将多层级应用程序部署到 Docker Swarm 集群
- Swarm 如何将 Docker 应用程序的状态收敛到声明的期望状态
- Swarm 如何确保在集群中运行期望数量的服务副本，而不用打破资源限制
- 如何将请求流量从集群节点路由到网络服务实例，以及如何协作服务使用 Docker 网络进行通信
- 控制 Docker 服务容器在集群中的放置

13.1 使用 Docker Swarm 集群

应用程序开发人员和运维人员经常将服务部署到多个主机上，以实现更高的可用性和扩展性。当应用程序被部署到多台主机上时，这种部署方式可以提供冗余性。如果一台主机发生故障或从服务列表中删除时，其他主机就可以分担这台主机的服务能力。跨主机进行部署还有一项优势，就是允许应用程序使用相比单台主机能够提供的更多的计算资源。

例如，某电子商务网站平时在单台主机上运行良好，但是碰上大型促销活动就运行缓慢，经测算，促销活动时的高峰负载是正常情况下的两倍。这种情况下，将站点部署到三台主机上就能解决问题，即使某台主机发生故障或因升级而无法使用，另外两台主机也有足够的能力处理高峰流量。在本章，我们将介绍如何在由 Swarm 管理的主机集群中建模和部署 Web API。

Docker Swarm 提供了一个复杂的平台，用于跨 Docker 主机部署和操作容器化应用程序。Docker 的部署工具可自动执行两个流程：一是将新的 Docker 服务部署到集群，二是更改现有服务。服务配置的更改范围包括服务定义文件(docker-compose.yml)中声明的所有内容，例如镜像、容器命令、资源限制、开放的端口、挂载点和机密信息。部署后，Swarm 还会监控应用程序，以便发现并修复问题。此外，Swarm 还将来自应用程序外部用户的请求路由到服务的具体任务容器。

本章将研究 Docker Swarm 如何支持这些功能。我们将以第 11 和 12 章介绍的服务、配置资源和机密信息为基础进行深入探讨，还将利用 Docker 容器(参见第 2 章)、资源限制(参见第 6 章)和网络(参见第 5 章)方面的基本知识。

13.1.1　Docker Swarm 模式介绍

Docker Swarm 是一种集群技术，用于连接一组运行 Docker 的主机，并允许在这些主机上运行由 Docker 服务构建的应用程序。Swarm 在这组主机之间协调 Docker 服务的部署和操作，并根据应用程序的资源要求和机器功能来调度任务。Swarm 集群软件已包含在 Docker 引擎和命令行工具中，所以无须安装其他组件就可以启用 Swarm 集群模式。图 13.1 展示了 Docker Swarm 部署的各个组件如何相互关联以及集群中的机器如何协作。

在将 Docker 引擎加入 Swarm 集群时，可以指定主机的身份是管理者还是执行者。管理者节点负责创建、更改或删除实体定义，例如 Docker 服务、配置和机密信息等。管理者节点指示执行者节点创建实现 Docker 服务实例的容器和卷。管理者节点还需要不断地将集群中所有节点的状态收敛到服务定义中声明的状态。Swarm 集群中用于连接 Docker 引擎的控制平台描述了集群的期望状态与实现期望状态有关的事件之间的通信模式。Docker 服务的客户端程序则将请求发送到服务集群发布的公开端口，请求可由集群中的某个节点接收。接下来，Swarm 网络网格会将请求从接收的节点路由到可以处理请求的运行正常的某个服务容器。Swarm 部署并管理轻量级的专用负载均衡器和网络路由组件，接收和传输每个发布端口的网络流量。13.3.1 节将详细介绍 Swarm 网络网格。下面部署一个集群以完成本章中的示例。

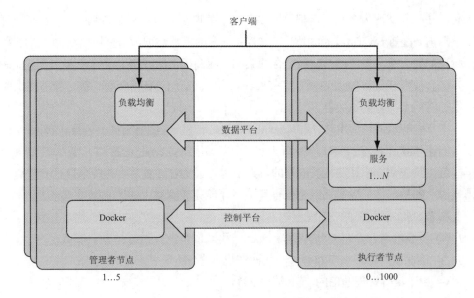

图 13.1 Swarm 集群部署

可以将 Swarm 集群部署到许多网络拓扑中。每个集群至少有一个管理者节点，以维护集群状态并协调执行者节点之间的服务。Swarm 集群要求大多数管理者节点都处于可用状态，以便协调和记录对集群的更改。一般来说，大多数生产环境中部署的 Swarm 集群都有三个或五个管理者节点。增加管理者节点的数量将提高 Swarm 控制平台的可用性，但也将增加管理者节点确认集群更改时花费的时间。有关管理者节点数量如何取舍权衡的详细说明，参见《Swarm 管理指南》(https://docs.docker.com/engine/swarm/admin_guide/)。Swarm 集群可以可靠地扩展到数百个执行者节点，Docker 社区也曾经演示过对包含数千个执行者节点的 Swarm 集群的测试情况(请参阅位于 https://dzone.com/articles/docker-swarm-lessons-from-swarm3k 的 Swarm3K 项目)。

Swarm 作为 Docker 自带的原生集群应用程序部署选项，能够很好地支持 Docker 应用程序模型。许多人发现，相比其他容器集群技术，Swarm 更易于部署、使用和管理。你也可能发现小型 Swarm 集群非常适用于独立的团队或项目。通过标签，大型 Swarm 集群可以划分成多个区域，然后就可以通过调度约束将服务实例放置到适当的区域中。可以通过使用对组织有意义的元数据来标记集群资源，例如 environment=dev 或 zone=privates，从而使集群的实际管理模型与你的术语系统相匹配。

13.1.2　部署 Swarm 集群

从节点中构建 Swarm 集群的方式有许多。本章中的示例使用具有五个节点的

Swarm 集群，然而大多数示例都只需要在一个节点上工作，例如 Docker for Mac。可以根据需要配置 Swarm 集群，由于当前有非常多的配置选项，软件的变化也非常迅速，因此我们建议按照最新指南在最适合的架构供应商提供的网络上配置 Swarm 集群。许多人还会使用 docker-machine 在 CloudOcean 和 Amazon Web Services 等云服务提供商提供的网络上部署测试集群。

本章中的示例是使用 PwD(Play with Docker，详见 https://labs.play-with-docker.com/)项目创建和测试的。在 PwD 项目网站上，可以试用 Docker 并免费学习。我们的 Swarm 集群是按照 PwD 项目的模板创建的，其中包含三个管理者节点和两个执行者节点。需要说明的是，你至少需要两个执行者节点才能完成本章中的所有练习。

部署 Swarm 集群的一般过程如下。

(1) 至少部署三个已安装并运行 Docker 引擎的节点，最好是五个节点。

(2) 确保使用以下端口和协议，从而在机器之间允许进行网络通信：

● 用于集群管理通信的 TCP 端口 2377。

● 用于节点间通信的 TCP 和 UDP 端口 7946。

● 用于覆盖网络流量的 UDP 端口 4789。

(3) 在管理者节点上执行 docker swarm init 命令，初始化 Swarm 集群。

(4) 记录 Swarm 集群的连接令牌或使用 docker swarm join-token 命令显示它们。

(5) 通过 docker swarm join 命令将管理者节点和执行者节点加入集群。

13.2 将应用程序部署到 Swarm 集群

在本节中，我们将部署一个具有通用三层结构的 Web 应用程序。该 Web 应用程序有一个无状态的 API 服务器，该 API 服务器已连接到后台 PostgreSQL 关系数据库。API 服务器和数据库都将作为 Docker 服务进行管理。数据库使用 Docker 卷持久化保存数据，API 服务器则通过专用的安全网络与数据库进行通信。该 Web 应用程序将演示如何将前几章介绍的 Docker 资源转为跨多个节点进行部署。

13.2.1 Docker Swarm 集群资源类型介绍

Docker Swarm 支持本书讨论的几乎所有概念，如图 13.2 所示。当使用 Swarm 时，这些资源是在集群级别定义和管理的。

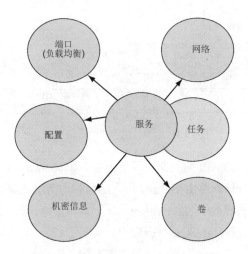

图 13.2　Docker Swarm 集群资源类型

关键的 Docker Swarm 集群资源类型如下。

- Docker 服务：Docker 服务定义了在 Swarm 集群的节点上运行的应用程序进程。Swarm 管理器解析服务的定义并根据解析结果创建在管理者节点和执行者节点上执行的任务。服务的概念在第 11 章已介绍过。

- 任务：任务用于定义容器化的进程，Swarm 将调度并运行容器化的进程直至完成。非正常退出的任务可以用新任务替换，具体取决于服务定义的重启策略。任务还明确指出了对其他集群资源(如网络和机密信息)的依赖项。

- 网络：应用程序可以使用 Docker 覆盖网络在服务之间进行通信。Docker 覆盖网络的开销很低，因此可以创建符合安全模型要求的网络拓扑。13.3.2 节将介绍 Docker 覆盖网络。

- 卷：卷用于为服务的任务提供持久化的存储能力，这些卷将被挂载到单个节点。关于卷和挂载的内容已在第 4 章做了描述。

- 配置和机密信息：配置和机密信息(详见第 12 章)为集群上部署的服务提供了特定环境的专有配置。

本章的示例应用程序将使用上面提及的每一种集群资源类型。

13.2.2　使用 Docker 服务定义应用程序及其依赖项

本章使用的示例应用程序是一个简单的 Web 应用程序，共有三层：负载均衡服务器、API 服务器和 PostgreSQL 数据库服务器。我们将按照 Docker 规范对这个 Web 应用程序进行建模，然后将其部署到 Swarm 集群中。从逻辑上讲，这个示例应用程序的部署流程如图 13.3 所示。

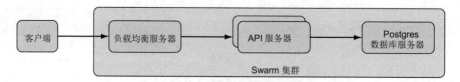

图 13.3　示例应用程序的逻辑架构

这个示例应用程序的 API 服务器有两个端点：/和/counter。API 服务器将端口发布到集群的对外网络上，该网络由 Swarm 内置的负载均衡服务器实现。对/端点的请求将返回用于处理请求的容器的信息；而/counter 端点将进行计数，每进来一个请求计数就加 1。计数值存储在 PostgreSQL 数据库中。

让我们使用 Docker Compose 的 V3 版本定义一个应用程序，并综合前几章介绍的概念，之后使用 docker stack 命令部署这个应用程序。该应用程序的完整定义可从 Git 仓库 https://github.com/dockerinaction/ch13_multi_tier_app.git 获取。克隆这个 Git 仓库到本地，后面在逐步解释该应用程序时可以参考。

该应用程序使用两个网络：一个处理外部请求的公用网络，以及一个更受信任的专用网络。Compose 文件 docker-compose.yml 中的应用程序描述符描述了这两个网络，如下所示：

```
version: '3.7'

networks:
  public:
    driver: overlay
    driver_opts:
      encrypted: 'true'
private:
  driver: overlay
  driver_opts:
    encrypted: 'true'
  attachable: true
```

注意

当把 true 值用于 driver_opts 键时，需要加引号，因为 Docker 要求使用字符串或数字；而当把 true 值用于 attachable 键时，不用加引号，因为 Docker 要求使用布尔值。

通过在配置文件中最高层级的 networks 键下增加两个条目，这两个网络可添加到应用程序描述符中。由于这个应用程序需要进行端到端加密，因此只要对该应用程序使用的网络上的所有流量进行加密，就可以满足绝大部分要求，剩下要做的工作则是使用 TLS 协议保护服务的已发布端口的安全。后面的 13.3 节将解释为什么应用程序需要保护已发布端口的安全。另外，第 12 章的 greetings 应用程序演示了一种实现方法。这突出了 Swarm 的一项有趣功能：通过在部署描述符中使用简单的、可审核的配置项，可以很容易满足大部分的传输加密需求。

接下来，数据库服务需要对数据进行持久化存储。可以在配置文件中最高层级的 volumes 键下定义如下 Docker 卷：

```
volumes:
    db-data:
```

请注意，上面的配置中，并没有为 db-data 卷定义任何选项。Swarm 将使用 Docker 内置的 local 卷驱动程序来创建 db-data 卷。通过这种方式创建的卷被存放于 Swarm 节点本地，并且不能被复制、备份或共享到其他位置。然而 Docker 卷的一些插件可以创建和管理持久化数据存储并在节点之间共享数据。例如，Docker Cloudstor 和 REX-Ray 插件就是这样的工具。

在继续进行服务的定义之前，可以先创建 API 服务以访问 PostgreSQL 数据库的密码配置。密码将在 Swarm 集群中被配置为部署过程中的开始几个步骤之一。在配置文件中添加最高层级的 secrets 键，用于指示部署过程从这里获取访问集群的机密信息的密码，如下所示：

```
secrets
    ch13_multi_tier_app-POSTGRES_PASSWORD:        在集群的机密信息中进行检索
      external: true
```

现在，我们可以定义应用程序的服务了。首先从数据库开始，在配置文件中最高层级的 services 键下定义 postgres 服务，如下所示：

```
services:
  postgres:
    image: postgres:9.6.6
    networks:
       -private
    volumes:
```

```
        -db-data:/var/lib/postgresql/data
    secrets:
    -source: ch13_multi_tier_app-POSTGRES_PASSWORD  ◁
        target: POSTGRES_PASSWORD
        uid: '999'                    ◁
        gid: '999'
        mode: 0400
    environment:
        POSTGRES_USER: 'exercise'
        POSTGRES_PASSWORD_FILE: '/run/secrets/POSTGRES_PASSWORD'
        POSTGRES_DB: 'exercise'
    deploy:
        replicas: 1                    ◁
        update_config:
            order: 'stop-first'
        rollback_config:
            order: 'stop-first'
        resources:
          limits:
              cpus: '1.00'
              memory: 50M
          reservations:
              cpus: '0.25'
              memory: 50M
```

从集群统一管理的机密信息中注入 PostgreSQL 数据库的密码

由容器管理的 postgres 用户(uid 为 999)需要文件的读权限

通过限制副本数为 1，确保 PostgreSQL 服务最多只有一个实例，并且在第一次更新或回滚失败后停止运行

数据库服务将使用官方的 PostgreSQL 镜像来启动。同时，PostgreSQL 容器将(仅)连接到专用网络、挂载 db-data 卷并使用 POSTGRES_*环境变量初始化数据库。POSTGRES_DB 和 POSTGRES_USER 环境变量分别用于确定数据库的名称和访客身份。但是，应该避免通过环境变量向进程提供密码之类的机密信息，因为环境变量非常容易泄露。

更好的方法是从被安全管理的文件中读取机密信息。Docker 可通过自身的机密信息处理功能直接支持这样的方式。PostgreSQL 镜像甚至支持从文件中读取敏感数据，例如 POSTGRES_PASSWORD。对于栈定义，Docker 将从集群的 ch13_multi_tier_app-POSTGRES_PASSWORD 机密信息的定义中获取 PostgreSQL 密码。接下来，Swarm 将机密信息的值放入容器的一个文件中，该文件被挂载到路径/run/secrets/POSTGRES_PASSWORD。PostgreSQL 进程在启动时会切换到 ID 为 999 的用户。因此，机密文件的访问权限需要配置为可由该用户读取。

注意

在 Docker 容器内执行的所有进程都可以访问容器的所有环境变量。然而，文件中数据的访问权限由文件权限控制。因此，nobody 用户可以读取$SECRET 环境变量，但是无法读取/run/secrets/SECRET 文件，除非 nobody 用户是文件所有者或者拥有文件读取权限。

如此看来，postgres 服务的定义中还缺少内容吗？注意还存在一个问题：客户端如何连接到数据库服务？

当使用 Docker 覆盖网络时，连接到给定网络的所有应用程序都能够在任何端口上相互通信，这是因为连接到 Docker 网络的应用程序之间并不存在防火墙。由于PostgreSQL 默认情况下监听端口 5432，因此连接到专用网络的其他应用程序也能够在5432 端口上连接到 postgres 服务。

现在，在配置文件中的 services 键下为 API 增加服务定义，如下所示：

```
api:
  image:
    ${IMAGE_REPOSITORY:-dockerinaction/ch13_multi_tier_app}:api
  networks:
    -public
    -private
  ports:
    - '8080:80'
  secrets:
    -source: ch13_multi_tier_app-POSTGRES_PASSWORD
    target: POSTGRES_PASSWORD
    mode: 0400

  environment:
    POSTGRES_HOST: 'postgres'
    POSTGRES_PORT: '5432'
    POSTGRES_USER: 'exercise'
    POSTGRES_DB: 'exercise'
    POSTGRES_PASSWORD_FILE: '/run/secrets/POSTGRES_PASSWORD'
  depends_on:
    -postgres
  deploy:
    replicas: 2
    restart_policy:
```

```
      condition: on-failure
      max_attempts: 10
      delay: 5s
    update_config:
      parallelism: 1
      delay: 5s
    resources:
      limits:
        cpus: '0.50'
        memory: 15M
      reservations:
        cpus: '0.25'
        memory: 15M
```

API 服务器被同时连接到公共网络和专用网络。API 服务器的客户端通过公共网络向集群的 8080 端口发送请求。Swarm 网络的路由网格会将客户端请求转发到具体的服务任务，并最终到达某个 API 服务容器的 80 端口。然后 API 服务器通过专用网络连接到 PostgreSQL，注意 PostgreSQL 只连接到专用网络。API 服务器被配置为连接 PostgreSQL，方式是通过引用 POSTGRES_*环境变量中的信息。

注意，PostgreSQL 用户的密码也将通过 Docker 机密信息提供给 API 服务器。与 postgres 服务一样，机密信息以文件形式挂载到每个 api 服务容器中。尽管 api 服务采用的镜像几乎从空白开始构建，并且仅包含静态的 Golang 二进制文件，但是机密信息挂载点仍然有效，因为 Docker 能帮助你管理基础的 tmpfs 文件系统。Docker 在安全地管理和使用机密信息方面做了大量的基础工作。

其余的 api 服务定义用于管理 Swarm 部署服务的细节。api 服务定义中的 depends_on 键包含 api 服务依赖的所有服务的列表，在本例中为 postgres 服务。当真正部署栈时，Swarm 将在 api 服务之前启动 postgres 服务。deploy 键则定义 Swarm 如何在整个集群内部署 api 服务。

在以上配置中，Swarm 将 api 服务的两个副本部署到集群，并尝试运行多个任务以支持该服务。restart_policy 键根据运行状况检查的结果确定 Swarm 处理服务异常退出或进入失败状态的策略。

Swarm 将在任务启动失败时重启任务。不过用"重启"这个词并不太妥当，因为 Swarm 实际上会启动一个新的容器，而不是重启发生故障的容器。默认情况下，Swarm 将尝试无限次重启服务的任务。在本例中，api 服务被配置为最多可重启任务 10 次，并且在每次重启之间有 5 秒的延迟。

服务的作者应仔细考虑重启策略，包括 Swarm 两次启动服务之间的等待时间和尝试重启的次数等配置信息。首先，进行无限次重启的尝试基本上是无用的；其次，无限的重试过程可能会耗尽整个集群的资源，这是因为每当有新的容器被启动时，就会有部分集群资源被消耗，但是当容器失败时，资源释放速度却不够快。

api 服务在配置中使用了简单的 update_config 键，作用就是将服务的更新发布限制为一次运行一个任务。本例中，Swarm 是这样更新服务的：首先关闭使用旧配置的任务，接着以新的配置启动一个任务，等待新任务的运行状况正常后，再继续更新服务的下一个任务。这里也有延迟，作用就是在任务替换操作之间引入时间间隔，以保证部署期间集群和服务流量的稳定。

第 11 章讨论了许多用于重启、更新、回滚配置的选项。你可以对它们进行微调，以更好适应应用程序的行为并打造更加健壮的部署流程。

13.2.3　部署应用程序

在本小节中，我们会将已定义好的应用程序部署到 Swarm 集群。第 11 章介绍的 docker stack 命令将被用来执行此操作，图 13.4 展示了该命令与集群的交互方式。

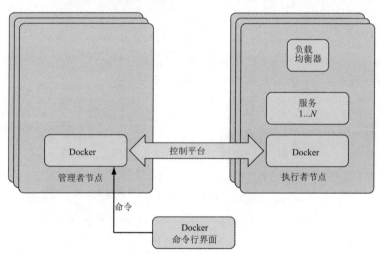

图 13.4　Docker 控制平台的通信路径

通过向 swarm 集群的管理者节点发送适当的 docker 命令，Docker 可以管理服务、网络和其他 Swarm 资源。当通过 Docker 命令行界面发出命令时，将连接到 Docker 引擎 API 并请求更新 Swarm 集群的状态。Swarm 将编排所需的更改序列并执行，最终使集群达到期望的状态。

如果向集群中的执行者节点发出管理集群及其资源的 Docker 命令，则会收到如下错误消息：

```
[worker1] $ docker node ls
Error response from daemon: This node is not a swarm manager. Worker
nodes can't be used to view or modify cluster state. Please run this
command on a manager node or promote the current node to a manager.
```

可在集群中的任何管理者节点上打开一个 shell 脚本。使用 docker node ls 命令列出集群的节点信息，如下所示：

```
[manager1] $ docker node ls
ID                          HOSTNAME          STATUS
AVAILABILITY    MANAGER STATUS    ENGINE VERSION
7baqi6gedujmycxwufj939r44 *  manager1          Ready
Active          Reachable         18.06.1-ce
bbqicrevqkfu8w4f9wli1tjcr   manager2          Ready
Active          Leader            18.06.1-ce
hdpskn4q93f5ou1whw9ht8y01   manager3          Ready
Active          Reachable         18.06.1-ce
xle0g72ydvj24sf40vnaw08n0   worker1           Ready
Active                            18.06.1-ce
l6fkyzqglocnwc0y4va2anfho   worker2           Ready
Active                            18.06.1-ce
[manager1] $
```

在上面的输出中，注意命令是从名为 manager1 的管理者节点发出并执行的。manager1 节点是管理者节点，但当前不是集群的管理者节点。当向 manager1 节点发出集群层级的管理命令时，命令将被转发给管理者节点进行处理。

使用 Git 将应用程序复制到管理者节点，然后切换到 ch13_multi_tier_app 目录：

```
git clone https://github.com/dockerinaction/ch13_multi_tier_app.git
cd ch13_multi_tier_app
```

现在，我们准备使用 docker stack 命令部署应用程序。docker stack 命令可以部署以两种格式定义的应用程序。第一种是我们将要使用的 Docker Compose 格式；第二种是早期的已经不再流行的分布式应用程序捆绑(Distributed Application Bundle，DAB)格式。由于我们使用的是 Docker Compose 格式，因此我们将使用--compose-file 选项

指定 Compose 文件的路径。下面开始将 Compose 应用程序部署到 Swarm 集群，如下
所示：

```
docker stack deploy --compose-file docker-compose.yml multi-tier-app
```

然而这条命令会执行失败，并显示一条错误消息，指示未找到
ch13_multi_tier_app-POSTGRES_PASSWORD 这条机密信息：

```
$ docker stack deploy --compose-file docker-compose.yml multi-tier-app
Creating network multi-tier-app_private
Creating network multi-tier-app_public
service postgres: secret not found:
    ch13_multi_tier_app-POSTGRES_PASSWORD
```

以上输出显示 Swarm 能够创建网络，但不能创建服务。注意，Swarm 要求服务依
赖的所有集群级资源都存在，才能继续进行部署。因此，当 Docker 确定某些资源依赖
项缺失时，便停止应用程序的部署。已创建的资源将被保留，以在后面的部署尝试中
使用。这些部署前的检查步骤有助于构建健壮的应用程序交付流程，特别是：让部署
过程快速失败的设计方法能够帮助我们尽快发现缺失的依赖项。

实例中缺失的应用程序依赖项是集群级机密信息 ch13_multi_tier_app-
POSTGRES_PASSWORD。回想一下，应用程序对该机密信息的引用说明它是在外部
定义的，如下所示：

```
secrets:
  ch13_multi_tier_app-POSTGRES_PASSWORD:
    external: true              # Retrieve from cluster's secret resources
```

在这种上下文中，external 标签为 true 意味着机密信息是在应用程序部署定义范围
之外定义并由 Swarm 提供的。现在，我们将应用程序的数据库密码作为 Docker 机密
信息存储在 Swarm 集群中：

```
echo 'mydbpass72' | docker secret create \
    ch13_multi_tier_app-POSTGRES_PASSWORD
```

注意

定义数据库密码的唯一位置是由 Swarm 管理的 Docker 机密信息。可以使用任何有效的 PostgreSQL 密码并且能随时更改。这表明在 Swarm 集群的分布式应用程序中安全地处理机密信息是非常方便的。

docker secret 命令如果执行成功，则会输出 Docker 分配的用于管理机密信息的随机标识符。可以执行以下命令，列出集群中的机密信息以验证其是否已创建：

```
docker secret ls --format "table {{.ID}} {{.Name}} {{.CreatedAt}}"
```
将机密信息中的标识符、名称、自创建以来的时间(可选)等输出信息格式化成表格形式

以下输出显示机密信息是最近创建的：

```
ID NAME CREATED
<random id> ch13_multi_tier_app-POSTGRES_PASSWORD 6 seconds ago
```

现在让我们试着再次部署栈：

```
[manager1] $ docker stack deploy \
    --compose-file docker-compose.yml multi-tier-app
Creating service multi-tier-app_postgres
Creating service multi-tier-app_api
```

docker stack 命令报告我们已为示例应用程序创建了两个 Docker 服务：multi-tier-app_postgres 和 multi-tier-app_api。服务状态如下：

将服务名、模式、副本数(可选)等输出信息格式化成表格形式

```
docker service ls \
    --format "table {{.Name}} {{.Mode}} {{.Replicas}}"
```

输出如下所示：

```
NAME MODE REPLICAS
multi-tier-app_api replicated 2/2
multi-tier-app_postgres replicated 1/1
```

每个服务都有预期的副本数。REPLICAS 列显示 PostgreSQL 有一个任务，而 api 服务有两个任务。

通过检查日志，可以验证 api 服务是否已正确启动：

```
docker service logs --follow multi-tier-app_api
```

每个 api 任务都会记录一条消息，表明正在初始化、从文件中读取 PostgreSQL 密码并监听外部请求，如下所示：

```
$ docker service logs --no-task-ids multi-tier-app_api
multi-tier-app_api.1@worker1 | 2019/02/02 21:25:22 \
    Initializing api server
multi-tier-app_api.1@worker1 | 2019/02/02 21:25:22 \
    Will read postgres password from '/run/secrets/POSTGRES_PASSWORD'
multi-tier-app_api.1@worker1 | 2019/02/02 21:25:22 \
    dial tcp: lookup postgres on 127.0.0.11:53: no such host
multi-tier-app_api.1@worker1 | 2019/02/02 21:25:23 \
    dial tcp 10.0.0.12:5432: connect: connection refused
multi-tier-app_api.1@worker1 | 2019/02/02 21:25:25 \
    Initialization complete, starting http service
multi-tier-app_api.2@manager1 | 2019/02/02 21:25:22 \
    Initializing api server
multi-tier-app_api.2@manager1 | 2019/02/02 21:25:22 \
    Will read postgres password from /run/secrets/POSTGRES_PASSWORD'
multi-tier-app_api.2@manager1 | 2019/02/02 21:25:22 \
    dial tcp: lookup postgres on 127.0.0.11:53: no such host
multi-tier-app_api.2@manager1 | 2019/02/02 21:25:23 \
    dial tcp: lookup postgres on 127.0.0.11:53: no such host
multi-tier-app_api.2@manager1 | 2019/02/02 21:25:25 \
    Initialization complete, starting http service
```

docker service logs <服务名>命令用于将日志消息从服务任务所在的节点流式传输到终端。可以通过该命令查看任何服务的日志，但你需要注意是将命令发向管理者节点上的 Docker 引擎而不是执行者节点。当查看服务日志时，Docker 引擎会自动连接到任务所在集群节点上的引擎，检索日志并将它们返回。

从日志消息中我们可以看到，这些 api 任务似乎正在 worker1 节点(执行者节点)和 manager1 节点(管理者节点)上运行。你的服务任务有可能在不同的节点上启动。我们可以使用 docker service ps 命令进行验证，从而列出服务的所有任务，如下所示：

```
docker service ps \
  --format "table {{.ID}} {{.Name}} {{.Node}} {{.CurrentState}}" \
    multi-tier-app_api
```
将基本的任务数据(可选)格式化成表格形式

以上命令将产生如下输出：

```
ID NAME NODE CURRENT STATE
5jk32y4agzst multi-tier-app_api.1 worker1 Running 16 minutes ago
nh5trkrpojlc multi-tier-app_api.2 manager1 Running 16 minutes ago
```

docker service ps 命令报告 api 服务有两个正在运行的任务，这和预期情况相符。请注意，任务以<栈名>_<服务名>.<副本编号>的格式命名，例如 multi-tier-app_api.1。每个任务同时还将获得唯一的 ID。无论这些任务在集群内的什么地方运行，docker service ps 命令都会列出它们的状态。

相比之下，当在 manager1 节点上执行 docker container ps 命令时，将仅显示 manager1 节点上运行的容器的状态，如下所示：

```
$ docker container ps --format "table {{.ID}} {{.Names}} {{.Status}}"
CONTAINER ID NAMES STATUS
4a95fa59a7f8 multi-tier-app_api.2.nh5trkrpojlc3knysxza3sffl \
    Up 27 minutes (healthy)
```

服务任务的容器名由任务名加唯一的任务 ID 构成。上面两条命令均报告任务正在运行且运行状况良好。api 服务的镜像定义了“运行状况检查”配置，因此我们非常确信这一点。

太好了。我们的应用程序已成功部署，一切看起来都很正常！

打开 Web 浏览器，指向集群中任一节点的 8080 端口。如果是 PwD 用户，将有一个基于 Web 控制台的超链接用于测试。作为替代方案，也可以使用 curl 命令从集群节点之一向端口 8080 发出 HTTP 请求，如下所示：

```
curl http://localhost:8080
```

api 服务会使用类似于以下内容的简单消息进行响应：

```
Welcome to the API Server!
```

```
Container id 256e1c4fb6cb responded at 2019-02-03 00:31:23.0915026
+0000 UTC
```

小技巧

如果使用 PwD 项目，那么每个集群节点的详细信息页面都可以通过指向节点上发布的某个端口的链接进行访问。可以直接打开链接或与 curl 命令配合使用。

当多次发出请求时，可以注意到每次为请求提供服务的容器都有不同的 ID，这意味着它们是不同的容器。下面的 shell 脚本将发出四个 HTTP 请求并产生以下输出：

bash shell 命令发出四个请求给应用程序，可以
使用集群节点的主机名代替 localhost

```
$ for i in `seq 1 4`; do curl http://localhost:8080; sleep 1; done;
Welcome to the API Server!
Server 9c2eea9f140c responded at 2019-02-05 17:51:41.2050856 +0000 UTC
Welcome to the API Server!
Server 81fbc94415e3 responded at 2019-02-05 17:51:42.1957773 +0000 UTC
Welcome to the API Server!
Server 9c2eea9f140c responded at 2019-02-05 17:51:43.2172085 +0000 UTC
Welcome to the API Server!
Server 81fbc94415e3 responded at 2019-02-05 17:51:44.241654 +0000 UTC
```

每个请求产生的输出

在上面的脚本中，curl 命令会向某个集群节点发出 HTTP GET 请求。在更早一些的示例中，curl 命令会在集群的某个节点上将请求发送到本地端口 8080。由于没有防火墙阻止 curl 命令将套接字打开到指定的网络位置，因此 Docker Swarm 的服务网格将连接到端口 8080，并将请求路由到某个正常运行的容器。接下来，我们将详细研究请求是如何被路由到 Docker 服务的。

13.3　与 Swarm 集群内运行的服务通信

Docker 使 Swarm 集群外部的客户端可以很容易地连接到集群内运行的服务。此外，Swarm 还可以帮助集群中的服务在同一 Docker 网络内相互定位和通信。在本节中，我们首先探讨 Docker 如何将服务暴露给集群外部的使用者。然后，我们将研究 Docker 服务如何通过 Swarm 的服务发现机制和覆盖网络功能相互通信。

13.3.1　使用 Swarm 路由网格将客户端请求路由到服务

Swarm 路由网格提供了一种简单的方法来向集群外部公开内部运行的服务，这也是 Swarm 最引人注目的功能之一。Swarm 路由网格将几个复杂的网络构造块组合在一起，用以发布服务端口。图 13.5 描述了 Swarm 为示例应用程序创建的逻辑网络拓扑。

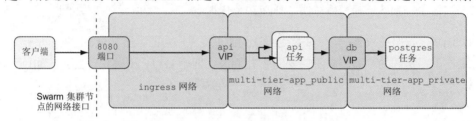

图 13.5　用于示例应用程序的 Swarm 路由网络组件

Swarm 在集群的每个节点上为每个已发布的服务端口安装了一个监听器。可以将端口配置为监听 TCP 流量、UDP 流量或者两种流量都监听。客户端应用程序可以连接到集群中任一节点上的端口并发出请求。

Swarm 通过结合 Linux iptables 和 ipvs 功能来实现监听器。iptables 功能可以将流量重定向到为服务分配的专用虚拟 IP(Virtual IP，VIP)。通过使用 Linux 的内核功能——IP 虚拟服务器(IP Virtual Server，ipvs)，可以在整个集群中使用服务的专用 VIP。ipvs 作为传输层负载均衡器，用于将 TCP 或 UDP 请求转发到服务的真实端点。请特别注意，ipvs 不是应用程序层用于适配诸如 HTTP 协议的负载均衡器。Swarm 使用 ipvs 为发布的每个服务端口创建 VIP，然后将 VIP 绑定到入口(ingress)网络，入口网络在整个 Swarm 集群中都可使用。

回到示例应用程序，当请求到达某个集群节点的 TCP 端口 8080 时，iptables 会将请求重新路由到入口网络的 api 服务的 VIP。ipvs 接着将请求从 VIP 转发到最终端点。

Swarm 路由网格对外处理来自客户端的连接，对内连接到运行状况正常的服务任务，并将客户端的请求数据转发到服务任务。图 13.6 描绘了 Swarm 将 curl 命令的 HTTP 请求路由到 api 服务任务并返回的流程。

当服务连接到已发布的端口时，Swarm 将首先尝试连接到服务的正常任务。如果服务副本已被缩减到零或者没有运行正常的任务，路由网格将拒绝启动网络连接。一旦建立了 TCP 连接，客户端就可以开始下一阶段的数据传输任务了。对于 api 服务，客户端将 HTTP GET 请求写入 TCP 套接字连接，路由网格接收到该请求并将其发送到处理 TCP 连接的任务。

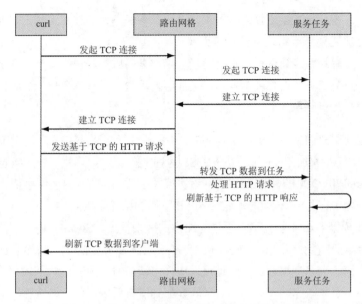

图 13.6　将 HTTP 请求路由到 api 服务任务的流程

请务必注意，服务任务没有必要一定运行在处理客户端连接的同一集群节点上。发布端口意味着 Docker 为服务建立稳定的入口点，而入口点与服务任务在 Swarm 集群中运行时的位置无关。可以使用 docker service inspect 命令检查服务发布的端口，如下所示：

```
$ docker service inspect --format="{{json .Endpoint.Spec.Ports}}" \
  multi-tier-app_api
[
  {
    "Protocol": "tcp",
    "TargetPort": 80,
    "PublishedPort": 8080,
    "PublishMode": "ingress"
  }
]
```

上面的输出表明，multi-tier-app_api 服务有一个绑定到入口网络的 TCP 端口 8080 上的监听器，并且流量最终将被路由到端口 80 上的服务任务中。

绕过路由网格
另一种称为 host 的发布模式绕过了路由网格以及与入口网络的连接。使用 host

发布模式时，客户端直接连接到给定主机上的服务任务。如果在主机上部署了任务，那么可以处理连接，否则连接尝试将失败。

host 发布模式可能最适合你在全局模式下部署的服务，因此集群节点上的特定服务有且只有一个任务。这样可以确保任务能够处理请求，并避免端口冲突。13.4.3 节将对全局服务进行详细介绍。

客户端使用 HTTP 与示例应用程序的 api 服务进行交互。HTTP 是基于 TCP/IP(OSI 模型的第 4 层)网络协议的应用层协议(OSI 模型的第 7 层)。除此之外，Docker 还支持监听基于 UDP/IP(OSI 模型的第 4 层)网络协议的服务。Swarm 路由网格依赖 ipvs 进行工作，后者用于在 OSI 模型的第 4 层路由和平衡网络流量。

在 OSI 模型的第 4 层与第 7 层进行路由的区别很大。Swarm 在 IP 层进行路由和负载均衡，这意味着从客户端发起的连接将基于集群后端的服务任务(而非 HTTP 请求)进行负载均衡。当客户端通过一个连接发出许多请求时，所有这些请求都将被路由到相同的任务，而非像你期望的那样被平均分配到所有后端任务。请注意，Docker 企业版支持 HTTP 协议(OSI 模型的第 7 层)的负载均衡，并且也存在第三方解决方案。

13.3.2 使用覆盖网络

Docker Swarm 提供了一种称为覆盖网络的网络资源，如图 13.7 所示。覆盖网络的流量在逻辑上与其他网络是分隔开的，并且运行在基础网络之上。Swarm 集群的 Docker 引擎可以创建覆盖网络，用以连接不同 Docker 主机上的容器。在 Docker 覆盖网络中，只有连接到覆盖网络的容器才能彼此通信。覆盖网络内部的通信(连接到覆盖网络的容器之间的通信)与外部网络是隔离的。

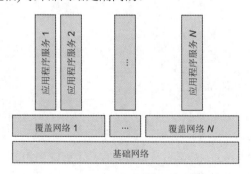

图 13.7　覆盖网络的分层视图

如何理解覆盖网络？一种理解是，覆盖网络是第 5 章描述的用户定义的桥接网络的加强版，特点是能够跨 Docker 主机。与用户定义的桥接网络一样，连接到覆盖网络的所有容器都可以作为对等方直接相互通信。前面提到的 ingress(入口)网络就是覆盖网络。

ingress 网络是专用的覆盖网络,由 Docker 在初始化集群时创建。ingress 网络的唯一责任就是将来自外部客户端的流量路由到集群中服务发布的端口上。ingress 网络由 Swarm 管理,因此只有 Swarm 可以将容器添加到 ingress 网络中。另外需要注意,ingress 网络的默认配置并未加密。

如果应用程序需要进行端到端加密,那么所有公开发布对外端口的服务都应使用 TLS 连接。TLS 证书可以存储为 Docker 机密信息,并在启动时由服务获取。

接下来,我们将探索 Docker 如何让服务在共享网络上发现彼此并相互连接。

13.3.3 在覆盖网络上发现服务

Docker 服务使用域名系统(Domain Name System,DNS)在共享的 Docker 网络上查找其他 Docker 服务。如果应用程序知道 Docker 服务的名称,就可以连接到 Docker 服务。 在我们的示例应用程序中,api 服务通过配置在 POSTGRES_HOST 环境变量中的数据库服务的名称找到对应的数据库服务,如下所示:

```
api:
    # ... snip ...
        environment:
            POSTGRES_HOST: 'postgres'
```

当 api 服务创建从自身到 PostgreSQL 数据库的网络连接时,将访问 DNS 并把 postgres 名称解析为 IP。Docker 会为连接到覆盖网络的容器自动配置特殊的 DNS 服务器 127.0.0.11。就像用户定义的桥接网络和 MACVLAN 网络一样,Docker 引擎将处理到达 DNS 服务器 127.0.0.1 的请求。如果名称解析请求针对覆盖网络上存在的 Docker 服务,可将 Docker 服务的虚拟 IP 地址作为响应消息返回。如果请求并不针对 Docker 服务,那么 Docker 会将请求转发到容器所在主机的常规 DNS 服务器。

在我们的示例应用程序中,这意味着当 api 服务查找 postgres 服务时,主机上的 Docker 引擎将以 postgres 服务端点的虚拟 IP 进行响应,例如 10.0.27.2。api 服务的数据库连接驱动程序可以建立到虚拟 IP 的连接,而 Swarm 负责将连接路由到 postgres 服务的某个任务,该任务的地址可能是 10.0.27.3。你也许认为这种方便的名称解析和网络路由功能是普遍存在的,但实际上并非所有的容器编排器都具有类似的功能。

如果回想起图 13.5,那么你对当时一些不太明确的地方现在可能有了新的理解。下面的图 13.8 与图 13.5 是一样的。

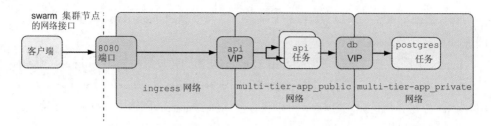

图 13.8 用于示例应用程序的 Swarm 网络组件

api 服务有三个 VIP(虚拟 IP)，分别代表连接的三个覆盖网络：ingress、multi-tier-app_public 和 multi-tier-app_private 网络。

如果检查 api 服务的端点，你应该能够看到 docker service inspect 命令的输出，从而验证 api 服务在三个覆盖网络上的 VIP，如下所示：

```
docker service inspect --format '{{ json .Endpoint.VirtualIPs }}' \
    multi-tier-app_api
[
  {

      "NetworkID": "5oruhwaq4996xfpdp194k82td",          ←—— ingress 网络
      "Addr": "10.255.0.8/16"
  },
  {                                                      multi-tier-app_private
                                                         网络(专用网络)
      "NetworkID": "rah2lj4tw67lgn87of6n5nihc",  ←——
      "Addr": "10.0.2.2/24"
  },
  {                                                      multi-tier-app_public
                                                         网络(公共网络)
    "NetworkID": "vc12njqthcq1shhqtk4eph697",  ←——
    "Addr": "10.0.3.2/24"
  }
]
```

接下来我们进行一个小的实验，演示一下网络或容器背后的服务的可发现性究竟如何。启动一个 shell 脚本并将其连接到 multi-tier-app_private 网络：

```
docker container run --rm -it --network multi-tier-app_private \
    alpine:3.8 sh
```

我们可以将运行 shell 脚本的容器连接到应用程序的专用网络, 因为这个网络被定义为可连接的：

```
private:
    driver: overlay
    driver_opts:
        encrypted: "true"
    attachable: true
```

默认情况下，只有 Swarm 可以将任务容器连接到网络。由于本例需要进行服务发现方面的练习，因此专用网络被设置为可连接的。

ping 一下 postgres 服务，你应该能看到如下输出：

```
/ # ping -c 1 postgres
PING postgres (10.0.2.6): 56 data bytes
64 bytes from 10.0.2.6: seq=0 ttl=64 time=0.110 ms

--- postgres ping statistics ---
1 packets transmitted, 1 packets received, 0% packet loss
round-trip min/avg/max = 0.110/0.110/0.110 ms
```

现在 ping 一下 api 服务，输出如下：

```
/ # ping -c 1 api
PING api (10.0.2.2): 56 data bytes
64 bytes from 10.0.2.2: seq=0 ttl=64 time=0.082 ms

--- api ping statistics ---
1 packets transmitted, 1 packets received, 0% packet loss
round-trip min/avg/max = 0.082/0.082/0.082 ms
```

使用 netcat 工具手动从专用网络上的 shell 脚本向 api 服务发出请求，如下所示：

```
$ printf 'GET / HTTP/1.0\nHost: api\n\n' | nc api 80    ◁── 创建 HTTP 请求并
                                                            通过 netcat 发送给
                                                            api 服务
```

输出如下：

```
HTTP/1.0 200 OK
Connection: close
Content-Type: text/plain; charset=utf-8
```

```
Date: Wed, 13 Feb 2019 05:21:43 GMT
Content-Length: 98

Welcome to the API Server!
Server 82f4ab268c2a responded at 2019-02-13 05:21:43.3537073 +0000 UTC
```

我们成功地使用连接到专用网络的 shell 脚本向 api 服务发送了一个请求。之所以可以这样做，是因为 api 服务除了连接到公用网络和入口网络之外，同时还连接到了专用网络。你还可以使用 shell 脚本连接到 PostgreSQL 数据库，如下所示：

```
/ # nc -vz postgres 5432
postgres (10.0.2.6:5432) open
```

netcat 命令在端口 5432 上打开了一个连接到 postgres 主机名的网络套接字，然后立即将其关闭。netcat 命令的输出表明已成功连接到 postgres 服务的虚拟 IP 地址 10.0.2.6。这样的结果可能令你惊讶，毕竟，如果查看 postgres 服务的定义，里面并没有发布或公开过任何端口。这里究竟发生了什么？

这是因为连接到同一 Docker 网络的容器之间的通信是完全开放的。Docker 覆盖网络上的容器之间没有防火墙。由于 PostgreSQL 服务器正在监听端口 5432 并且已经连接到专用网络，因此连接到专用网络的任何容器都可以连接到 PostgreSQL 服务器。

在某些情况下，这样的行为模式可能为我们带来便利。但是，服务之间的访问控制并非总是一样，除了大家现在已经习惯的方式，也许还需要尝试更多的访问控制方式。接下来，我们将讨论隔离服务之间通信的一些方法。

13.3.4　在覆盖网络上隔离服务之间的通信

许多人通过限制与服务建立网络连接的方式来控制对服务的访问。例如，通常情况下我们使用防火墙技术，允许流量从服务 A 流向服务 B，但不允许流量反向从服务 B 流向服务 A。这种方法不能很好地应用于 Docker 覆盖网络，因为覆盖网络的对等方之间没有防火墙，流量可以双向自由流动。覆盖网络唯一可用的访问控制机制就是应用程序是否连接到覆盖网络。

尽管如此，我们仍然能够使用 Docker 覆盖网络实现对应用程序流量的实质性隔离。覆盖网络属于轻量级网络，易于创建，因此它们可作为设计工具创建安全的应用程序通信网络。可以为应用程序定制化部署专用的细粒度网络，以避免共享服务，实现应用程序级隔离。本小节的示例应用程序将演示这种方法，但如下情况例外：因为测试而需要配置为能够被连接的专用网络。

需要记住的关键点是，虽然范围被严格控制的网络上的流量只能在几个容器之间流转，但仍然没有网络标识之类的可进行身份验证和流量授权的信息。当应用程序需要控制功能的访问权时，就必须在应用程序级别验证客户端的身份并进行授权。我们的示例应用程序将使用 PostgreSQL 用户和密码来控制对 postgres 数据库的访问，这样可以确保只有 api 服务可以与数据库进行交互。api 服务旨在匿名使用，因此没有实现身份验证功能，当然需要的话也可以做到。

另一个挑战是如何将应用程序与集中式共享服务(例如日志记录服务)集成在一起。设想一下，类似示例应用程序的服务和集中式日志记录服务都已连接到共享网络，Docker 网络是允许日志服务访问 api 或 postgres 服务的，此时攻击者通过日志记录服务，就可以向 api 或 postgres 服务发起攻击。

解决这一问题的方法是将集中式日志记录服务或其他类似的共享服务部署为需要发布公开端口的 Docker 服务。经过如此调整之后，Swarm 将为入口网络上的日志记录服务设置监听器。集群中运行的客户端可以像连接其他有公开端口的服务一样连接到日志记录服务，如 13.3.1 节所述，集群中所有相关任务和容器的连接都将被路由到日志记录服务。由于日志服务的监听器在 Swarm 集群的每个节点上都可用，因此日志记录服务会验证每一个连接过来的客户端的身份。

下面使用一个简单的 echo 服务来演示这个想法，该服务能把你发送的任何输入原样返回给你。首先使用下面的命令创建 echo 服务：

```
docker service create --name echo --publish '8000:8' busybox:1.29 \
  nc -v -lk -p 8 -e /bin/cat
```

使用 netcat(nc)命令向某个集群节点的端口 8000 发送数据，如下所示：

```
echo "Hello netcat my old friend, I've come to test connections again." \
  | nc -v -w 3 192.168.1.26 8000
```

使用集群节点的 IP 地址替代 192.168.1.26，或者使用$(hostname -i)代替当前的主机 IP 地址

响应信息如下：

```
192.168.1.26 (192.168.1.26:8000) open
Hello netcat my old friend, I've come to test connections again.
```

客户端应用程序将通过 echo 服务发布的公共端口连接到共享服务。切换到我们在 13.3.3 节中创建的 shell 脚本，如下所示：

```
docker container run --rm -it --network multi-tier-app_private \
    alpine:3.8 sh
```

然后，如果尝试 ping echo 服务，将收到以下错误消息：

```
/ $ ping -c 1 echo
ping: bad address 'echo'
```

当尝试使用 nslookup 工具解析 echo 服务的主机名时，也会收到类似的错误消息：

```
/ $ nslookup echo
nslookup: can't resolve '(null)': Name does not resolve
```

当连接到 multi-tier-app_private 网络时，echo 服务的名称无法解析。api 服务需要连接到你在集群的入口网络上通过 echo 服务发布的端口上，就像在 Swarm 集群外部运行的进程一样。入口网络是通往 echo 服务的唯一路径。

这样的设计非常好。首先，所有客户端都通过已发布的端口以统一的方式访问 echo 服务。其次，由于我们没有将 echo 服务连接到任何网络(除了隐式的入口网络)，echo 服务是被隔离的，除了已发布的服务之外，无法连接到其他服务。最后，Swarm 已将应用程序身份验证职责下放到它们所属的应用程序层。

这种设计的主要含义之一是，使用 Docker Compose 描述的应用程序可能依赖于两组服务的名称及位置。首先，某些服务是在应用程序的部署范围内定义的(例如，api 服务依赖于 postgres 服务)。其次，有些应用程序依赖诸如 echo 服务的公共服务，但是这些公共服务有不同的生命周期和范围，还可能被许多应用程序共享。这导致公共服务需要在注册表中登记，例如公司范围的 DNS 服务，以便应用程序可以发现它们。接下来，我们将研究在发现服务的虚拟 IP 地址并建立连接后，客户端连接如何被负载均衡到最终服务。

13.3.5   负载均衡

现在让我们探讨一下如何使 Docker 服务的任务能够平均地处理 Docker 客户端连接。客户端通常被连接到 Docker 服务的虚拟 IP 地址上。Docker 服务也有一个名为 endporit-mode 的属性，默认值为 vip。到目前为止，在所有示例中我们使用的都是默认值 vip。当服务使用 vip 端点模式时，客户端将始终通过虚拟 IP 访问服务，而所有的连接都将由 Docker 自动进行负载均衡。

例如，在 13.3.3 节中，我们将 shell 脚本连接到 multi-tier-app_private 网络，并使用 netcat 命令向 api 服务发出 HTTP 请求。当 netcat 命令将 api 主机名解析为 IP 地址时，Docker 内部的 DNS 将回复 api 服务的虚拟 IP 地址。在这种情况下，存在多个运行状况正常的服务任务是可用的。Docker 网络路由负责将服务的虚拟 IP 地址接收到的连接平均分配给虚拟 IP 地址后面的运行状况正常的任务。

Docker 的基于网络的负载均衡实现方案对于所有通过虚拟 IP 端点路由的流量都适用。这种流量可能来自内部的覆盖网络，也可能来自发布到入口网络的端口。

Docker 不保证某个具体的服务任务将处理客户端的某个请求。即使客户端应用程序与服务任务在同一集群节点上运行，来自客户端的请求也可能被分配给另一个节点上的服务任务。即使对于在全局模式(与端点模式不同)下部署的服务也是如此(在全局模式下，每个集群节点上往往运行着一个服务实例)。

13.4　将服务任务放置在集群中

在本节中，我们将研究 Swarm 的如下两项功能：一是如何在集群中放置任务；二是如何在声明的约束条件内运行期望数量的服务副本。首先，我们将介绍用于管理任务放置的 Swarm 粗粒度控件；接着，我们将展示如何通过为内置的节点标签和操作者特定节点标签使用亲和力和反亲和力来控制任务的放置。

我们将从 PwD 模板创建包含五个节点的 Swarm 集群，如图 13.9 所示。

图 13.9　测试用的 Swarm 集群

图 13.9 中的 Swarm 集群有三个管理者节点和两个执行者节点，它们被分别命

名为:

- manager1
- manager2
- manager3
- worker1
- worker2

13.4.1 复制服务

对于 Docker 服务来说,默认且最常用的部署模式是"复制"。Swarm 会尝试保持正常运行的服务副本数,并尽量符合服务定义中指定的数量。Swarm 还持续调整集群中服务的运行状态,从而与 Docker Compose 定义的或 docker service 命令指定的服务的期望状态相匹配。如图 13.10 所示,这种协调形成了一种循环,可持续启动或停止服务任务,使正常运行的服务副本数始终与期望的相符。

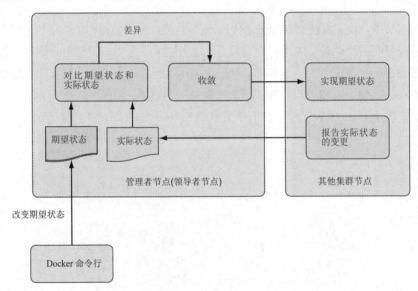

图 13.10 事件协调循环

复制服务非常有用,因为可以根据实际需要为服务扩展尽可能多的副本,以处理日益增长的负载,只要集群中有足够的资源即可。

在这种模式下,Swarm 将安排服务任务在具有足够计算资源(内存、CPU)且满足服务约束条件的集群节点上启动。Swarm 总是尝试将服务任务分散到集群的各个节点上,因为这种策略有助于提高服务的可用性并平衡节点间的负载。在 13.4.2 节中,我们将讨论如何控制任务的运行位置。现在，让我们看看当扩展示例应用程序的 api 服务时会发生什么。

api 服务默认配置为启动两个副本。在部署的定义中，针对每个容器可以使用的 CPU 和内存资源，还有专门的保留和限制措施，如下所示：

```
deploy:
    replicas: 2
    restart_policy:
        condition: on-failure
        max_attempts: 10
        delay: 5s
    update_config:
        parallelism: 1
        delay: 5s
    resources:
        limits:
          cpus: '0.50'
          memory: 15M
      reservations:
          cpus: '0.25'
          memory: 15M
```

当 Swarm 安排每个 api 任务时，将首先查找某个节点，该节点至少具有 15 MB 的内存且使用 0.25 个 CPU(还没有为其他任务保留)。一旦找到满足条件的节点，Swarm 就在该节点上为 api 任务创建一个容器，容器资源被限制为(根据限制条件)最大 15 MB 内存，并且最多可能使用 0.5 个 CPU。

总体而言，api 服务从两个副本开始，总共保留了 0.5 个 CPU 和 30 MB 内存。现在，我们把 api 服务扩展为五个副本，如下所示：

```
docker service scale multi-tier-app_api=5
```

api 服务现在总共保留了 75 MB 内存和 1.25 个 CPU。从下面的日志中可以看出，Swarm 能够找到用于 api 服务任务的资源，并尽量将它们分散在集群中：

```
$ docker service ps multi-tier-app_api \
    --filter 'desired-state=running' \
    --format 'table {{.ID}} {{.Name}} {{.Node}} {{.CurrentState}}'
```

```
ID              NAME                    NODE       CURRENT STATE
dekzyqgcc7fs multi-tier-app_api.1 worker1    Running 4 minutes ago
3el58dg6yewv multi-tier-app_api.2 manager1   Running 5 minutes ago
qqc72ylzi34m multi-tier-app_api.3 manager3   Running about a minute ago
miyugogsv2s7 multi-tier-app_api.4 manager2   Starting 4 seconds ago
zrp1o0aua29y multi-tier-app_api.7 worker1    Running 17 minutes ago
```

现在，让我们演示一下当一个服务保留集群的所有资源时会发生什么。只有在确认这样做——耗尽集群的资源并阻止其他任务的调度——不会产生问题时，才可以这样做。演示完之后，我们将立即撤销所有这些操作，但是你需要意识到，在如此操作的过程中，可能无法调度资源以生成新的任务。我们建议不要对 PwD 项目进行练习，因为使用 PwD 项目的所有人都会共享底层资源。

首先，让我们将 api 任务的 CPU 保留资源从 0.25 个 CPU 增加到 1 个 CPU：

```
docker service update multi-tier-app_api --reserve-cpu 1.0 --limit-cpu
1.0
```

你将看到 Docker 会更新任务，在满足资源要求的节点上按照新的限制条件重新创建每个任务的容器。

现在，让我们尝试将服务扩展为巨量副本，这些副本将耗尽集群的可用资源。例如，如果集群由五个节点组成，每个节点有 2 个 CPU，那么总共应该可以保留 10 个 CPU。

以下输出来自一个可保留 10 个 CPU 的集群。postgres 服务已占用 1 个 CPU，因而 api 服务可以成功扩展为 9 个副本：

```
$ docker service scale multi-tier-app_api=9
multi-tier-app_api scaled to 9
overall progress: 9 out of 9 tasks
1/9: running [================================================>]
... snip ...
9/9: running [================================================>]
verify: Service converged
```

现在，所有 10 个 CPU 都为 api 和 postgres 服务保留了。当把 api 服务扩展为 10 个副本时，docker 命令会被挂起，如下所示：

```
docker service scale multi-tier-app_api=10
```

```
multi-tier-app_api scaled to 10
overall progress: 9 out of 10 tasks
1/10: running [==================================================>]
... snip ...
10/10: no suitable node (insufficient resources on 5 nodes)
```

没有足够的资源创建第 10 个 api 任务

输出结果表明，集群的五个节点上没有足够的资源来启动第 10 个 api 任务。当 Swarm 尝试为第 10 个 api 任务调度资源时，就会发生问题。当集群中的可用资源不足时，可以中断 docker stack deploy 命令，使终端退出，或者等待命令超时。建议执行 docker service ps multi-tier-app_api 命令以获得更多信息并检查服务是否收敛成功。

继续执行 docker service ps 命令，并验证已经启动的 api 任务是否分布在所有集群节点上，并且 Swarm 无法成功调度最后一个 api 任务。在这种情况下，我们确定集群将永远无法收敛成功，除非我们增加集群容量或减少期望的副本数。现在让我们恢复所做的更改。

自动缩放服务

Docker Swarm 的内置功能并不支持自动缩放服务。第三方解决方案可以利用资源使用率指标(例如，CPU 或内存利用率)或应用程序级指标(例如，每个任务的 HTTP 请求)。Docker Flow 项目是了解自动缩放功能的良好起点，网址是 https://monitor.dockerflow.com/auto-scaling/。

还原扩展变更的方式有三种。一是按照服务的源定义重新部署栈，二是使用 docker service rollback 子命令回滚服务配置的更改；三是"前滚"并将服务规模直接设置为符合限制范围的值。下面首先尝试回滚方式：

```
$ docker service rollback multi-tier-app_api
multi-tier-app_api
rollback: manually requested rollback
overall progress: rolling back update: 9 out of 9 tasks
... snip ...
verify: Service converged
```

docker service rollback 子命令能够将服务的期望配置后退一个版本。multi-tier-app_api 服务的先前配置版本有 9 个副本。回滚完之后，可以执行 docker service ls 命令以确认有原配置是否已生效。输出应该显示 multi-tier-app_api 服务目前拥有的是耗尽资源前的副本数。你可能很想知道如果再次执行回滚命令会发生什么。如果再次回滚，Docker 将使用包含 10 个副本的版本还原配置，从而再次耗尽资源。也就是说，Docker 将继续回滚，让我们回到起点。由于我们有可能撤销多次更改，因此我们需要另一种撤销变更的方法。

在本例中，最彻底的方法是从源定义中重新部署服务，如下所示：

```
docker stack deploy --compose-file docker-compose.yml multi-tier-app
```

使用 docker service ps 命令查看服务任务的状态，以确保服务已经返回到 Docker Compose 定义中声明的状态：

```
docker service ps multi-tier-app_api \
    --filter 'desired-state=running' \
    --format 'table {{.ID}} {{.Name}} {{.Node}} {{.CurrentState}}'
ID              NAME                  NODE      CURRENT STATE
h0to0a2lbm87 multi-tier-app_api.1 worker1 Running about a minute ago
v6sq9m14q3tw multi-tier-app_api.2 manager2 Running about a minute ago
```

从输出中可以看到，手动扩展的更改已经消失了。正如预期的那样，只有两个 api 任务。

请注意任务的运行位置，其中一个任务运行在 worker1 节点上，而另一个任务运行在 manager2 节点上。对于大多数部署，这并不是我们想要的任务放置状态。通常，我们希望实现以下架构目标：

● 预留管理者节点给 Swarm 控制平台，确保它们具有专用的计算资源。
● 隔离已发布端口的服务，因为它们比私有服务更容易受到攻击。

我们将尽力达成以上架构目标，并在 13.4.2 节中使用 Swarm 的内置功能约束任务的运行位置。

13.4.2　约束任务的运行位置

我们通常希望能够控制应用程序在集群中的哪些节点上运行。之所以想要这样做，是因为我们希望将工作负载隔离到不同的环境或安全区域内，并利用诸如 GPU 的专用功能，或为关键功能预留一组节点资源。

Docker 服务提供了一项名为"放置约束"的功能，使你可以控制服务任务的运行位置。有了"放置约束"功能，就可以准确指出任务应该或不应该在哪里运行。这种约束可以使用集群节点的内置属性或用户定义的属性。我们将逐一举例说明。

在 13.4.1 节中，我们看到 api 服务在扩展时被分发到所有的集群节点。api 服务在管理者节点上运行，同时也可以与 postgres 数据库服务在另一相同的节点上运行，如图 13.11 所示。

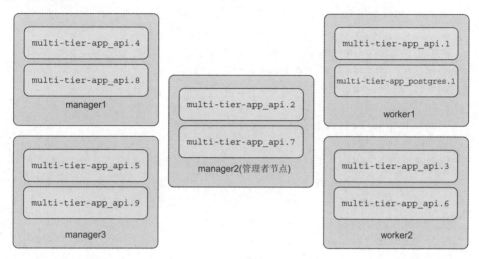

图 13.11　api 服务无处不在

许多系统架构师更愿意调整部署架构，以便管理者节点专用于 Swarm 的管理职能。对于运行关键任务的集群来说，这是个好主意，因为如果服务消耗太多 CPU 资源的话，Swarm 的管理职能可能会受到影响，表现为监控任务的效率下降、操作命令的响应速度变慢，等等。另外，由于 Swarm 管理者节点控制整个集群，因此应严格限制对它们(还有 Docker 引擎 API)的访问。我们可以利用 Swarm 的节点可用性和服务放置约束这两项功能来实现以上操作。

我们首先确保服务不在管理者节点上运行。默认情况下，Swarm 集群中的所有节点都可用于运行任务。但是，我们可以使用 docker node update 命令的--availability 选项重新配置节点的可用性。共有三个值可用于--availability 选项：active(活动)、pause(暂停)和 drain(耗尽)。active 表示可以将新任务分配给该节点；pause 意味着现有任务将继续运行，但是新任务不会被调度到该节点；drain 意味着现有任务将在该节点上关闭，并在另一个节点上重启，同时新任务也不会被调度到该节点。

因此，我们可以将管理者节点的--availability 选项设置为 drain，以使服务任务无法在管理者节点上运行：

```
docker node update --availability drain manager1
docker node update --availability drain manager2
docker node update --availability drain manager3
```

执行以上这些命令后，使用 docker node ls 命令可以查看可用性发生的变化：

```
docker node ls --format 'table {{.ID}}{{.Hostname}}{{ .Availability }}'
ID                        HOSTNAME AVAILABILITY
ucetqsmbh23vuk6mwy9itv3xo manager1 Drain
b0jajao5mkzdd3ie91q1tewvj manager2 Drain
kxfab99xvgv71tm39zbeveglj manager3 Drain
rbw0c466qqi0d7k4niw01o3nc worker1  Active
u2382qjg6v9vr8z5lfwqrg5hf worker2  Active
```

我们可以验证 Swarm 已将 multi-tier-app 服务任务迁移到执行者节点上，如下所示：

```
docker service ps multi-tier-app_api multi-tier-app_postgres \
    --filter 'desired-state=running' \
    --format 'table {{ .Name }} {{ .Node }}'
NAME                      NODE
multi-tier-app_postgres.1 worker2
multi-tier-app_api.1      worker1
multi-tier-app_api.2      worker2
```

还有一种验证方法：如果在管理者节点上执行 docker container ps 命令，那么不应看到与服务任务相关的任何容器在运行。

现在我们讨论放置约束功能，该功能基于某些元数据，将服务配置为应该或不应该在某些节点上运行。约束配置的一般形式如下：

```
<node attribute> equals or does not equal <value>
```

当服务被限制在某个节点上运行时，我们说服务对该节点具有亲和力。反之，当服务一定不能在某个节点上运行时，我们说服务对该节点具有反亲和力。这两个术语将贯穿于本小节有关服务放置的讨论过程之中。Swarm 的约束语言使用=表示相等(匹配)，使用!=表示不相等。当一个服务定义了多个约束时，节点必须满足所有约束条件，任务才能被安排在那个节点上运行。也就是说，多个约束条件对于任务的放置来说，是"与"的关系。例如，假设要在非公共安全区域的执行者节点上运行服务，在配置集群的区域元数据后，就可以通过增加以下约束条件来达成目标：node.role=worker和 node.labels.zone!=public。

Docker 支持以下几个可用作约束配置的节点属性。

- node.id：Swarm 集群中节点的唯一标识符(例如 ucetqsmbh23vuk6mwy9itv3xo)。

- node.hostname：节点的主机名(例如 worker2)。
- node.role：节点在集群中的角色(例如管理者或执行者)。
- node.labels.<label name>：由操作员增加的应用于节点的标签(例如，具有 zone=public 标签的节点属性中就有 node.labels.zone=public)。
- engine.labels：一组用于描述节点和 Docker 引擎关键属性的标签，例如 Docker 版本和操作系统(例如，engine.labels.operatingsystem==ubuntu16.04)。

接下来我们将集群的执行者节点划分为公共区域和专用区域。如此划分后，我们将更新 api 和 postgres 服务，使它们的任务仅在期望区域内运行。

通过为 docker node update 命令增加--label-add 选项，我们可以使用自己的元数据来标记 Swarm 集群节点。这个选项接收一组键/值对列表，并将其添加到节点的元数据中。另外，--label-rm 选项用于从节点中删除某些元数据，元数据可用于将任务限制到特定节点上。

我们将 worker1 标识为属于专用区域，并将 worker2 标识为属于公共区域，如下所示：

```
$ docker node update --label-add zone=private worker1
worker1
$ docker node update --label-add zone=public worker2
worker2
```

现在将 api 服务限制到公共区域。docker service create 和 update 命令都有增加和删除任务调度约束的选项，分别是--constraint-add 和--constraint-rm。--constraint-add 选项可用于告诉 Swarm 仅在区域标签等于 public 的节点上调度 api 服务任务，如下所示：

```
docker service update \
    --constraint-add 'node.labels.zone == public' \
    multi-tier-app_api
```

如果一切顺利，Docker 将报告 api 服务任务已经收敛到新的状态，如下所示：

```
multi-tier-app_api
overall progress: 2 out of 2 tasks
1/2: running [==================================================>]

2/2: running [==================================================>]
verify: Service converged
```

可以验证 api 服务任务是否已被重新调度到 worker2 节点：

```
docker service ps multi-tier-app_api \
    --filter 'desired-state=running' \
    --format 'table {{ .Name }} {{ .Node }}' NAME NODE
multi-tier-app_api.1 worker2 multi-tier-app_api.2 worker2
```

遗憾的是，我们无法在 docker service ps 命令的输出中显示节点标签信息，也无法在 docker node ls 命令的输出中看到添加的标签。当前，查看节点标签的唯一方法是使用 docker node inspect 命令检查节点。以下轻量级的 bash shell 脚本用于显示集群中所有节点的主机名、角色和标签信息：

```
for node_id in `docker node ls -q | head`; do
  docker node inspect \
  --format'{{.Description.Hostname}}{{.Spec.Role}}{{.Spec.Labels}}'\
  "${node_id}";
done;
```

输出如下：

```
manager1 manager map[]
manager2 manager map[]
manager3 manager map[]
worker1 worker map[zone:private]
worker2 worker map[zone:public]
```

这样做虽然有点麻烦，但是总比尝试回忆哪些节点具有哪些标签要好。

我们要做的最后一项调整是将 postgres 数据库服务重新定位到专用区域。在此之前，使用 curl 命令对 api 服务的/counter 端点发出一些查询，如下所示：

```
curl http://127.0.0.1:8080/counter
```

/counter 端点会将一条记录插入具有自增长 id 列的数据表中。当 api 服务响应时，打印 id 列中的所有 ID。如果向/counter 端点发出三个请求，那么第三个响应的内容如下：

```
# curl http://127.0.0.1:8080/counter
```

```
SERVER: c098f30dd3c4
DB_ADDR: postgres DB_PORT: 5432
ID: 1
ID: 2
ID: 3
```

到目前为止，我们还不太清楚这个操作要完成什么任务，但是插入这些记录有助于演示关键知识点。

让我们将 postgres 任务限制到专用区域，如下所示：

```
$ docker service update --constraint-add 'node.labels.zone == private' \
    multi-tier-app_postgres
multi-tier-app_postgres
overall progress: 1 out of 1 tasks
1/1: running [==================================================>]
verify: Service converged
```

postgres 任务现在运行在 worker1 节点上：

```
$ docker service ps multi-tier-app_postgres \
    --filter 'desired-state=running' \
    --format 'table {{ .Name }} {{ .Node }}'
NAME                         NODE
multi-tier-app_postgres.1 worker1
```

现在，如果再次向/counter 端点发出请求，你将看到以下内容：

```
$ curl http://127.0.0.1:8080/counter
SERVER: c098f30dd3c4
DB_ADDR: postgres
DB_PORT: 5432
ID: 1
```

计数器已被重置。我们的数据去了哪里？它们丢失了，因为 postgres 数据库使用了集群节点的本地 db-data 卷。严格来说，计数器数据并没有丢失。如果将 postgres 任务迁移回 worker2 节点，系统将重新挂载原来的卷并从 3 开始恢复计数。如果一直关注计数器并且没有发现数据丢失，则可能是因为 postgres 数据库一开始就被部署到 worker1 节点上。不管怎么说，存在潜在的数据丢失问题是一件糟糕的事。我们可以做些什么来解决这个问题呢？

　　默认情况下，Docker 卷存储驱动程序将使用节点的存储空间。Docker 卷存储驱动程序并不跨 Swarm 集群共享或备份数据。有的 Docker 卷存储驱动程序添加了一些功能，比如 Docker Cloudstor 和 Rex-Ray 这样的驱动程序。这些驱动程序可以在集群中创建和共享卷。但最好还是小心谨慎，在向其提交重要数据之前，应仔细研究并测试这些驱动程序。

　　另一种确保任务始终运行在给定节点上的方法，就是将其约束到某个特定节点。相关的约束选项是节点主机名、节点 ID 或用户定义的标签。现在，让我们将 postgres 任务限制在 worker1 节点上，以确保即使专有区域发生了扩展，postgres 任务也不会从 worker1 节点调度出去，命令如下所示：

```
docker service update --constraint-add 'node.hostname == worker1' \
multi-tier-app_postgres
```

　　现在，postgres 任务将不会被移出 worker1 节点。检查服务放置约束，结果显示有两个约束处于生效状态，如下所示：

```
$ docker service inspect \
   --format '{{json .Spec.TaskTemplate.Placement.Constraints }}' \
   multi-tier-app_postgres
["node.hostname == worker1","node.labels.zone == private"]
```

　　如果想要继续使用这些放置约束，那么需要在示例应用程序的 docker-compose.yml 文件中指定这些约束。下面演示了配置 postgres 服务约束的方法：

```
services:
  postgres:
     # ... snip ...
     deploy:
       # ... snip ...
          placement:
            constraints:
              -node.labels.zone == private
              -node.hostname == worker1
```

　　这样一来，当我们再次使用 docker stack deploy 命令部署应用程序时，放置约束就不会丢失了。

注意

你需要进行大量的有关设计和工程方面的工作，才能在容器集群(例如 Swarm)中安全地运行包含重要数据的数据库。切实可行的策略将依赖于特定数据库的实现方案，因而你能充分利用数据库自身的复制、备份和数据恢复优势。

既然已经探索了如何将服务限制到特定的节点，接下来我们朝完全相反的方向发展，利用全局服务方式将服务部署到集群的每个节点上。

13.4.3　使用全局服务方式在每个节点上部署一个任务

通过将服务声明为全局模式，可以将一项服务的任务部署到 Swarm 集群中的每个节点上。当需要扩展服务的规模，并且使其正好与集群的大小保持一致时，这种方式非常有用。常见的用例包括日志记录和监视服务。

我们将 echo 服务的第二个实例部署为全局服务，命令如下所示：

```
docker service create --name echo-global \
    --mode global \                  ← 使用 global 代替 replicated
    --publish '9000:8' \             ← 发布端口 9000 以避免 和 echo 服务发生冲突
    busybox:1.29 nc -v -lk -p 8 -e /bin/cat
```

如果执行 docker service ls 命令，从输出中你将看到 echo-global 服务正以全局模式运行。到目前为止，我们部署的所有其他服务，使用的都是默认的复制(replicated)模式。

可以验证 Swarm 是否已在任务调度计划中的每个节点上部署了一个任务。本例使用 13.4.2 节中的 Swarm 集群，注意这个集群中只有执行者节点可部署任务。使用 docker service ps 命令可以确认这些节点上都有一个任务在运行：

```
docker service ps echo-global \
    --filter 'desired-state=running' \
    --format 'table {{ .Name }} {{ .Node }}'
    NAME                                 NODE
echo-global.u2382qjg6v9vr8z5lfwqrg5hf  worker2
echo-global.rbw0c466qqi0d7k4niw01o3nc  worker1
```

可以像与 echo 服务一样与 echo-global 服务进行交互。可以使用以下命令发送一些消息：

```
[worker1] $ echo 'hello' | nc 127.0.0.1 -w 3 9000 ◄─────┐ 发送消息到 echo-global
                                                         │ 服务的发布端口
```

请记住，客户端连接将通过服务的虚拟 IP 被路由(请参阅 13.3.5 节)。由于 Docker
网络的路由行为，全局服务的客户端可能会连接到另一个节点上的任务，而不是连接
到本节点上的任务。连接到其他节点上的全局服务任务的概率随着集群变大而相应增
加，这是因为所有连接都是统一进行均衡分配的。如果将消息发送到服务，同时使用
docker service logs --follow --timestamps echo-global 命令查看日志，就可以看到基于连
接的负载均衡现象正在发生。

连接到 worker1 并且每隔 1 秒发送一条消息，将会产生以下输出：

```
2019-02-23T23:51:01.042747381Z echo-global.0.rx3o7rgl6gm9@worker2|
connect to [::ffff:10.255.0.95]:8 from [::ffff:10.255.0.3]:40170
([::ffff:10.255.0.3]:40170)
    2019-02-23T23:51:02.134314055Z echo-global.0.hp01yak2txv2@worker1|
connect to [::ffff:10.255.0.94]:8 from [::ffff:10.255.0.3]:40172
([::ffff:10.255.0.3]:40172)
    2019-02-23T23:51:03.264498966Z echo-global.0.rx3o7rgl6gm9@worker2|
connect to [::ffff:10.255.0.95]:8 from [::ffff:10.255.0.3]:40174
([::ffff:10.255.0.3]:40174)
    2019-02-23T23:51:04.398477263Z echo-global.0.hp01yak2txv2@worker1|
connect to [::ffff:10.255.0.94]:8 from [::ffff:10.255.0.3]:40176
([::ffff:10.255.0.3]:40176)
    2019-02-23T23:51:05.412948512Z echo-global.0.rx3o7rgl6gm9@worker2|
connect to [::ffff:10.255.0.95]:8 from [::ffff:10.255.0.3]:40178
([::ffff:10.255.0.3]:40178)
```

发送消息的 nc 客户端程序就在 worker1 上运行。以上日志显示，客户端连接经过
路由分配后，将在 worker2 上的任务(IP 地址以.95 结尾)和 worker1 上的任务(IP 地址
以.94 结尾)之间来回切换。

13.4.4   将真实的应用程序部署到真实的集群中

前面的练习展示了 Swarm 如何将应用程序的实际部署资源收敛到应用程序的部
署描述符中指明的期望状态。

随着应用程序的更新、集群资源(例如节点和共享网络)的添加或删除、新的配置
和机密信息的加入，等等，集群的期望状态会发生变化。Swarm 将处理这些事件并更

新内部日志中的状态信息，同时这些内部日志会在集群的管理者节点之间复制。当 Swarm 看到发生更改期望状态的事件时，管理者节点中的领导者会向其他集群节点发出命令，以使整个集群收敛到最新的期望状态。在操作人员指定的约束范围内，Swarm 通过启动或更新服务任务、覆盖网络和其他资源，达到使集群收敛到期望状态的目标。

应该如何开始 Swarm 的实际部署工作？首先，清点希望运行的应用程序的种类以及所需的 Swarm 资源的类型。其次，考虑如何组织和调度这些应用程序。最后，确认集群是否支持有状态的服务(例如数据库)，并确定安全管理数据的策略。

请记住，尽管 Swarm 的高级功能很多，也可以只部署无状态的服务，但这里仅仅使用了 Swarm 的网络、配置和机密信息管理功能。这使你可以在安全使用数据的情况下，进一步了解 Swarm 和服务在多主机环境中的运行方式。

通过周到的设计和对集群资源进行主动监控，你能够确保应用程序在需要时拥有所需的资源，此外，你还可以规划一些集群应该托管的活动和数据。

13.5　本章小结

本章探讨了在由 Swarm 管理的主机集群上运行 Docker 服务的多方面知识。本章中的示例练习演示了如何运用 Swarm 最重要且常用的功能来部署各种不同类型的应用程序。我们看到了当集群资源不足时会发生什么，并说明了如何解决这个问题。我们还重新配置了集群和服务部署，以实现用户定义的架构目标。本章中的关键知识点如下：

- 管理员定义集群范围的资源，例如由服务共享的网络、配置和机密信息。
- 除了使用集群范围的资源之外，服务还定义了自己的服务范围内的资源。
- Swarm 管理者节点负责存储和管理对集群期望状态的更新。
- 当有足够的资源可用时，Swarm 管理者节点会将实际的应用程序和资源部署收敛到期望状态。
- 服务任务是临时的，服务更新导致任务被新的容器替换。
- 只要集群在满足服务放置约束的节点上有足够的可用资源，就可以将服务任务扩展到新的期望状态。